2019年版 全国二级造价工程师职业资格考试培训教材

建设工程造价管理基础知识

全国二级造价工程师职业资格考试培训教材编委会 编

江苏凤凰科学技术出版社

图书在版编目（CIP）数据

建设工程造价管理基础知识/全国二级造价工程师职业资格考试培训教材编委会编．—南京：江苏凤凰科学技术出版社，2019.3

2019 年版全国二级造价工程师职业资格考试培训教材

ISBN 978-7-5713-0162-0

Ⅰ.①建… Ⅱ.①全… Ⅲ.①建筑造价管理—资格考试—教材 Ⅳ.①TU723.3

中国版本图书馆 CIP 数据核字（2019）第 039208 号

2019 年版全国二级造价工程师职业资格考试培训教材
建设工程造价管理基础知识

编　　者	全国二级造价工程师职业资格考试培训教材编委会
项目策划	凤凰空间/杨　易
责任编辑	刘屹立　赵　研
特约编辑	杨　易
出版发行	江苏凤凰科学技术出版社
出版社地址	南京市湖南路 1 号 A 楼，邮编：210009
出版社网址	http：//www.pspress.cn
总 经 销	天津凤凰空间文化传媒有限公司
总经销网址	http：//www.ifengspace.cn
印　　刷	天津久佳雅创印刷有限公司
开　　本	787mm×1092mm　1/16
印　　张	16.75
版　　次	2019 年 3 月第 1 版
印　　次	2019 年 3 月第 1 次印刷
标准书号	ISBN 978-7-5713-0162-0
定　　价	55.00 元

图书如有印装质量问题，可随时向销售部调换（电话：022—87893668）。

《建设工程造价管理基础知识》编写人员

主　编： 马　楠　卫赵斌　何　燕

副主编： 李　可　张立宁　范良琼　孟　韬

柳　锋　潘天泉　鞠　竹

前　言

根据中华人民共和国人力资源社会保障部《关于公布国家职业资格目录的通知》（人社部发〔2017〕68号），住房城乡建设部、交通运输部、水利部、人力资源社会保障部联合印发了《造价工程师职业资格制度规定》和《造价工程师职业资格考试实施办法》（建人〔2018〕67号），对我国造价工程师考试制度做出了重大调整，将原来的造价工程师分为一级造价工程师和二级造价工程师。为此，住房和城乡建设部、交通运输部、水利部组织有关专家制定了2019年版《全国二级造价工程师职业资格考试大纲》。该考试大纲是2019年及以后全国二级造价工程师考试命题和应考人员备考的依据。

新发布的考试大纲将全国二级造价工程师职业资格考试分为两个科目："建设工程造价管理基础知识"和"建设工程计量与计价实务"。两个科目分别单独考试、单独计分。参加全部2个科目考试的人员，必须在连续的2个考试年度内通过全部科目，方可取得二级造价工程师职业资格证书。

为了贯彻落实住房和城乡建设部标准定额司《关于印发造价工程师职业资格考试大纲的通知》中"抓紧组织开展造价工程师职业资格考试培训教材编写"的精神，方便全国各省、自治区、直辖市有关部门开展二级造价工程师职业资格考试培训和命题工作，我们特别聘请了造价工程领域的相关专家组成编审委员会，严格按照2019年版《全国二级造价工程师职业资格考试大纲》编写了本套考试培训教材。本套考试培训教材包括《建设工程造价管理基础知识》《建设工程计量与计价实务（土木建筑工程）》《建设工程计量与计价实务（安装工程）》共三册。

本套教材既可作为全国二级造价工程师职业资格考试培训教材，也可作为建设、设计、施工和工程咨询等单位从事工程造价管理工作的专业人员的学习用书，还可作为高等院校工程造价专业的教学参考书。

《2019年版全国二级造价工程师职业资格考试培训教材》在使用中如存在不足之处，还望读者提出宝贵意见和建议，以便在再版时修订和完善。

此外，为了帮助广大考生更好地把握考试大纲要求和教材内容，快速掌握考试要点和重点内容，做好考前准备，最终顺利通过考试，我们还组织编写了《建设工程造价管理基础知识应试指南与模拟试题》和《建设工程计量与计价实务（土木建筑工程）应试指南与模拟试题》，作为本套考试培训教材配套的辅助用书供考生参考。

全国二级造价工程师职业资格考试培训教材编委会

2019年3月

目　　录

第一章　工程造价管理相关法律法规与制度

第一节　工程造价管理相关法律法规

一、概述

（一）建设工程法律体系

建设工程法律体系，是指我国建设工程方面的法律、行政法规、部门规章和地方法规、地方规章有机结合起来，形成的一个相互联系、相互补充、相互协调的完整统一的体系。它是国家法律体系的基本体现。

（1）宪法及宪法相关法：宪法是国家的根本大法，规定国家的根本任务和根本制度，即社会制度、国家制度的原则和国家政权的组织以及公民的基本权利义务等内容。

（2）民法商法：民法是规定并调整平等主体的公民间、法人间及公民与法人间的财产关系和人身关系的法律规范的总称。商法是调整市场经济关系中商事主体及其商事活动的法律规范的总称。我国采用的是民商合一的立法模式。商法被认为是民法的特别法和组成部分。《中华人民共和国民法通则》（以下简称《民法通则》）、《中华人民共和国合同法》（以下简称《合同法》）、《中华人民共和国招标投标法》（以下简称《招标投标法》）等属于民法商法。

（3）行政法：行政法是调整行政主体在行使行政职权和接受行政法制监督过程中，与行政相对人、行政法制监督主体之间发生的各种关系，以及行政主体内部发生的各种关系的法律规范的总称。比如《中华人民共和国建筑法》（以下简称《建筑法》）等属于行政法。

（4）经济法：经济法是调整在国家协调、干预经济运行的过程中发生的经济关系的法律规范的总称。《中华人民共和国标准化法》《中华人民共和国行政采购法》（以下简称《行政采购法》）等属于经济法。

（5）社会法：社会法是调整劳动关系、社会保障和社会福利关系的法律规范的总称。《中华人民共和国劳动合同法》（以下简称《劳动合同法》）等属于社会法。

（6）刑法：刑法是关于犯罪和刑罚的法律规范的总称。《中华人民共和国刑法》（以下简称《刑法》）是这一法律部门的主要内容。

（7）诉讼与非诉讼程序法：诉讼法指的是规范诉讼程序的法律的总称。我国有三大诉讼法，即《中华人民共和国民事诉讼法》（以下简称《民事诉讼法》）、《中华人民共和国刑事诉讼法》（以下简称《刑事诉讼法》）、《中华人民共和国行政诉讼法》（以下简称《行政诉讼法》）。规范非诉讼程序的法律主要是《中华人民共和国仲裁法》（以下简称《仲裁法》）。

建设工程法律体系中的各种法的形式，由于制定的主体、程序、时间、适用范围等的不同，具有不同的效力，形成建设工程法律的效力等级体系；即：宪法至上；上位法优于下位法；特别法优于一般法；新法优于旧法；需要由有关机关裁决适用的特殊情况；备案和审查。

（二）建设工程法律关系

1. 建设工程法律关系的概念

法律关系是指由法律规范调整一定社会关系而形成的权利与义务关系。建设工程法律关系是法律关系的一种，是指由建设工程法律规范所确认和调整的，在建设管理和建设协作过程中所产生的权利、义务关系。

2. 建设工程法律关系的构成要素

任何法律关系都是由法律关系主体、法律关系客体和法律关系内容三个要素构成，缺少其中一个要素就不能构成法律关系。建设工程法律关系则是由建设工程法律关系主体、建设工程法律关系客体和建设工程法律关系内容构成的。

（1）建设工程法律关系主体：建设工程法律关系主体是指参加建设工程活动，受建设工程法律规范调整，在法律上享有权利、承担义务的人，包括自然人、法人、其他组织。

（2）建设工程法律关系客体：建设工程法律关系客体是指参加建设工程法律关系的主体享有的权利和承担的义务所共同指向的事物。在通常情况下，建设主体都是为了某一客体，彼此才设立一定的权利、义务，从而产生建设工程法律关系，这里的权利、义务所指向的事物，便是建设工程法律关系的客体。法学理论上，一般客体分为财、物、行为和非物质财富。建设工程法律关系客体也不外乎这四类。

（3）建设工程法律关系的内容：建设工程法律关系的内容即建设权利和建设义务。

二、建筑法

《建筑法》主要适用于各类房屋建筑及其附属设施的建造和与其配套的线路、管道、设备的安装活动，但其中关于施工许可、企业资质审查和工程发包、承包、禁止转包，以及建筑工程监理、建筑工程安全生产和质量管理的规定，也适用于其他专业建筑工程的建筑活动。

（一）建筑许可

建筑许可包括建筑工程施工许可和从业资格两个方面。

1. 建筑工程施工许可

（1）施工许可证的申领：除国务院建设行政主管部门确定的限额以下的小型工程外，建筑工程开工前，建设单位应当按照国家有关规定向工程所在地县级以上人民政府建设行政主管部门申请领取施工许可证。按照国务院规定的权限和程序批准开工报告的建筑工程，不再领取施工许可证。

申请领取施工许可证，应当具备如下条件：①已办理建筑工程用地批准手续；②在城市规划区内的建筑工程，已取得规划许可证；③需要拆迁的，其拆迁进度符合施工要求；④已经确定建筑施工单位；⑤有满足施工需要的施工图纸及技术资料；⑥有保证工程质量和安全的具体措施；⑦建设资金已经落实；⑧法律、行政法规规定的其他条件。

（2）施工许可证的有效期限：建设单位应当自领取施工许可证之日起 3 个月内开工。因故不能按期开工的，应当向发证机关申请延期；延期以两次为限，每次不超过 3 个月。既不开工又不申请延期或者超过延期时限的，施工许可证自行废止。

（3）中止施工和恢复施工：在建的建筑工程因故中止施工的，建设单位应当自中止施工之日起 1 个月内，向发证机关报告，并按照规定做好建设工程的维护管理工作。

建筑工程恢复施工时，应当向发证机关报告；中止施工满 1 年的工程恢复施工前，建设单位应当报发证机关核验施工许可证。

按照国务院有关规定批准开工报告的建筑工程，因故不能按期开工或者中止施工的，应当及时向批准机关报告情况。因故不能按期开工超过 6 个月的，应当重新办理开工报告的批准手续。

2. 从业资格

（1）单位资质：从事建筑活动的施工企业、勘察、设计和监理单位，按照其拥有的注册资本、专业技术人员、技术装备、已完成的建筑工程业绩等资质条件，划分为不同的资质等级，经资质审查合格，取得相应等级的资质证书后，方可在其资质等级许可的范围内从事建筑活动。

（2）专业技术人员资格：从事建筑活动的专业技术人员应当依法取得相应的执业资格证书，并在执业资格证书许可的范围内从事建筑活动。

（二）建筑工程发包与承包

1. 建筑工程发包

（1）发包方式：建筑工程依法实行招标发包，对不适于招标发包的可以直接发包。建筑工程实行招标发包的，发包单位应当将建筑工程发包给依法中标的承包单位。建筑工程实行直接发包的，发包单位应当将建筑工程发包给具有相应资质条件的承包单位。

政府及其所属部门不得滥用行政权力，限定发包单位将招标发包的建筑工程发包给指定的承包单位。

（2）禁止行为：提倡对建筑工程实行总承包，禁止将建筑工程肢解发包。建筑工程的发包单位可以将建筑工程的勘察、设计、施工、设备采购一并发包给一个工程总承包单位。但是，不得将应当由一个承包单位完成的建筑工程肢解成若干部分发包给几个承包单位。

按照合同约定，建筑材料、建筑构配件和设备由工程承包单位采购的，发包单位不得指定承包单位购入用于工程的建筑材料、建筑构配件和设备或者指定生产厂、供应商。

2. 建筑工程承包

（1）承包资质：承包建筑工程的单位应当持有依法取得的资质证书，并在其资质等级许可的业务范围内承揽工程。

禁止建筑施工企业超越本企业资质等级许可的业务范围或者以任何形式用其他建筑施工企业的名义承揽工程。禁止建筑施工企业以任何方式允许其他单位或个人使用本企业的资质证书、营业执照，以本企业的名义承揽工程。

（2）联合承包：大型建筑工程或结构复杂的建筑工程，可以由两个以上的承包单位联合共同承包。共同承包的各方对承包合同的履行承担连带责任。两个以上不同资质等级的单位实行联合共同承包的，应当按照资质等级低的单位的业务许可范围承揽工程。

（3）工程分包：建筑工程总承包单位可以将承包工程中的部分工程发包给具有相应资质条件的分包单位。但是，除总承包合同中已约定的分包外，必须经建设单位认可。施工总承包的，建筑工程主体结构的施工必须由总承包单位自行完成。

建筑工程总承包单位按照总承包合同的约定对建设单位负责；分包单位按照分包合同的

约定对总承包单位负责。总承包单位和分包单位就分包工程对建设单位承担连带责任。

(4) 禁止行为：禁止承包单位将其承包的全部建筑工程转包给他人，或将其承包的全部建筑工程肢解以后以分包的名义分别转包给他人。禁止总承包单位将工程分包给不具备资质条件的单位。禁止分包单位将其承包的工程再分包。

3. 建筑工程造价

建筑工程的发包单位与承包单位应当依法订立书面合同，明确双方的权利和义务。建筑工程造价应当按照国家有关规定，由发包单位与承包单位在合同中约定。

发包单位和承包单位应当全面履行合同约定的义务。不按照合同约定履行义务的，依法承担违约责任。发包单位应当按照合同的约定，及时拨付工程款项。

（三）建筑工程监理

国家推行建筑工程监理制度。实行监理的建筑工程，建设单位与其委托的工程监理单位应当订立书面委托监理合同。实施建筑工程监理前，建设单位应当将委托的工程监理单位、监理的内容及监理权限，书面通知被监理的建筑施工企业。

工程监理单位应当根据建设单位的委托，客观、公正地执行监理任务。工程监理人员发现工程设计不符合建筑工程质量标准或者合同约定的质量要求的，应当报告建设单位要求设计单位改正；认为工程施工不符合工程设计要求、施工技术标准和合同约定的，有权要求建筑施工企业改正。

（四）建筑安全生产管理

建筑工程安全生产管理必须坚持安全第一、预防为主的方针，建立健全安全生产的责任制度和群防群治制度。

建筑工程设计应当符合按照国家规定制定的建筑安全规程和技术规范，保证工程的安全性能。建筑施工企业在编制施工组织设计时，应当根据建筑工程的特点制定相应的安全技术措施；对专业性较强的工程项目，应当编制专项安全施工组织设计，并采取安全技术措施。

建筑施工企业应当在施工现场采取维护安全、防范危险、预防火灾等措施；有条件的，应当对施工现场实行封闭管理。施工现场对毗邻的建筑物、构筑物和特殊作业环境可能造成损害的，建筑施工企业应当采取措施加以保护。

施工现场安全由建筑施工企业负责。实行施工总承包的，由总承包单位负责。分包单位向总承包单位负责，服从总承包单位对施工现场的安全生产管理。建筑施工企业应当依法为职工参加工伤保险缴纳工伤保险费。鼓励企业为从事危险作业的职工办理意外伤害保险，支付保险费。

涉及建筑主体和承重结构变动的装修工程，建设单位应当在施工前委托原设计单位或者具有相应资质条件的设计单位提出设计方案；没有设计方案的，不得施工。房屋拆除应当由具备保证安全条件的建筑施工单位承担，由建筑施工单位负责人对安全负责。

（五）建筑工程质量管理

建设单位不得以任何理由，要求建筑设计单位或建筑施工单位违反法律、行政法规和建筑工程质量、安全标准，降低工程质量，建筑设计单位和建筑施工单位应当拒绝建设单位的此类要求。

建筑工程的勘察、设计单位必须对其勘察、设计的质量负责。勘察、设计文件应当符合有关法律、行政法规的规定和建筑工程质量、安全标准，建筑工程勘察、设计技术规范以及合同的约定。设计文件选用的建筑材料、建筑构配件和设备，应当注明其规格、型号、性能等技术指标，其质量要求必须符合国家规定的标准。建筑设计单位对设计文件选用的建筑材料、建筑构配件和设备，不得指定生产厂、供应商。

建筑施工企业对工程的施工质量负责。建筑施工企业必须按照工程设计图纸和施工技术标准施工，不得偷工减料。工程设计的修改由原设计单位负责，建筑施工企业不得擅自修改工程设计。建筑施工企业必须按照工程设计要求、施工技术标准和合同的约定，对建筑材料、构配件和设备进行检验，不合格的不得使用。

建筑工程竣工经验收合格后，方可交付使用；未经验收或验收不合格的，不得交付使用。交付竣工验收的建筑工程，必须符合规定的建筑工程质量标准，有完整的工程技术经济资料和经签署的工程保修书，并具备国家规定的其他竣工条件。

建筑工程实行质量保修制度。保修期限应当按照保证建筑物合理寿命年限内正常使用，维护使用者合法权益的原则确定。

三、合同法

《合同法》中的合同是指平等主体的自然人、法人、其他组织之间设立、变更、终止民事权利义务关系的协议。

《合同法》中所列的平等主体有三类，即：自然人、法人和其他组织。

《合同法》由总则、分则和附则三部分组成。总则包括一般规定、合同的订立、合同的效力、合同的履行、合同的变更和转让、合同的权利义务终止、违约责任、其他规定。分则按照合同标的不同，将合同分为 15 类，即：买卖合同；供用电、水、气、热力合同；赠与合同；借款合同；租赁合同；融资租赁合同；承揽合同；建设工程合同；运输合同；技术合同；保管合同；仓储合同；委托合同；行纪合同；居间合同。

（一）合同订立

当事人订立合同，应当具有相应的民事权利能力和民事行为能力。订立合同，必须以依法订立为前提，使所订立的合同成为双方履行义务、享有权利、受法律约束和请求法律保护的契约文书。

当事人依法可以委托代理人订立合同。所谓委托代理人订立合同，是指当事人委托他人以自己的名义与第三人签订合同，并承担由此产生的法律后果的行为。

1. 合同的形式和内容

（1）合同的形式：当事人订立合同，有书面形式、口头形式和其他形式。法律、行政法规规定采用书面形式的，应当采用书面形式。当事人约定采用书面形式的，应当采用书面形式。建设工程合同应当采用书面形式。

（2）合同的内容：合同内容是指当事人之间就设立、变更或者终止权利义务关系表示一致的意思。合同内容通常称为合同条款。

合同的内容由当事人约定，一般包括：当事人的名称或姓名和住所；标的；数量；质量；价款或者报酬；履行的期限、地点和方式；违约责任；解决争议的方法。

当事人可以参照各类合同的示范文本订立合同。

2. 合同订立的程序

当事人订立合同，应当采取要约、承诺方式。

（1）要约：

1）要约及其有效的条件：要约是希望和他人订立合同的意思表示。要约应当符合如下规定：①内容具体确定；②表明经受要约人承诺，要约人即受该意思表示约束。也就是说，要约必须是特定人的意思表示，必须是以缔结合同为目的，必须具备合同的主要条款。

有些合同在要约之前还会有要约邀请。所谓要约邀请，是希望他人向自己发出要约的意思表示。要约邀请并不是合同成立过程中的必经过程，它是当事人订立合同的预备行为，这种意思表示的内容往往不确定，不含有合同得以成立的主要内容和相对人同意后受其约束的表示，在法律上无需承担责任。寄送的价目表、拍卖公告、招标公告、招股说明书、商业广告等为要约邀请。商业广告的内容符合要约规定的，视为要约。

2）要约的生效：要约到达受要约人时生效。如采用数据电文形式订立合同，收件人指定特定系统接收数据电文的，该数据电文进入该特定系统的时间，视为到达时间；未指定特定系统的，该数据电文进入收件人的任何系统的首次时间，视为到达时间。

3）要约的撤回和撤销：①要约可以撤回。撤回要约的通知应当在要约到达受要约人之前或者与要约同时到达受要约人。②要约可以撤销。撤销要约的通知应当在受要约人发出承诺通知之前到达受要约人。但有下列情形之一的，要约不得撤销：a. 要约人确定了承诺期限或者以其他形式明示要约不可撤销；b. 受要约人有理由认为要约是不可撤销的，并已经为履行合同做了准备工作。

4）要约的失效：有下列情形之一的，要约失效：①拒绝要约的通知到达要约人；②要约人依法撤销要约；③承诺期限届满，受要约人未做出承诺；④受要约人对要约的内容做出实质性变更。

（2）承诺：承诺是受要约人同意要约的意思表示。除根据交易习惯或者要约表明可以通过行为做出承诺的之外，承诺应当以通知的方式做出。

1）承诺的期限：承诺应当在要约确定的期限内到达要约人。要约没有确定承诺期限的，承诺应当依照下列规定到达：①除非当事人另有约定，以对话方式做出的要约，应当即时做出承诺；②以非对话方式做出的要约，承诺应当在合理期限内到达。

以信件或者电报做出的要约，承诺期限自信件载明的日期或者电报交发之日开始计算。信件未载明日期的，自投寄该信件的邮戳日期开始计算。以电话、传真等快速通信方式做出的要约，承诺期限自要约到达受要约人时开始计算。

2）承诺的生效：承诺通知到达要约人时生效。承诺不需要通知的，根据交易习惯或者要约的要求做出承诺的行为时生效。采用数据电文形式订立合同的，承诺到达的时间适用于要约到达受要约人时间的规定。

受要约人在承诺期限内发出承诺，按照通常情形能够及时到达要约人，但因其他原因承诺到达要约人时超过承诺期限的，除要约人及时通知受要约人因承诺超过期限不接受该承诺的以外，该承诺有效。

3）承诺的撤回：承诺可以撤回，撤回承诺的通知应当在承诺通知到达要约人之前或者与承诺通知同时到达要约人。

4）逾期承诺：受要约人超过承诺期限发出承诺的，除要约人及时通知受要约人该承诺有效的以外，为新要约。

5）要约内容的变更：承诺的内容应当与要约的内容一致。有关合同标的、数量、质量、价款或者报酬、履行期限、履行地点和方式、违约责任和解决争议方法等的变更，是对要约内容的实质性变更。受要约人对要约的内容做出实质性变更的，为新要约。

承诺对要约的内容做出非实质性变更的，除要约人及时表示反对或者要约表明承诺不得对要约的内容做出任何变更的以外，该承诺有效，合同的内容以承诺的内容为准。

3. 合同的成立

承诺生效时合同成立。

（1）合同成立的时间：当事人采用合同书形式订立合同的，自双方当事人签字或者盖章时合同成立。当事人采用信件、数据电文等形式订立合同的，可以在合同成立之前要求签订确认书。签订确认书时合同成立。

（2）合同成立的地点：承诺生效的地点为合同成立的地点。采用数据电文形式订立合同的，收件人的主营业地为合同成立的地点；没有主营业地的，其经常居住地为合同成立的地点。当事人另有约定的，按照其约定。当事人采用合同书形式订立合同的，双方当事人签字或者盖章的地点为合同成立的地点。

（3）合同成立的其他情形：合同成立的情形还包括：

1）法律、行政法规规定或者当事人约定采用书面形式订立合同，当事人未采用书面形式但一方已经履行主要义务，对方接受的。

2）采用合同书形式订立合同，在签字或者盖章之前，当事人一方已经履行主要义务，对方接受的。

4. 格式条款

格式条款是当事人为了重复使用而预先拟定，并在订立合同时未与对方协商的条款。

（1）格式条款提供者的义务：采用格式条款订立合同，有利于提高当事人双方合同订立过程的效率、减少交易成本、避免合同订立过程中因当事人双方一事一议而可能造成的合同内容的不确定性。但由于格式条款的提供者往往在经济地位方面具有明显的优势，在行业中居于垄断地位，因而导致其在拟定格式条款时，会更多地考虑自己的利益，而较少考虑另一方当事人的权利或者附加种种限制条件。为此，提供格式条款的一方应当遵循公平的原则确定当事人之间的权利义务关系，并采取合理的方式提请对方注意免除或限制其责任的条款，按照对方的要求，对该条款予以说明。

（2）格式条款无效：提供格式条款一方免除自己责任、加重对方责任、排除对方主要权利的，该条款无效。此外，《合同法》规定的合同无效的情形，同样适用于格式合同条款。

（3）格式条款的解释：对格式条款的理解发生争议的，应当按照通常理解予以解释。对格式条款有两种以上解释的，应当做出不利于提供格式条款一方的解释。格式条款和非格式条款不一致的，应当采用非格式条款。

5. 缔约过失责任

缔约过失责任发生于合同不成立或者合同无效的缔约过程。其构成条件：一是当事人有过错。若无过错，则不承担责任。二是有损害后果的发生。若无损失，亦不承担责任。三是当事人的过错行为与造成的损失有因果关系。

当事人在订立合同过程中有下列情形之一，给对方造成损失的，应当承担损害赔偿责任：

（1）假借订立合同，恶意进行磋商。

（2）故意隐瞒与订立合同有关的重要事实或者提供虚假情况。

（3）有其他违背诚实信用原则的行为。

当事人在订立合同过程中知悉的商业秘密，无论合同是否成立，不得泄露或者不正当地使用。泄露或者不正当地使用该商业秘密给对方造成损失的，应当承担损害赔偿责任。

（二）合同效力

1. 合同生效

合同生效与合同成立是两个不同的概念。合同的成立，是指双方当事人依照有关法律对合同的内容进行协商并达成一致的意见。合同成立的判断依据是承诺是否生效。合同生效，是指合同产生法律上的效力，具有法律约束力。在通常情况下，合同依法成立之时，就是合同生效之日，二者在时间上是同步的。但有些合同在成立后，并非立即产生法律效力，而是需要其他条件成就之后，才开始生效。

（1）合同生效的时间：依法成立的合同，自成立时生效。依照法律、行政法规规定应当办理批准、登记等手续的，待手续完成时合同生效。

（2）附条件和附期限的合同：

1）附条件的合同：当事人对合同的效力可以约定附条件。附生效条件的合同，自条件成就时生效。附解除条件的合同，自条件成就时失效。当事人为自己的利益不正当地阻止条件成就的，视为条件已成就；不正当地促成条件成就的，视为条件不成就。

2）附期限的合同：当事人对合同的效力可以约定附期限。附生效期限的合同，自期限届至时生效。附终止期限的合同，自期限届满时失效。

2. 效力待定合同

效力待定合同是指合同已经成立，但合同效力能否产生尚不能确定的合同。效力待定合同主要是由于当事人缺乏缔约能力、财产处分能力或代理人的代理资格和代理权限存在缺陷所造成的。效力待定合同包括：限制民事行为能力人订立的合同和无权代理人代订的合同。

（1）限制民事行为能力人订立的合同：根据我国《民法通则》，限制民事行为能力人是指10周岁以上不满18周岁的未成年人，以及不能完全辨认自己行为的精神病人。限制民事行为能力人订立的合同，经法定代理人追认后，该合同有效，但纯获利益的合同或者与其年龄、智力、精神健康状况相适应而订立的合同，不必经法定代理人追认。

由此可见，限制民事行为能力人订立的合同并非一律无效，在以下几种情形下订立的合同是有效的：①经过其法定代理人追认的合同，即为有效合同；②纯获利益的合同，即限制民事行为能力人订立的接受奖励、赠与、报酬等只需获得利益而不需其承担任何义务的合同，不必经其法定代理人追认，即为有效合同；③与限制民事行为能力人的年龄、智力、精神健康状况相适应而订立的合同，不必经其法定代理人追认，即为有效合同。

与限制民事行为能力人订立合同的相对人可以催告法定代理人在1个月内予以追认。法定代理人未做表示的，视为拒绝追认。合同被追认之前，善意相对人有撤销的权利。撤销应当以通知的方式做出。

（2）无权代理人代订的合同：无权代理人代订的合同主要包括行为人没有代理权、超越代理权限范围或者代理权终止后仍以被代理人的名义订立的合同。

1）无权代理人代订的合同对被代理人不发生效力的情形：行为人没有代理权、超越代理权或者代理权终止后以被代理人名义订立的合同，未经被代理人追认，对被代理人不发生效力，由行为人承担责任。

与无权代理人签订合同的相对人可以催告被代理人在1个月内予以追认。被代理人未做表示的，视为拒绝追认。合同被追认之前，善意相对人有撤销的权利。撤销应当以通知的方式做出。

无权代理人代订的合同是否对被代理人发生法律效力，取决于被代理人的态度。与无权代理人签订合同的相对人催告被代理人在1个月内予以追认时，被代理人未做表示或表示拒绝的，视为拒绝追认，该合同不生效。被代理人表示予以追认的，该合同对被代理人发生法律效力。在催告开始至被代理人追认之前，该合同对于被代理人的法律效力处于待定状态。

2）无权代理人代订的合同对被代理人具有法律效力的情形：行为人没有代理权、超越代理权或者代理权终止后以被代理人名义订立合同，相对人有理由相信行为人有代理权的，该代理行为有效。这是《合同法》针对表见代理情形所做出的规定。所谓表见代理，是善意相对人通过被代理人的行为足以相信无权代理人具有代理权的情形。

在通过表见代理订立合同的过程中，如果相对人无过错，即相对人不知道或者不应当知道（无义务知道）无权代理人没有代理权时，使相对人相信无权代理人具有代理权的理由是否正当、充分，就成为是否构成表见代理的关键。如果确实存在充分、正当的理由并足以使相对人相信无权代理人具有代理权，则无权代理人的代理行为有效，即无权代理人通过其表见代理行为与相对人订立的合同具有法律效力。

3）法人或者其他组织的法定代表人、负责人超越权限订立的合同的效力：法人或者其他组织的法定代表人、负责人超越权限订立的合同，除相对人知道或者应当知道其超越权限的以外，该代表行为有效。这是因为法人或者其他组织的法定代表人、负责人的身份应当被视为法人或者其他组织的全权代理人，他们完全有资格代表法人或者其他组织为民事行为而不需要获得法人或者其他组织的专门授权，其代理行为的法律后果由法人或者其他组织承担。但是，如果相对人知道或者应当知道法人或者其他组织的法定代表人、负责人在代表法人或者其他组织与自己订立合同时超越其代表（代理）权限，仍然订立合同的，该合同将不具有法律效力。

4）无处分权的人处分他人财产合同的效力：在现实经济活动中，通过合同处分财产（如赠与、转让、抵押、留置等）是常见的财产处分方式。当事人对财产享有处分权是通过合同处分财产的必要条件。无处分权的人处分他人财产的合同一般为无效合同。但是，无处分权的人处分他人财产，经权利人追认或者无处分权的人订立合同后取得处分权的，该合同有效。

3. 无效合同

无效合同是指其内容和形式违反了法律、行政法规的强制性规定，或者损害了国家利益、集体利益、第三人利益和社会公共利益，因而不为法律所承认和保护、不具有法律效力的合同。无效合同自始没有法律约束力。在现实经济活动中，无效合同通常有两种情形，即整个合同无效（无效合同）和合同的部分条款无效。

（1）无效合同的情形：有下列情形之一的，合同无效：

1）一方以欺诈、胁迫的手段订立合同，损害国家利益。

2）恶意串通，损害国家、集体或第三人利益。

3）以合法形式掩盖非法目的。

4）损害社会公共利益。

5）违反法律、行政法规的强制性规定。

（2）合同部分条款无效的情形：合同中的下列免责条款无效。

1）造成对方人身伤害的。

2）因故意或者重大过失造成对方财产损失的。

免责条款是当事人在合同中规定的某些情况下免除或者限制当事人所负未来合同责任的条款。在一般情况下，合同中的免责条款都是有效的。但是，如果免责条款所产生的后果具有社会危害性和侵权性，侵害了对方当事人的人身权利和财产权利，则该免责条款将不具有法律效力。

4. 可变更或者撤销合同

可变更、可撤销合同是指欠缺一定的合同生效条件，但当事人一方可依照自己的意思使合同的内容得以变更或者使合同的效力归于消灭的合同。可变更、可撤销合同的效力取决于当事人的意思，属于相对无效的合同。当事人根据其意思，若主张合同有效，则合同有效；若主张合同无效，则合同无效；若主张合同变更，则合同可以变更。

（1）合同可以变更或者撤销的情形：当事人一方有权请求人民法院或者仲裁机构变更或者撤销的合同有：

1）因重大误解订立的。

2）在订立合同时显失公平的。

一方以欺诈、胁迫的手段或者乘人之危，使对方在违背真实意思的情况下订立的合同，受损害方有权请求人民法院或者仲裁机构变更或者撤销。

当事人请求变更的，人民法院或者仲裁机构不得撤销。

（2）撤销权的消灭：撤销权是指受损害的一方当事人对可撤销的合同依法享有的、可请求人民法院或仲裁机构撤销该合同的权利。享有撤销权的一方当事人称为撤销权人。撤销权应由撤销权人行使，并应向人民法院或者仲裁机构主张该项权利。而撤销权的消灭是指撤销权人依照法律享有的撤销权由于一定法律事由的出现而归于消灭的情形。

有下列情形之一的，撤销权消灭：

1）具有撤销权的当事人自知道或者应当知道撤销事由之日起1年内没有行使撤销权。

2）具有撤销权的当事人知道撤销事由后明确表示或者以自己的行为放弃撤销权。

由此可见，当具有法律规定的可以撤销合同的情形时，当事人应当在规定的期限内行使其撤销权，否则，超过法律规定的期限时，撤销权归于消灭。此外，若当事人放弃撤销权，则撤销权也归于消灭。

（3）无效合同或者被撤销合同的法律后果：无效合同或者被撤销的合同自始没有法律约束力。合同部分无效，不影响其他部分效力的，其他部分仍然有效。合同无效、被撤销或者终止的，不影响合同中独立存在的有关解决争议方法的条款的效力。

合同无效或被撤销后，履行中的合同应当终止履行；尚未履行的，不得履行。对当事人依据无效合同或者被撤销的合同而取得的财产应当依法进行如下处理：

1）返还财产或折价补偿。当事人依据无效合同或者被撤销的合同所取得的财产，应当予以返还；不能返还或者没有必要返还的，应当折价补偿。

2）赔偿损失。合同被确认无效或者被撤销后，有过错的一方应赔偿对方因此所受到的损失。双方都有过错的，应当各自承担相应的责任。

3）收归国家所有或者返还集体、第三人。当事人恶意串通，损害国家、集体或者第三人利益的，因此取得的财产收归国家所有或者返还集体、第三人。

（三）合同履行

合同履行是指合同生效后，合同当事人为实现订立合同欲达到的预期目的而依照合同全面、适当地完成合同义务的行为。

1. 合同履行的原则

（1）全面履行原则：当事人应当按照合同约定全面履行自己的义务，即当事人应当严格按照合同约定的标的、数量、质量，由合同约定的履行义务的主体在合同约定的履行期限、履行地点，按照合同约定的价款或者报酬、履行方式，全面地完成合同所约定的属于自己的义务。

全面履行原则不允许合同的任何一方当事人不按合同约定履行义务，擅自对合同的内容进行变更，以保证合同当事人的合法权益。

（2）诚实信用原则：当事人应当遵循诚实信用原则，根据合同的性质、目的和交易习惯履行通知、协助、保密等义务。

诚实信用原则要求合同当事人在履行合同过程中维持合同双方的合同利益平衡，以诚实、真诚、善意的态度行使合同权利、履行合同义务，不对另一方当事人进行欺诈，不滥用权利。诚实信用原则还要求合同当事人在履行合同约定的主义务的同时，履行合同履行过程中的附随义务：

1）及时通知义务：有些情况需要及时通知对方的，当事人一方应及时通知对方。

2）提供必要条件和说明的义务：需要当事人提供必要的条件和说明的，当事人应当根据对方的需要提供必要的条件和说明。

3）协助义务：需要当事人一方予以协助的，当事人一方应尽可能地为对方提供所需要的协助。

4）保密义务：需要当事人保密的，当事人应当保守其在订立和履行合同过程中所知悉的对方当事人的商业秘密、技术秘密等。

2. 合同履行的一般规定

（1）合同有关内容没有约定或者约定不明确问题的处理：合同生效后，当事人就质量、价款或者报酬、履行地点等内容没有约定或者约定不明确的，可以协议补充；不能达成补充协议的，按照合同有关条款或者交易习惯确定。

依照上述基本原则和方法仍不能确定合同有关内容的，应当按照下列方法处理：

1）质量要求不明确问题的处理方法：质量要求不明确的，按照国家标准、行业标准履行；没有国家标准、行业标准的，按照通常标准或者符合合同目的的特定标准履行。

2）价款或者报酬不明确问题的处理方法：价款或者报酬不明确的，按照订立合同时履行地的市场价格履行；依法应当执行政府定价或者政府指导价的，在合同约定的交付期限内政府价格调整时，按照交付时的价格计价。逾期交付标的物的，遇价格上涨时，按照原价格执行；价格下降时，按照新价格执行。逾期提取标的物或者逾期付款的，遇价格上涨时，按照新价格执行；价格下降时，按照原价格执行。

3）履行地点不明确问题的处理方法：履行地点不明确，给付货币的，在接受货币一方所在地履行；交付不动产的，在不动产所在地履行；其他标的，在履行义务一方所在地履行。

4）履行期限不明确问题的处理方法：履行期限不明确的，债务人可以随时履行，债权人也可以随时要求履行，但应当给对方必要的准备时间。

5）履行方式不明确问题的处理方法：履行方式不明确的，按照有利于实现合同目的的方式履行。

6）履行费用的负担不明确问题的处理方法：履行费用的负担不明确的，由履行义务一方负担。

（2）合同履行中的第三人：在通常情况下，合同必须由当事人亲自履行。但根据法律的规定及合同的约定，或者在与合同性质不相抵触的情况下，合同可以向第三人履行，也可以由第三人代为履行。向第三人履行合同或者由第三人代为履行合同，不是合用义务的转移，当事人在合同中的法律地位不变。

1）向第三人履行合同。当事人约定由债务人向第三人履行债务的，债务人未向第三人履行债务或者履行债务不符合约定，应当向债权人承担违约责任。

2）由第三人代为履行合同。当事人约定由第三人向债权人履行债务的，第三人不履行债务或者履行债务不符合约定，债务人应当向债权人承担违约责任。

（3）合同履行过程中几种特殊情况的处理：

1）因债权人分立、合并或者变更住所致使债务人履行债务发生困难的情况：合同当事人一方发生分立、合并或者变更住所等情况时，有义务及时通知对方当事人，以免给合同的履行造成困难。债权人分立、合并或者变更住所没有通知债务人，致使履行债务发生困难的，债务人可以中止履行或者将标的物提存。所谓提存，是指由于债权人的原因致使债务人难以履行债务时，债务人可以将标的物交给有关机关保存，以此消灭合同的行为。

2）债务人提前履行债务的情况：债务人提前履行债务是指债务人在合同规定的履行期限届至之前即开始履行自己的合同义务的行为。债权人可以拒绝债务人提前履行债务，但提前履行不损害债权人利益的除外。债务人提前履行债务给债权人增加的费用，由债务人负担。

3）债务人部分履行债务的情况：债务人部分履行债务是指债务人没有按照合同约定履行合同规定的全部义务，而只是履行了自己的一部分合同义务的行为。债权人可以拒绝债务人部分履行债务，但部分履行不损害债权人利益的除外。债务人部分履行债务给债权人增加的费用，由债务人负担。

（4）合同生效后合同主体发生变化时的合同效力：合同生效后，当事人不得因姓名、名称的变更或者法定代表人、负责人、承办人的变动而不履行合同义务。因为当事人的姓名、名称只是作为合同主体的自然人、法人或者其他组织的符号，并非自然人、法人或者其他组织本身，其变更并未使原合同主体发生实质性变化，因而合同的效力也未发生变化。

（四）合同变更和转让

1. 合同变更

合同变更有广义和狭义之分。广义的合同变更是指合同法律关系的主体和合同内容的变更。狭义的合同变更仅指合同内容的变更，不包括合同主体的变更。

合同主体的变更是指合同当事人的变动，即原来的合同当事人退出合同关系而由合同以外的第三人替代，第三人成为合同的新当事人。合同主体的变更实质上就是合同的转让。合同内容的变更是指在合同成立以后、履行之前或者在合同履行开始之后尚未履行完毕之前，合同当事人对合同内容的修改或者补充。《合同法》所指的合同变更是指合同内容的变更。合同变更可分为协议变更和法定变更。

(1) 协议变更：当事人协商一致，可以变更合同。法律、行政法规规定变更合同应当办理批准、登记等手续的，应当办理相应的批准、登记手续。

当事人对合同变更的内容约定不明确的，推定为未变更。

(2) 法定变更：在合同成立后，当发生法律规定的可以变更合同的事由时，可根据一方当事人的请求对合同内容进行变更而不必征得对方当事人的同意。但这种变更合同的请求须向人民法院或者仲裁机构提出。

2. 合同转让

合同转让是指合同一方当事人取得对方当事人同意后，将合同的权利义务全部或者部分转让给第三人的法律行为。合同的转让包括权利（债权）转让、义务（债务）转移和权利义务概括转让三种情形。法律、行政法规规定转让权利或者转移义务应当办理批准、登记等手续的，应办理相应的批准、登记手续。

(1) 合同债权转让：债权人可以将合同的权利全部或者部分转让给第三人，但下列三种情形不得转让：①根据合同性质不得转让；②按照当事人约定不得转让；③依照法律规定不得转让。

债权人转让权利的，债权人应当通知债务人。未经通知，该转让对债务人不发生效力。除非经受让人同意，否则，债权人转让权利的通知不得撤销。

合同债权转让后，该债权由原债权人转移给受让人，受让人取代让与人（原债权人）成为新债权人，依附于主债权的从债权也一并移转给受让人，例如抵押权、留置权等，但专属于原债权人自身的从债权除外。

为保护债务人利益，不致使其因债权转让而蒙受损失，债务人接到债权转让通知后，债务人对让与人的抗辩，可以向受让人主张；债务人对让与人享有债权，并且债务人的债权先于转让的债权到期或者同时到期的，债务人可以向受让人主张抵销。

(2) 合同债务转移：债务人将合同的义务全部或者部分转移给第三人的，应当经债权人同意。

债务人转移义务后，原债务人享有的对债权人的抗辩权也随债务转移而由新债务人享有，新债务人可以主张原债务人对债权人的抗辩。债务人转移义务的，新债务人应当承担与主债务有关的从债务，但该从债务专属于原债务人自身的除外。

(3) 合同权利义务的概括转让：当事人一方经对方同意，可以将自己在合同中的权利和义务一并转让给第三人。权利和义务一并转让的，适用上述有关债权转让和债务转移的有关规定。

此外，当事人订立合同后合并的，由合并后的法人或者其他组织行使合同权利，履行合同义务。当事人订立合同后分立的，除债权人和债务人另有约定的以外，由分立的法人或者其他组织对合同的权利和义务享有连带债权，承担连带债务。

（五）合同权利义务终止

1. 合同权利义务终止的原因

合同权利义务终止又称为合同的终止或者合同的消灭，是指因某种原因而引起的合同权利义务关系在客观上不复存在。

有下列情形之一的，合同的权利义务终止：①债务已经按照约定履行；②合同解除；③债务相互抵销；④债务人依法将标的物提存；⑤债权人免除债务；⑥债权债务同归于一人；⑦法律规定或者当事人约定终止的其他情形。

债权人免除债务人部分或者全部债务的，合同的权利义务部分或者全部终止；债权和债务同归于一人的，合同的权利义务终止，但涉及第三人利益的除外。

合同的权利义务终止，不影响合同中结算和清理条款的效力。合同的权利义务终止后，当事人应当遵循诚实信用原则，根据交易习惯履行通知、协助、保密等义务。

2. 合同解除

合同解除是指合同有效成立后，在尚未履行或者尚未履行完毕之前，因当事人一方或者双方的意思表示而使合同的权利义务关系（债权债务关系）自始消灭或者向将来消灭的一种民事行为。

合同解除后，尚未履行的，终止履行；已经履行的，根据履行情况和合同性质，当事人可以要求恢复原状、采取其他补救措施，并有权要求赔偿损失。

3. 标的物提存

有下列情形之一，难以履行债务的，债务人可以将标的物提存：①债权人无正当理由拒绝受领；②债权人下落不明；③债权人死亡未确定继承人或者丧失民事行为能力未确定监护人；④法律规定的其他情形。

标的物不适于提存或者提存费用过高的，债务人可以依法拍卖或者变卖标的物，提存所得的价款。

债权人可以随时领取提存物，但债权人对债务人负有到期债务的，在债权人未履行债务或提供担保之前，提存部门根据债务人的要求应当拒绝其领取提存物。

债权人领取提存物的权利期限为 5 年，超过该期限，提存物扣除提存费用后归国家所有。

（六）违约责任

1. 违约责任及其特点

违约责任是指合同当事人不履行或者不适当履行合同义务所应承担的民事责任。当事人一方明确表示或者以自己的行为表明不履行合同义务的，对方可以在履行期限届满之前要求其承担违约责任。违约责任具有以下特点：

（1）以有效合同为前提。与侵权责任和缔约过失责任不同，违约责任必须以当事人双方事先存在的有效合同关系为前提。

（2）以合同当事人不履行或者不适当履行合同义务为要件。只有合同当事人不履行或者不适当履行合同义务时，才应承担违约责任。

（3）可由合同当事人在法定范围内约定。违约责任主要是一种赔偿责任，因此，可由合同当事人在法律规定的范围内自行约定。

(4) 是一种民事赔偿责任。首先，它是由违约方向守约方承担的民事责任，无论是违约金还是赔偿金，均是平等主体之间的支付关系；其次，违约责任的确定，通常应以补偿守约方的损失为标准。

2. 违约责任的承担

(1) 违约责任的承担方式：当事人一方不履行合同义务或者履行合同义务不符合约定的，应当承担继续履行、采取补救措施或者赔偿损失等违约责任。

1) 继续履行：继续履行是指在合同当事人一方不履行合同义务或者履行合同义务不符合合同约定时，另一方合同当事人有权要求其在合同履行期限届满后继续按照原合同约定的主要条件履行合同义务的行为。继续履行是合同当事人一方违约时，其承担违约责任的首选方式。

① 违反金钱债务时的继续履行：当事人一方未支付价款或者报酬的，对方可以要求其支付价款或者报酬。

② 违反非金钱债务时的继续履行：当事人一方不履行非金钱债务或者履行非金钱债务不符合约定的，对方可以要求履行，但有下列情形之一的除外：a. 法律上或者事实上不能履行；b. 债务的标的不适于强制履行或者履行费用过高；c. 债权人在合理期限内未要求履行。

2) 采取补救措施：如果合同标的物的质量不符合约定的，应当按照当事人的约定承担违约责任。对违约责任没有约定或者约定不明确的，可以协议补充；不能达成补充协议的，按照合同有关条款或者交易习惯确定。依照上述办法仍不能确定的，受损害方根据标的的性质以及损失的大小，可以合理选择要求对方承担修理、更换、重做、退货、减少价款或者报酬等违约责任。

3) 赔偿损失：当事人一方不履行合同义务或者履行合同义务不符合约定的，在履行义务或者采取补救措施后，对方还有其他损失的，应当赔偿损失。损失赔偿额应当相当于因违约所造成的损失，包括合同履行后可以获得的利益，但不得超过违反合同一方订立合同时预见到或者应当预见到的因违反合同可能造成的损失。

当事人一方违约后，对方应当采取适当措施防止损失的扩大；没有采取适当措施致使损失扩大的，不得就扩大的损失要求赔偿。当事人因防止损失扩大而支出的合理费用，由违约方承担。

经营者对消费者提供商品或者服务有欺诈行为的，依照《中华人民共和国消费者权益保护法》的规定承担损害赔偿责任。

4) 违约金：当事人可以约定一方违约时应当根据违约情况向对方支付一定数额的违约金，也可以约定因违约产生的损失赔偿额的计算方法。约定的违约金低于造成的损失的，当事人可以请求人民法院或者仲裁机构予以增加；约定的违约金过分高于造成的损失的，当事人可以请求人民法院或者仲裁机构予以适当减少。

当事人就迟延履行约定违约金的，违约方支付违约金后，还应当履行债务。

5) 定金：当事人可以依照《中华人民共和国担保法》约定一方向对方给付定金作为债权的担保。债务人履行债务后，定金应当抵作价款或者收回。给付定金的一方不履行约定的债务的，无权要求返还定金；收受定金的一方不履行约定的债务的，应当双倍返还定金。

当事人既约定违约金，又约定定金的，一方违约时，对方可以选择适用违约金或者定金条款。

（2）违约责任的承担主体：

1）合同当事人双方违约时违约责任的承担：当事人双方都违反合同的，应当各自承担相应的责任。

2）因第三人原因造成违约时违约责任的承担：当事人一方因第三人的原因造成违约的，应当向对方承担违约责任。当事人一方和第三人之间的纠纷，依照法律规定或者依照约定解决。

（3）违约责任与侵权责任的选择：因当事人一方的违约行为，侵害对方人身、财产权益的，受损害方有权选择依照《合同法》要求其承担违约责任或者依照其他法律要求其承担侵权责任。

3. 不可抗力

不可抗力是指不能预见、不能避免并不能克服的客观情况。因不可抗力不能履行合同的，根据不可抗力的影响，部分或者全部免除责任，但法律另有规定的除外。当事人迟延履行后发生不可抗力的，不能免除责任。

当事人一方因不可抗力不能履行合同的，应当及时通知对方，以减轻可能给对方造成的损失，并应当在合理期限内提供证明。

（七）合同争议解决

合同争议是指合同当事人之间对合同履行状况和合同违约责任承担等问题所产生的意见分歧。合同争议的解决方式有和解、调解、仲裁或者诉讼。

1. 合同争议的和解与调解

和解与调解是解决合同争议的常用和有效方式。当事人可以通过和解或者调解解决合同争议。

（1）和解：和解是合同当事人之间发生争议后，在没有第三人介入的情况下，合同当事人双方在自愿、互谅的基础上，就已经发生的争议进行商谈并达成协议，自行解决争议的一种方式。和解方式简便易行，有利于加强合同当事人之间的协作，使合同能更好地得到履行。

（2）调解：调解是指合同当事人于争议发生后，在第三者的主持下，根据事实、法律和合同，经过第三者的说服与劝解，使发生争议的合同当事人双方互谅、互让，自愿达成协议，从而公平、合理地解决争议的一种方式。

与和解相同，调解也具有方法灵活、程序简便、节省时间和费用、不伤害发生争议的合同当事人双方的感情等特征，而且由于有第三者的介入，可以缓解发生争议的合同双方当事人之间的对立情绪，便于双方较为冷静、理智地考虑问题。同时，由于第三者常常能够站在较为公正的立场上，较为客观、全面地看待、分析争议的有关问题并提出解决方案，从而有利于争议的公正解决。

参与调解的第三者不同，调解的性质也就不同。调解有民间调解、仲裁机构调解和法庭调解三种。

2. 合同争议的仲裁

仲裁是指发生争议的合同当事人双方根据合同种种约定的仲裁条款或者争议发生后由其达成的书面仲裁协议，将合同争议提交给仲裁机构并由仲裁机构按照仲裁法律规范的规定居中裁决，从而解决合同争议的法律制度。当事人不愿协商、调解或协商、调解不成的，可以根据合同中的仲裁条款或事后达成的书面仲裁协议，提交仲裁机构仲裁。涉外合同的当事人可以根据仲裁协议向中国仲裁机构或者其他仲裁机构申请仲裁。

根据我国《仲裁法》，对于合同争议的解决，实行"或裁或审制"。即发生争议的合同当事人双方只能在"仲裁"或者"诉讼"两种方式中选择一种方式解决其合同争议。

仲裁裁决具有法律约束力。合同当事人应当自觉执行裁决。不执行的，另一方当事人可以申请有管辖权的人民法院强制执行。裁决做出后，当事人就同一争议再申请仲裁或者向人民法院起诉的，仲裁机构或者人民法院不予受理。但当事人对仲裁协议的效力有异议的，可以请求仲裁机构做出决定或者请求人民法院做出裁定。

3．合同争议的诉讼

诉讼是指合同当事人依法将合同争议提交人民法院受理，由人民法院依司法程序通过调查、做出判决、采取强制措施等来处理争议的法律制度。有下列情形之一的，合同当事人可以选择诉讼方式解决合同争议：

（1）合同争议的当事人不愿和解、调解的。

（2）经过和解、调解未能解决合同争议的。

（3）当事人没有订立仲裁协议或者仲裁协议无效的。

（4）仲裁裁决被人民法院依法裁定撤销或者不予执行的。

合同当事人双方可以在签订合同时约定选择诉讼方式解决合同争议，并依法选择有管辖权的人民法院，但不得违反《民事诉讼法》关于级别管辖和专属管辖的规定。对于一般合同争议，由被告住所地或者合同履行地人民法院管辖。建设工程施工合同以施工行为地为合同履行地。

四、招标投标法及其实施条例

（一）招标投标法

《招标投标法》规定，在中华人民共和国境内进行下列工程建设项目（包括项目的勘察、设计、施工、监理以及与工程建设有关的重要设备、材料等的采购），必须进行招标：

（1）大型基础设施、公用事业等关系社会公共利益、公众安全的项目。

（2）全部或者部分使用国有资金投资或者国家融资的项目。

（3）使用国际组织或者外国政府贷款、援助资金的项目。

任何单位和个人不得将依法必须进行招标的项目化整为零或者以其他任何方式规避招标。依法必须进行招标的项目，其招标投标活动不受地区或者部门的限制。任何单位和个人不得违法限制或者排斥本地区、本系统以外的法人或者其他组织参加投标，不得以任何方式非法干涉招标投标活动。

1．招标

（1）招标的条件和方式：

1）招标条件：招标项目按照国家有关规定需要履行项目审批手续的，应当先履行审批手续，取得批准。招标人应当有进行招标项目的相应资金或者资金来源已经落实，并应当在招标文件中如实载明。

招标人有权自行选择招标代理机构，委托其办理招标事宜。任何单位和个人不得以任何方式为招标人指定招标代理机构。招标人具有编制招标文件和组织评标能力的，可以自行办理招标事宜。任何单位和个人不得强制其委托招标代理机构办理招标事宜。

依法必须进行招标的项目，招标人自行办理招标事宜的，应当向有关行政监督部门备案。

2）招标方式：招标分为公开招标和邀请招标两种方式。

招标公告或投标邀请书应当载明招标人的名称和地址，招标项目的性质、数量、实施地点和时间，以及获取招标文件的办法等事项。招标人不得以不合理的条件限制或者排斥潜在投标人，不得对潜在投标人实行歧视待遇。

（2）招标文件：招标人应当根据招标项目的特点和需要编制招标文件。招标文件应当包括招标项目的技术要求、对招标人资格审查的标准、投标报价要求和评标标准等所有实质性要求和条件以及拟签订合同的主要条款。招标项目需要划分标段、确定工期的，招标人应当合理划分标段、确定工期，并在招标文件中载明。

招标文件不得要求或者标明特定的生产供应者以及含有倾向或者排斥潜在投标人的其他内容。招标人不得向他人透露已获取招标文件的潜在投标人的名称、数量及可能影响公平竞争的有关招标投标的其他情况。

招标人对已发出的招标文件进行必要的澄清或者修改的，应当在招标文件要求提交投标文件截止时间至少 15 日前，以书面形式通知所有招标文件收受人。该澄清或者修改的内容为招标文件的组成部分。

（3）其他规定：招标人设有标底的，标底必须保密。招标人应当确定投标人编制投标文件所需要的合理时间。依法必须进行招标的项目，自招标文件开始发出之日起至投标人提交投标文件截止之日止，最短不得少于 20 日。

2．投标

投标人应当具备承担招标项目的能力。国家有关规定对投标人资格条件或者招标文件对投标人资格条件有规定的，投标人应当具备规定的资格条件。

（1）投标文件：

1）投标文件的内容：投标人应当按照招标文件的要求编制投标文件。投标文件应当对招标文件提出的实质性要求和条件做出响应。

根据招标文件载明的项目实际情况，投标人如果准备在中标后将中标项目的部分非主体、非关键工程进行分包的，应当在投标文件中载明。在招标文件要求提交投标文件的截止时间前，投标人可以补充、修改或者撤回已提交的投标文件，并书面通知招标人。补充、修改的内容为投标文件的组成部分。

2）投标文件的送达：投标人应当在招标文件要求提交投标文件的截止时间前，将投标文件送达投标地点。招标人收到投标文件后，应当签收保存，不得开启。投标人少于 3 个的，招标人应当依照《招标投标法》重新招标。

在招标文件要求提交投标文件的截止时间后送达的投标文件，招标人应当拒收。

（2）联合投标：两个以上法人或者其他组织可以组成一个联合体，以一个投标人的身份共同投标。联合体各方均应具备承担招标项目的相应能力。国家有关规定或者招标文件对投标人资格条件有规定的，联合体各方均应当具备规定的相应资格条件。由同一专业的单位组成的联合体，按照资质等级较低的单位确定资质等级。

联合体各方应当签订共同投标协议，明确约定各方拟承担的工作和责任，并将共同投标协议连同投标文件一并提交给招标人。联合体中标的，联合体各方应当共同与招标人签订合同，就中标项目向招标人承担连带责任。

（3）其他规定：投标人不得相互串通投标报价，不得排挤其他投标人的公平竞争，损害招标人或其他投标人的合法权益。投标人不得与招标人串通投标，损害国家利益、社会公共利益或者他人的合法权益。投标人不得以低于成本的报价竞标，也不得以他人名义投标或者以其他方式弄虚作假，骗取中标。禁止投标人以向招标人或评标委员会成员行贿的手段谋取中标。

3. 开标、评标和中标

（1）开标：开标应当在招标人的主持下，在招标文件确定的提交投标文件截止时间的同一时间、招标文件中预先确定的地点公开进行。应邀请所有投标人参加开标。开标时，由投标人或者其推选的代表检查投标文件的密封情况，也可以由招标人委托的公证机构检查并公证。经确认无误后，有工作人员当众拆封，宣读投标人名称、投标价格和投标文件的其他主要内容。

开标过程应当记录，并存档备查。

（2）评标：评标由招标人依法组建的评标委员会负责。招标人应当采取必要的措施，保证评标在严格保密的情况下进行。评标委员会应当按照招标文件确定的评标标准和方法，对投标文件进行评审和比较。中标人的投标应当符合下列条件之一：

1）能够最大限度地满足招标文件中规定的各项综合评价标准。

2）能够满足招标文件的实质性要求，并且经评审的投标价格最低。但是，投标价格低于成本的除外。

评标委员会经评审，认为所有投标都不符合招标文件要求的，可以否决所有投标。

评标委员会完成评标后，应当向招标人提出书面评标报告，并推荐合格的中标候选人。招标人据此确定中标人。招标人也可以授权评标委员会直接确定中标人。在确定中标人前，招标人不得与投标人就投标价格、投标方案等实质性内容进行谈判。

（3）中标：中标人确定后，招标人应当向中标人发出中标通知书，并同时将中标结果通知所有未中标的投标人。

招标人和中标人应当自中标通知书发出之日起 30 日内，按照招标文件和中标人的投标文件订立书面合同。招标人和中标人不得再订立背离合同实质性内容的其他协议。

招标文件要求中标人提交履约保证金的，中标人应当提交。

（二）招标投标法实施条例

为了规范招标投标活动，《招标投标法实施条例》进一步明确了招标、投标、开标、评标和中标以及投诉与处理等方面的内容，并鼓励利用信息网络进行电子招标投标。

1. 招标

（1）招标范围和方式：按照国家有关规定需要履行项目审批、核准手续的依法必须进行招标的项目，其招标范围、招标方式、招标组织形式应当报项目审批、核准部门审批、核准。项目审批、核准部门应当及时将审批、核准确定的招标范围、招标方式、招标组织形式通报有关行政监督部门。

1）可以邀请招标的项目：国有资金占控股或者主导地位的依法必须进行招标的项目，

应当公开招标；但有下列情形之一的，可以邀请招标：

① 技术复杂、有特殊要求或者受自然环境限制，只有少量潜在投标人可供选择。

② 采用公开招标方式的费用占项目合同金额的比例过大。

2）可以不招标的项目：有下列情形之一的，可以不进行招标。

① 需要采用不可替代的专利或者专有技术。

② 采购人依法能够自行建设、生产或者提供。

③ 已通过招标方式选定的特许经营项目投资人依法能够自行建设、生产或者提供。

④ 需要向原中标人采购工程、货物或者服务，否则将影响施工或者功能配套要求。

⑤ 国家规定的其他特殊情形。

（2）招标代理机构：国务院住房城乡建设、商务、发展改革、工业和信息化等部门，按照规定的职责分工对招标代理机构依法实施监督管理。

招标代理机构在招标人委托的范围内开展招标代理业务，任何单位和个人不得非法干涉。招标人应当与被委托的招标代理机构签订书面委托合同，合同约定的收费标准应当符合国家有关规定。招标代理机构不得在所代理的招标项目中投标或者代理投标，也不得为所代理的招标项目的投标人提供咨询。

（3）招标文件与资格审查：

1）资格预审公告和招标公告：公开招标的项目，应当依照招标投标法和本条例的规定发布招标公告、编制招标文件。招标人采用资格预审办法对潜在投标人进行资格审查的，应当发布资格预审公告、编制资格预审文件。

依法必须进行招标的项目的资格预审公告和招标公告，应当在国务院发展改革部门依法指定的媒介发布。指定媒介发布依法必须进行招标的项目的境内资格预审公告、招标公告，不得收取费用。编制依法必须进行招标的项目的资格预审文件和招标文件，应当使用国务院发展改革部门会同有关行政监督部门制定的标准文本。

招标人应当按照资格预审公告、招标公告或者投标邀请书规定的时间、地点发售资格预审文件或者招标文件。资格预审文件或者招标文件的发售期不得少于5日。招标人发售资格预审文件、招标文件收取的费用应当限于补偿印刷、邮寄的成本支出，不得以营利为目的。

如潜在投标人或者其他利害关系人对资格预审文件有异议，应当在提交资格预审申请文件截止时间2日前提出；如对招标文件有异议，应当在投标截止时间10日前提出。招标人应当自收到异议之日起3日内做出答复；做出答复前，应当暂停招标投标活动。

如招标人编制的资格预审文件、招标文件的内容违反法律、行政法规的强制性规定，违反公开、公平、公正和诚实信用原则，影响资格预审结果或者潜在投标人投标，依法必须进行招标的项目的招标人应当在修改资格预审文件或者招标文件后重新招标。

2）资格预审：招标人应当合理确定提交资格预审申请文件的时间。依法必须进行招标的项目提交资格预审申请文件的时间，自资格预审文件停止发售之日起不得少于5日。

资格预审应当按照资格预审文件载明的标准和方法进行。国有资金占控股或者主导地位的依法必须进行招标的项目，招标人应当组建资格审查委员会审查资格预审申请文件。

资格预审结束后，招标人应当及时向资格预审申请人发出资格预审结果通知书。未通过资格预审的申请人不具有投标资格。通过资格预审的申请人少于3个的，应当重新招标。

招标人可以对已发出的资格预审文件或者招标文件进行必要的澄清或者修改。如澄清或者修改的内容可能影响资格预审申请文件或者投标文件编制，招标人应当在提交资格预审申请文件截止时间至少3日前，或者投标截止时间至少15日前，以书面形式通知所有获取资格预审文件或者招标文件的潜在投标人；不足3日或者15日的，招标人应当顺延提交资格预审申请文件或者投标文件的截止时间。

如招标人采用资格后审办法对投标人进行资格审查，应当在开标后由评标委员会按照招标文件规定的标准和方法对投标人的资格进行审查。

（4）招标工作的实施：

1）禁止投标限制：招标人如对招标项目划分标段，应当遵守招标投标法的有关规定，不得利用划分标段限制或者排斥潜在投标人。依法必须进行招标的项目的招标人不得利用划分标段规避招标。

招标人不得以不合理的条件限制、排斥潜在投标人或者投标人。招标人有下列行为之一的，属于以不合理条件限制、排斥潜在投标人或者投标人：

① 就同一招标项目向潜在投标人或者投标人提供有差别的项目信息。

② 设定的资格、技术、商务条件与招标项目的具体特点和实际需要不相适应或者与合同履行无关。

③ 依法必须进行招标的项目以特定行政区域或者特定行业的业绩、奖项作为加分条件或者中标条件。

④ 对潜在投标人或者投标人采取不同的资格审查或者评标标准。

⑤ 限定或者指定特定的专利、商标、品牌、原产地或者供应商。

⑥ 依法必须进行招标的项目非法限定潜在投标人或者投标人的所有制形式或者组织形式。

⑦ 以其他不合理条件限制、排斥潜在投标人或者投标人。

招标人不得组织单个或者部分潜在投标人踏勘项目现场。

2）总承包招标：招标人可以依法对工程以及与工程建设有关的货物、服务全部或者部分实行总承包招标。以暂估价（指总承包招标时不能确定价格而由招标人在招标文件中暂时估定的工程、货物、服务的金额）形式包括在总承包范围内的工程、货物、服务属于依法必须进行招标的项目范围且达到国家规定规模标准的，应当依法进行招标。

3）两阶段招标：对技术复杂或者无法精确拟定技术规格的项目，招标人可以分两阶段进行招标：

第一阶段，投标人按照招标公告或者投标邀请书的要求提交不带报价的技术建议，招标人根据投标人提交的技术建议确定技术标准和要求，编制招标文件。

第二阶段，招标人向在第一阶段提交技术建议的投标人提供招标文件，投标人按照招标文件的要求提交包括最终技术方案和投标报价的投标文件。如招标人要求投标人提交投标保证金，应当在第二阶段提出。

4）投标有效期：招标人应当在招标文件中载明投标有效期。投标有效期从提交投标文件的截止之日起算。

5）投标保证金：如招标人在招标文件中要求投标人提交投标保证金，投标保证金不得超过招标项目估算价的2%。投标保证金有效期应当与投标有效期一致。依法必须进行招标的项目的境内投标单位，以现金或者支票形式提交的投标保证金应当从其基本账户转出。招标人不得挪用投标保证金。如招标人终止招标，应当及时发布公告，或者以书面形式通知被邀请的或者已经获取资格预审文件、招标文件的潜在投标人。如已经发售资格预审文件、招标文件或者已经收取投标保证金，招标人应当及时退还所收取的资格预审文件、招标文件的费用，以及所收取的投标保证金及银行同期存款利息。

6）标底及投标限价：招标人可以自行决定是否编制标底。一个招标项目只能有一个标底。标底必须保密。接受委托编制标底的中介机构不得参加受托编制标底项目的投标，也不得为该项目的投标人编制投标文件或者提供咨询。如招标人设有最高投标限价，应当在招标文件中明确最高投标限价或者最高投标限价的计算方法。招标人不得规定最低投标限价。

2. 投标

（1）投标规定：投标人参加依法必须进行招标的项目的投标，不受地区或者部门的限制，任何单位和个人不得非法干涉。与招标人存在利害关系可能影响招标公正性的法人、其他组织或者个人，不得参加投标。单位负责人为同一人或者存在控股、管理关系的不同单位，不得参加同一标段投标或者未划分标段的同一招标项目投标。

投标人撤回已提交的投标文件，应当在投标截止时间前书面通知招标人。招标人已收取投标保证金的，应当自收到投标人书面撤回通知之日起 5 日内退还。投标截止后投标人撤销投标文件的，招标人可以不退还投标保证金。未通过资格预审的申请人提交的投标文件，以及逾期送达或者不按照招标文件要求密封的投标文件，招标人应当拒收。招标人应当如实记载投标文件的送达时间和密封情况，并存档备查。

招标人应当在资格预审公告、招标公告或者投标邀请书中载明是否接受联合体投标。招标人接受联合体投标并进行资格预审的，联合体应当在提交资格预审申请文件前组成。资格预审后联合体增减、更换成员的，其投标无效。如联合体各方在同一招标项目中以自己名义单独投标或者参加其他联合体投标，相关投标均无效。

投标人发生合并、分立、破产等重大变化，应当及时书面告知招标人。如投标人不再具备资格预审文件、招标文件规定的资格条件或者其投标影响招标公正性，其投标无效。

（2）属于串通投标和弄虚作假的情形：

1）投标人相互串通投标。

① 有下列情形之一的，属于投标人相互串通投标：a. 投标人之间协商投标报价等投标文件的实质性内容；b. 投标人之间约定中标人；c. 投标人之间约定部分投标人放弃投标或者中标；d. 属于同一集团、协会、商会等组织成员的投标人按照该组织要求协同投标；e. 投标人之间为谋取中标或者排斥特定投标人而采取的其他联合行动。

② 有下列情形之一的，视为投标人相互串通投标：a. 不同投标人的投标文件由同一单位或者个人编制；b. 不同投标人委托同一单位或者个人办理投标事宜；c. 不同投标人的投标文件载明的项目管理成员为同一人；d. 不同投标人的投标文件异常一致或者投标报价呈规律性差异；e. 不同投标人的投标文件相互混装；f. 不同投标人的投标保证金从同一单位或者个人的账户转出。

2）招标人与投标人串通投标。有下列情形之一的，属于招标人与投标人串通投标：

① 招标人在开标前开启投标文件并将有关信息泄露给其他投标人。

② 招标人直接或者间接向投标人泄露标底、评标委员会成员等信息。

③ 招标人明示或者暗示投标人压低或者抬高投标报价。

④ 招标人授意投标人撤换、修改投标文件。

⑤ 招标人明示或者暗示投标人为特定投标人中标提供方便。

⑥ 招标人与投标人为谋求特定投标人中标而采取的其他串通行为。

3）弄虚作假。投标人不得以他人名义投标，如使用通过受让或者租借等方式获取的资格、资质证书投标。投标人也不得以其他方式弄虚作假，骗取中标，包括：

① 使用伪造、变造的许可证件。

② 提供虚假的财务状况或者业绩。

③ 提供虚假的项目负责人或者主要技术人员简历、劳动关系证明。

④ 提供虚假的信用状况。

⑤ 其他弄虚作假的行为。

3. 开标、评标和中标

（1）开标：招标人应当按照招标文件规定的时间、地点开标。如投标人少于 3 个，不得开标；招标人应当重新招标。如投标人对开标有异议，应当在开标现场提出，招标人应当当场做出答复，并制作记录。

（2）评标委员会：国家实行统一的评标专家专业分类标准和管理办法。具体标准和办法由国务院发展改革部门会同国务院有关部门制定。省级人民政府和国务院有关部门应当组建综合评标专家库。

依法必须进行招标的项目，其评标委员会的专家成员应当从评标专家库内相关专业的专家名单中以随机抽取方式确定。任何单位和个人不得以明示、暗示等任何方式指定或者变相指定参加评标委员会的专家成员。依法必须进行招标的项目的招标人非因招标投标法和本条例规定的事由，不得更换依法确定的评标委员会成员。评标委员会成员与投标人有利害关系的，应当主动回避。

对技术复杂、专业性强或者国家有特殊要求，采取随机抽取方式确定的专家难以保证胜任评标工作的招标项目，可以由招标人直接确定技术、经济等方面的评标专家。

有关行政监督部门应当按照规定的职责分工，对评标委员会成员的确定方式、评标专家的抽取和评标活动进行监督。行政监督部门的工作人员不得担任本部门负责监督项目的评标委员会成员。

（3）评标：招标人应当根据项目规模和技术复杂程度等因素合理确定评标时间。如超过 1/3 的评标委员会成员认为评标时间不够，招标人应当适当延长。

招标人应当向评标委员会提供评标所必需的信息，但不得明示或者暗示其倾向或者排斥特定投标人。

评标委员会成员应当按照招标文件规定的评标标准和方法，客观、公正地对投标文件提出评审意见。招标文件没有规定的评标标准和方法不得作为评标的依据。如招标项目设有标底，招标人应当在开标时公布。标底只能作为评标的参考，不得以投标报价是否接近标底作为中标条件，也不得以投标报价超过标底上下浮动范围作为否决投标的条件。

评标委员会成员不得私下接触投标人，不得收受投标人给予的财物或者其他好处，不得向招标人征询确定中标人的意向，不得接受任何单位或者个人明示或者暗示提出的倾向或者排斥特定投标人的要求，不得有其他不客观、不公正履行职务的行为。

（4）投标的否决：有下列情形之一的，评标委员会应当否决其投标：

1）投标文件未经投标单位盖章和单位负责人签字。

2）投标联合体没有提交共同投标协议。

3）投标人不符合国家或者招标文件规定的资格条件。

4）同一投标人提交两个以上不同的投标文件或者投标报价，但招标文件要求提交备选投标的除外。

5）投标报价低于成本或者高于招标文件设定的最高投标限价。

6）投标文件没有对招标文件的实质性要求和条件做出响应。

7）投标人有串通投标、弄虚作假、行贿等违法行为。

（5）投标文件的澄清：投标文件中有含义不明确的内容、明显文字或者计算错误，评标委员会认为需要投标人做出必要澄清、说明的，应当书面通知该投标人。投标人的澄清、说明应当采用书面形式，并不得超出投标文件的范围或者改变投标文件的实质性内容。

评标委员会不得暗示或者诱导投标人做出澄清、说明，不得接受投标人主动提出的澄清、说明。

（6）中标：评标完成后，评标委员会应当向招标人提交书面评标报告和中标候选人名单。中标候选人应当不超过3个，并标明排序。

评标报告应当由评标委员会全体成员签字。对评标结果有不同意见的评标委员会成员应当以书面形式说明其不同意见和理由，评标报告应当注明该不同意见。评标委员会成员拒绝在评标报告上签字又不书面说明其不同意见和理由的，视为同意评标结果。

依法必须进行招标的项目，招标人应当自收到评标报告之日起3日内公示中标候选人，公示期不得少于3日。如投标人或者其他利害关系人对依法必须进行招标的项目的评标结果有异议，应当在中标候选人公示期间提出。招标人应当自收到异议之日起3日内做出答复；做出答复前，应当暂停招标投标活动。

国有资金占控股或者主导地位的依法必须进行招标的项目，招标人应当确定排名第一的中标候选人为中标人。排名第一的中标候选人放弃中标、因不可抗力不能履行合同、不按照招标文件要求提交履约保证金，或者被查实存在影响中标结果的违法行为等情形，不符合中标条件的，招标人可以按照评标委员会提出的中标候选人名单排序依次确定其他中标候选人为中标人，也可以重新招标。

中标候选人的经营、财务状况发生较大变化或者存在违法行为，招标人认为可能影响其履约能力的，应当在发出中标通知书前由原评标委员会按照招标文件规定的标准和方法审查确认。

（7）签订合同及履约：招标人和中标人应当依照招标投标法和本条例的规定签订书面合同，合同的标的、价款、质量、履行期限等主要条款应当与招标文件和中标人的投标文件的内容一致。招标人和中标人不得再行订立背离合同实质性内容的其他协议。

招标人最迟应当在书面合同签订后5日内向中标人和未中标的投标人退还投标保证金及银行同期存款利息。招标文件要求中标人提交履约保证金的，中标人应当按照招标文件的要求提交。履约保证金不得超过中标合同金额的10%。

中标人应当按照合同约定履行义务，完成中标项目。中标人不得向他人转让中标项目，也不得将中标项目肢解后分别向他人转让。

中标人按照合同约定或者经招标人同意，可以将中标项目的部分非主体、非关键性工作分包给他人完成。接受分包的人应当具备相应的资格条件，并不得再次分包。中标人应当就分包项目向招标人负责，接受分包的人就分包项目承担连带责任。

4. 投诉与处理

（1）投诉：如果投标人或者其他利害关系人认为招标投标活动不符合法律、行政法规规定，可以自知道或者应当知道之日起 10 日内向有关行政监督部门投诉。投诉应当有明确的请求和必要的证明材料。

（2）处理：行政监督部门应当自收到投诉之日起 3 个工作日内决定是否受理投诉，并自受理投诉之日起 30 个工作日内做出书面处理决定；需要检验、检测、鉴定、专家评审的，所需时间不计算在内。如投诉人捏造事实、伪造材料或者以非法手段取得证明材料进行投诉，行政监督部门应当予以驳回。

行政监督部门处理投诉，有权查阅、复制有关文件、资料，调查有关情况，相关单位和人员应当予以配合。必要时，行政监督部门可以责令暂停招标投标活动。

五、其他相关法律法规

（一）价格法

《中华人民共和国价格法》（以下简称《价格法》）中所称价格，包括商品价格和服务价格。商品价格是指各类有形产品和无形资产的价格。服务价格是指各类有偿服务的收费。

1. 价格形成机制

国家实行并逐步完善宏观经济调控下主要由市场形成价格的机制。价格的制定应当符合价值规律，大多数商品和服务价格实行市场调节价，极少数商品和服务价格实行政府指导价或者政府定价。

（1）市场调节价：是指由经营者自主制定，通过市场竞争形成的价格。

（2）政府指导价：是指依照《价格法》规定，由政府价格主管部门或者其他有关部门，按照定价权限和范围规定基准价及其浮动幅度，指导经营者制定的价格。

（3）政府定价：是指依照《价格法》规定，由政府价格主管部门或者其他有关部门，按照定价权限和范围制定的价格。

2. 经营者的价格行为

（1）经营者的权利：经营者进行价格活动，享有下列权利：

1）自主制定属于市场调节的价格。

2）在政府指导价规定的幅度内制定价格。

3）制定属于政府指导价、政府定价产品范围内的新产品的试销价格，特定产品除外。

4）检举、控告侵犯其依法自主定价权利的行为。

（2）经营者的义务：经营者销售、收购商品和提供服务，应当按照政府价格主管部门的规定明码标价，注明商品的品名、产地、规格、等级、计价单位、价格或者服务的项目、收费标准等有关情况。

经营者不得在标价之外加价出售商品，不得收取任何未予标明的费用。

各类中介机构提供有偿服务收取费用，应当遵守《价格法》规定。法律另有规定的，按照有关规定执行。

（3）经营者的禁止性行为：经营者不得有下列不正当价格行为：

1）相互串通，操纵市场价格，损害其他经营者或者消费者的合法权益。

2）在依法降价处理鲜活商品、季节性商品、积压商品等商品外，为了排挤竞争对手或者独占市场，以低于成本的价格倾销，扰乱正常的生产经营秩序，损害国家利益或者其他经营者的合法权益。

3）捏造、散布涨价信息，哄抬价格，推动商品价格过高上涨的。

4）利用虚假的或者使人误解的价格手段，诱骗消费者或者其他经营者与其进行交易。

5）提供相同商品或者服务，对具有同等交易条件的其他经营者实行价格歧视。

6）采取抬高等级或者压低等级等手段收购、销售商品或者提供服务，变相提高或者压低价格。

7）违反法律、法规的规定牟取暴利。

8）法律、行政法规禁止的其他不正当价格行为。

3. 政府的定价行为

（1）政府定价的范围：下列商品和服务价格，政府在必要时可以实行政府指导价或者政府定价：

1）与国民经济发展和人民生活关系重大的极少数商品价格。

2）资源稀缺的少数商品价格。

3）自然垄断经营的商品价格。

4）重要的公用事业价格。

5）重要的公益性服务价格。

政府指导价、政府定价的定价权限和具体适用范围，以中央的和地方的定价目录为依据。中央定价目录由国务院价格主管部门制定、修订，报国务院批准后公布。地方定价目录由省、自治区、直辖市人民政府价格主管部门按照中央定价目录规定的定价权限和具体适用范围制定，经本级人民政府审核同意，报国务院价格主管部门审定后公布。省、自治区、直辖市人民政府以下各级地方人民政府不得制定定价目录。

国务院价格主管部门和其他有关部门，按照中央定价目录规定的定价权限和具体适用范围制定政府指导价、政府定价；其中重要的商品和服务价格的政府指导价、政府定价，应当按照规定经国务院批准。省、自治区、直辖市人民政府价格主管部门和其他有关部门，应当按照地方定价目录规定的定价权限和具体适用范围制定在本地区执行的政府指导价、政府定价。市、县人民政府可以根据省、自治区、直辖市人民政府的授权，按照地方定价目录规定的定价权限和具体适用范围制定在本地区执行的政府指导价、政府定价。

（2）政府定价的主要依据：制定政府指导价、政府定价，应当依据有关商品或者服务的社会平均成本和市场供求状况、国民经济与社会发展要求以及社会承受能力，实行合理的购销差价、批零差价、地区差价和季节差价。

制定关系群众切身利益的公用事业价格、公益性服务价格、自然垄断经营的商品价格等政府指导价、政府定价，应当建立听证会制度，由政府价格主管部门主持，征求消费者、经营者和有关方面的意见，论证其必要性、可行性。政府指导价、政府定价制定后，由制定价格的部门向消费者、经营者公布。

（二）保险法

《中华人民共和国保险法》（以下简称《保险法》）中所称保险，是指投保人根据合同约定，向保险人（保险公司）支付保险费，保险人对于合同约定的可能发生的事故因其发生所造成的财产损失承担赔偿保险金责任，或者当被保险人死亡、伤残、疾病或达到合同约定的年龄、期限等条件时承担给付保险金责任的商业保险行为。

1. 保险合同的订立

当投保人提出保险要求，经保险人同意承保，并就合同的条款达成协议，保险合同即成立。保险人应当及时向投保人签发保险单或者其他保险凭证。保险单或者其他保险凭证应当载明当事人双方约定的合同内容。当事人也可以约定采用其他书面形式载明合同内容。

（1）保险合同的内容：保险合同应当包括下列事项：①保险人名称和住所；②投保人、被保险人的姓名或者名称、住所，以及人身保险的受益人的姓名或者名称、住所；③保险标的；④保险责任和责任免除；⑤保险期间和保险责任开始时间；⑥保险金额；⑦保险费以及支付办法；⑧保险金赔偿或者给付办法；⑨违约责任和争议处理；⑩订立合同的年、月、日。

其中，保险金额是指保险人承担赔偿或者给付保险金责任的最高限额。

（2）投保人与保险人的义务：

1）投保人的告知义务：订立保险合同，保险人就保险标的或者被保险人的有关情况提出询问的，投保人应当如实告知。投保人故意或者因重大过失未履行如实告知义务，足以影响保险人决定是否同意承保或者提高保险费率的，保险人有权解除合同。保险人的合同解除权自保险人知道有解除事由之日起，超过30日不行使而消灭。自合同成立之日起超过两年的，保险人不得解除合同；发生保险事故的，保险人应当承担赔偿或者给付保险金的责任。

投保人故意不履行如实告知义务的，保险人对于合同解除前发生的保险事故，不承担赔偿或者给付保险金的责任，并不退还保险费。投保人因重大过失未履行如实告知义务，对保险事故的发生有严重影响的，保险人对于合同解除前发生的保险事故（保险合同约定的保险责任范围内的事故），不承担赔偿或者给付保险金的责任，但应当退还保险费。

2）保险人的说明义务：订立保险合同，采用保险人提供的格式条款的，保险人向投保人提供的投保单应当附格式条款，保险人应当向投保人说明合同的内容。

对保险合同中免除保险人责任的条款，保险人在订立合同时应当在投保单、保险单或者其他保险凭证上做出足以引起投保人注意的提示，并对该条款的内容以书面或者口头形式向投保人做出明确说明；未做提示或者明确说明的，该条款不产生效力。

2. 保险事故的通知

投保人、被保险人或者受益人知道保险事故发生后，应当及时通知保险人。故意或者因重大过失未及时通知，致使保险事故的性质、原因、损失程度等难以确定的，保险人对无法确定的部分，不承担赔偿或者给付保险金的责任，但保险人通过其他途径已经及时知道或者应当及时知道保险事故发生的除外。

保险事故发生后，按照保险合同请求保险人赔偿或者给付保险金时，投保人、被保险人或者受益人应当向保险人提供其所能提供的与确认保险事故的性质、原因、损失程度等有关的证明和资料。保险人按照合同的约定，认为有关的证明和资料不完整的，应当及时一次性通知投保人、被保险人或者受益人补充提供。

3. 赔偿或给付保险金

保险人收到被保险人或者受益人的赔偿或者给付保险金的请求后，应当及时做出核定；

情形复杂的，应当在30日内做出核定，但合同另有约定的除外。保险人应当将核定结果通知被保险人或者受益人；对属于保险责任的，在与被保险人或者受益人达成赔偿或者给付保险金的协议后10日内，履行赔偿或者给付保险金义务。保险合同对赔偿或者给付保险金的期限有约定的，保险人应当按照约定履行赔偿或者给付保险金义务。

保险人未及时履行前款规定义务的，除支付保险金外，应当赔偿被保险人或者受益人因此受到的损失。任何单位和个人不得非法干预保险人履行赔偿或者给付保险金的义务，也不得限制被保险人或者受益人取得保险金的权利。

4. 诉讼时效

人寿保险以外的其他保险的被保险人或者受益人，向保险人请求赔偿或者给付保险金的诉讼时效期间为两年，自其知道或者应当知道保险事故发生之日起计算。

人寿保险的被保险人或者受益人向保险人请求给付保险金的诉讼时效期间为五年，自其知道或者应当知道保险事故发生之日起计算。

5. 财产保险合同

财产保险是以财产及其有关利益为保险标的的保险。建筑工程一切险和安装工程一切险均属财产保险。

（1）双方的权利和义务：被保险人应当遵守国家有关消防、安全、生产操作、劳动保护等方面的规定，维护保险标的的安全。保险人可以按照合同约定，对保险标的的安全状况进行检查，及时向投保人、被保险人提出消除不安全因素和隐患的书面建议。投保人、被保险人未按照约定履行其对保险标的安全应尽责任的，保险人有权要求增加保险费或者解除合同。保险人为维护保险标的的安全，经被保险人同意，可以采取安全预防措施。

（2）保险费的增加或降低：在合同有效期内，保险标的的危险程度增加的，被保险人按照合同约定应当及时通知保险人，保险人可以按照合同约定增加保险费或者解除合同。保险人解除合同的，应当将已收取的保险费，按照合同约定扣除自保险责任开始之日起至合同解除之日止应收的部分后，退还投保人。被保险人未履行通知义务的，因保险标的的危险程度显著增加而发生的保险事故，保险人不承担赔偿保险金的责任。

有下列情形之一的，除合同另有约定外，保险人应当降低保险费，并按日计算退还相应的保险费：①据以确定保险费率的有关情况发生变化，保险标的的危险程度明显减少的；②保险标的的保险价值明显减少的。

保险责任开始前，投保人要求解除合同的，应当按照合同约定向保险人支付手续费，保险人应当退还保险费。保险责任开始后，投保人要求解除合同的，保险人应当将已收取的保险费，按照合同约定扣除自保险责任开始之日起至合同解除之日止应收的部分后，退还投保人。

（3）赔偿标准：投保人和保险人约定保险标的的保险价值并在合同中载明的，保险标的发生损失时，以约定的保险价值为赔偿计算标准。投保人和保险人未约定保险标的的保险价值的，保险标的发生损失时，以保险事故发生时保险标的的实际价值为赔偿计算标准。保险金额不得超过保险价值。超过保险价值的，超过部分无效，保险人应当退还相应的保险费。保险金额低于保险价值的，除合同另有约定外，保险人按照保险金额与保险价值的比例承担赔偿保险金的责任。

（4）保险事故发生后的处置：保险事故发生时，被保险人应当尽力采取必要的措施，防止或者减少损失。保险事故发生后，被保险人为防止或者减少保险标的的损失所支付的必要的、合理的费用，由保险人承担；保险人所承担的数额在保险标的损失赔偿金额以外另行计算，最高不超过保险金额的数额。

保险标的发生部分损失的，自保险人赔偿之日起 30 日内，投保人可以解除合同；除合同另有约定外，保险人也可以解除合同，但应当提前 15 日通知投保人。

保险事故发生后，保险人已支付了全部保险金额，并且保险金额等于保险价值的，受损保险标的的全部权利归于保险人；保险金额低于保险价值的，保险人按照保险金额与保险价值的比例取得受损保险标的的部分权利。

保险人、被保险人为查明和确定保险事故的性质、原因和保险标的的损失程度所支付的必要的、合理的费用，由保险人承担。

6. 人身保险合同

人身保险是以人的寿命和身体为保险标的的保险。建设工程施工人员意外伤害保险即属于人身保险。

（1）双方的权利和义务：投保人应向保险人如实申报被保险人的年龄、身体状况。投保人申报的被保险人年龄不真实，并且其真实年龄不符合合同约定的年龄限制的，保险人可以解除合同，并按照合同约定退还保险单的现金价值。

（2）保险费的支付：投保人可以按照合同约定向保险人一次支付全部保险费或者分期支付保险费。合同约定分期支付保险费的，投保人支付首期保险费后，除合同另有约定外，投保人自保险人催告之日起超过 30 日未支付当期保险费，或者超过约定的期限 60 日未支付当期保险费的，合同效力中止，或者由保险人按照合同约定的条件减少保险金额。被保险人在规定期限内发生保险事故的，保险人应当按照合同约定给付保险金，但可以扣减欠交的保险费。保险人对人寿保险的保险费，不得用诉讼方式要求投保人支付。

合同效力中止的，经保险人与投保人协商并达成协议，在投保人补交保险费后，合同效力恢复。但是，自合同效力中止之日起满两年双方未达成协议的，保险人有权解除合同。解除合同时，应当按照合同约定退还保险单的现金价值。

（3）保险受益人：被保险人或者投保人可以指定一人或者数人为受益人。受益人为数人的，被保险人或者投保人可以确定受益顺序和受益份额；未确定受益份额的，受益人按照相等份额享有受益权。

被保险人或者投保人可以变更受益人并书面通知保险人。保险人收到变更受益人的书面通知后，应当在保险单或者其他保险凭证上批注或者附贴批单。投保人变更受益人时须经被保险人同意。

被保险人死亡后，有下列情形之一的，保险金作为被保险人的遗产，由保险人依照《中华人民共和国继承法》的规定履行给付保险金的义务：①没有指定受益人，或者受益人指定不明无法确定的；②受益人先于被保险人死亡，没有其他受益人的；③受益人依法丧失受益权或者放弃受益权，没有其他受益人的。

受益人与被保险人在同一事件中死亡，且不能确定死亡先后顺序的，推定受益人死亡在先。

（4）合同解除：投保人解除合同的，保险人应当自收到解除合同通知之日起 30 日内，按照合同约定退还保险单的现金价值。

（三）税收相关法律

1. 税务管理

（1）税务登记：《中华人民共和国税收征收管理法实施细则》规定，从事生产、经营的纳税人应当自领取营业执照之日起30日内，向生产、经营地或者纳税义务发生地的主管税务机关申报办理税务登记，如实填写税务登记表，并按照税务机关的要求提供有关证件、资料。

纳税人税务登记内容发生变化的，应当自工商行政管理机关或者其他机关办理变更登记之日起30日内，持有关证件向原税务登记机关申报办理变更税务登记。

纳税人税务登记内容发生变化，不需要到工商行政管理机关或者其他机关办理变更登记的，应当自发生变化之日起30日内，持有关证件向原税务登记机关申报办理变更税务登记。

（2）账簿、凭证管理：从事生产、经营的纳税人应当自领取营业执照或者发生纳税义务之日起15日内，按照国家有关规定设置账簿。账簿包括总账、明细账、日记账以及其他辅助性账簿。总账、日记账应当采用订本式。

扣缴义务人应当自税收法律、行政法规规定的扣缴义务发生之日起10日内，按照所代扣、代收的税种，分别设置代扣代缴、代收代缴税款账簿。

账簿、会计凭证和报表，应当使用中文。民族自治地方可以同时使用当地通用的一种民族文字。外商投资企业和外国企业可以同时使用一种外国文字。

纳税人应当按照税务机关的要求安装、使用税控装置，并按照税务机关的规定报送有关数据和资料。

账簿、记账凭证、报表、完税凭证、发票、出口凭证以及其他有关涉税资料应当保存10年，但法律、行政法规另有规定的除外。

（3）纳税申报：税务机关应当建立、健全纳税人自行申报纳税制度。经税务机关批准，纳税人、扣缴义务人可以采取邮寄、数据电文方式办理纳税申报或者报送代扣代缴、代收代缴税款报告表。数据电文方式是指税务机关确定的电话语音、电子数据交换和网络传输等电子方式。纳税人采取邮寄方式办理纳税申报的，应当使用统一的纳税申报专用信封，并以邮政部门收据作为申报凭据。邮寄申报以寄出的邮戳日期为实际申报日期。纳税人采取电子方式办理纳税申报的，应当按照税务机关规定的期限和要求保存有关资料，并定期书面报送主管税务机关。

纳税人、扣缴义务人的纳税申报或者代扣代缴、代收代缴税款报告表的主要内容包括：税种、税目，应纳税项目或者应代扣代缴、代收代缴税款项目，计税依据，扣除项目及标准，适用税率或者单位税额，应退税项目及税额、应减免税项目及税额，应纳税额或者应代扣代缴、代收代缴税额，税款所属期限、延期缴纳税款、欠税、滞纳金等。

纳税人办理纳税申报时，应当如实填写纳税申报表，并根据不同的情况相应报送下列有关证件、资料：①财务会计报表及其说明材料；②与纳税有关的合同、协议书及凭证；③税控装置的电子报税资料；④外出经营活动税收管理证明和异地完税凭证；⑤境内或者境外公证机构出具的有关证明文件；⑥税务机关规定应当报送的其他有关证件、资料。

实行定期定额缴纳税款的纳税人，可以实行简易申报、简并征期等申报纳税方式。

（4）税款征收：税务机关征收税款时，必须给纳税人开具完税凭证。扣缴义务人代扣、代收税款时，纳税人要求扣缴义务人开具代扣、代收税款凭证的，扣缴义务人应当开具。

纳税人、扣缴义务人应按照法律、行政法规确定的期限缴纳税款。纳税人因有特殊困难，不能按期缴纳税款的，经省、自治区、直辖市国家税务局、地方税务局批准，可以延期缴纳税款，但是最长不得超过 3 个月。特殊困难包括：①因不可抗力，导致纳税人发生较大损失，正常生产经营活动受到较大影响的；②当期货币资金在扣除应付职工工资、社会保险费后，不足以缴纳税款的。

纳税人未按照规定期限缴纳税款的，扣缴义务人未按照规定期限解缴税款的，税务机关除责令限期缴纳外，从滞纳税款之日起，按日加收滞纳税款万分之五的滞纳金。

2. 税率

税率是指应纳税额与计税基数之间的比例关系，是税法结构中的核心部分。我国现行税率有三种，即：比例税率、累进税率和定额税率。

（1）比例税率：是指对同一征税对象，不论其数额大小，均按照同一比例计算应纳税额的税率。

（2）累进税率：是指按照征税对象数额的大小规定不同等级的税率，征税对象数额越大，税率越高。累进税率又分为全额累进税率和超额累进税率。全额累进税率是以征税对象的全额，适用相应等级的税率计征税款。超额累进税率是按征税对象数额超过低一等级的部分，适用高一等级税率计征税款，然后分别相加，得出应纳税款的总额。

（3）定额税率：是指按征税对象的一定计量单位直接规定的固定的税额，因而也称为固定税额。

3. 税收种类

根据税收征收对象不同，税收可分为流转税、所得税、财产税、行为税、资源税等五种。

（1）流转税：流转税是指以商品流转额和非商品（劳务）流转额为征税对象的税。

（2）所得税：所得税是以纳税人的收益额为征税对象的税。

（3）财产税：财产税是以财产的价值额或租金额为征税对象的各个税种的统称。

（4）行为税：行为税是以特定行为为征税对象的各个税种的统称。行为税主要包括固定资产投资方向调节税、城镇土地使用税、耕地占用税、印花税、屠宰税、筵席税等。

征收固定资产投资方向调节税的目的是为了贯彻国家产业政策，控制投资规模，引导投资方向，调整投资结构。该税种目前已停征。城镇土地使用税是国家按使用土地的等级和数量，对城镇范围内的土地使用者征收的一种税，其税率为定额税率。

（5）资源税：资源税是为了促进合理开发利用资源，调节资源级差收入而对资源产品征收的各个税种的统称。即对开发、使用我国资源的单位和个人，就各地的资源结构和开发、销售条件差别所形成的级差收入征收的一种税。

第二节　工程造价管理制度

一、建设工程造价管理体制

为保障国家及社会公众利益，维护公平竞争秩序和有关各方合法权益，各企事业单位及从业人员要贯彻执行国家的宏观经济政策和产业政策，遵守国家和地方的法律、法规及有关规定，自觉遵守工程造价咨询行业自律组织的各项制度和规定，并接受工程造价咨询行业自律组织的业务指导。

1. 政府部门的行政管理

政府设置了多层管理机构，明确了管理权限和职责范围，形成一个严密的建设工程造价宏观管理组织系统。国务院建设主管部门在全国范围内行使建设管理职能，在建设工程造价管理方面的主要职能包括：

（1）组织制定建设工程造价管理有关法规、规章并监督其实施。

（2）组织制定全国统一经济定额并监督指导其实施。

（3）制定工程造价咨询企业的资质标准并监督其执行。

（4）负责全国工程造价咨询企业资质管理工作，审定甲级工程造价咨询企业的资质。

（5）制定工程造价管理专业技术人员执业资格标准并监督其执行。

（6）监督管理建设工程造价管理的有关行为。

各省、自治区、直辖市和国务院其他主管部门的建设管理机构在其管辖范围内行使相应的管理职能；省辖市和地区的建设管理部门在所辖地区内行使相应的管理职能。

2. 行业协会的自律管理

中国建设工程造价管理协会是经建设部和民政部批准成立的，代表我国建设工程造价管理的全国性行业协会。此外，在全国各省、自治区、直辖市及一些大中城市，也先后成立了建设工程造价管理协会，对工程造价咨询工作及造价工程师的执业活动实行行业管理。

中国建设工程造价管理协会作为建设工程造价咨询行业的自律性组织，其行业管理的主要职能包括：

（1）研究建设工程造价管理体制改革、行业发展、行业政策、市场准入制度及行为规范等理论与实践问题。

（2）积极协助国务院建设主管部门，规范建设工程造价咨询市场，制定、实行工程造价咨询企业资质标准、市场准入和清除制度，协调解决工程造价咨询企业、造价工程师执业中出现的问题，建立健全行业法规体系，推进行业发展。

（3）接受国务院建设主管部门委托，承担工程造价咨询企业的资质申报、复核、变更，负责造价工程师的注册、变更和继续教育等具体工作。

（4）建立和完善建设工程造价咨询行业自律机制。按照“客观、公正、合理”和“诚信为本，操守为重”的要求，贯彻执行工程造价咨询单位执业行为准则和造价工程师职业道德行为准则、执业操作规程、工程造价咨询合同示范文本等行规行约，并监督、检查实施情况。

（5）以服务为宗旨，维护会员的合法权益，协调行业内外关系，并向政府有关部门和有关方面反映会员单位和造价工程师的意见和建议，努力发挥政府与企业之间的桥梁与纽带作用。

（6）建立建设工程造价信息服务系统，编辑、出版建设工程造价管理有关刊物和参考资料，组织交流和推广建设工程造价咨询先进经验，举办有关职业培训和国内外建设工程造价咨询业务研讨活动。

（7）对外代表我国造价工程师组织和建设工程造价咨询行业与国际组织及各国同行组织建立联系与交往，签订有关协议，为开展建设工程造价管理国际交流与合作提供服务。

（8）受理违反行业自律行为的投诉，对违规的工程造价咨询企业、造价工程师实行行业惩戒，或提请政府建设主管部门进行处罚。

(9) 指导各专业委员会和地方建设工程造价管理协会的业务工作。

地方建设工程造价管理协会作为建设工程造价咨询行业管理的地方性组织，在业务上接受中国建设工程造价管理协会的指导，协助地方政府建设主管部门和中国建设工程造价管理协会进行本地区建设工程造价咨询行业的自律管理。

二、建设工程造价咨询企业管理

工程造价咨询企业是指接受委托，对建设项目投资、工程造价的确定与控制提供专业咨询服务的企业。工程造价咨询企业从事工程造价咨询活动，应当遵循独立、客观、公正、诚实信用的原则，不得损害社会公共利益和他人的合法权益。

（一）工程造价咨询企业资质等级标准

工程造价咨询企业资质等级分为甲级、乙级。

1. 甲级资质标准

(1) 已取得乙级工程造价咨询企业资质证书满3年。

(2) 企业出资人中，注册造价工程师人数不低于出资人总人数的60%，且其出资额不低于企业注册资本总额的60%。

(3) 技术负责人已取得造价工程师注册证书，并具有工程或工程经济类高级专业技术职称，且从事工程造价专业工作15年以上。

(4) 专职从事工程造价专业工作的人员（以下简称专职专业人员）不少于20人，其中，具有工程或者工程经济类中级以上专业技术职称的人员不少于16人，取得造价工程师注册证书的人员不少于10人，其他人员具有从事工程造价专业工作的经历。

(5) 企业与专职专业人员签订劳动合同，且专职专业人员符合国家规定的职业年龄（出资人除外）。

(6) 专职专业人员人事档案关系由国家认可的人事代理机构代为管理。

(7) 企业注册资本不少于人民币100万元。

(8) 企业近3年工程造价咨询营业收入累计不低于人民币500万元。

(9) 具有固定的办公场所，人均办公建筑面积不少于$10m^2$。

(10) 技术档案管理制度、质量控制制度、财务管理制度齐全。

(11) 企业为本单位专职专业人员办理的社会基本养老保险手续齐全。

(12) 在申请核定资质等级之日前3年内无违规行为。

2. 乙级资质标准

(1) 企业出资人中，注册造价工程师人数不低于出资人总人数的60%，且其出资额不低于注册资本总额的60%。

(2) 技术负责人已取得造价工程师注册证书，并具有工程或工程经济类高级专业技术职称，且从事工程造价专业工作10年以上。

(3) 专职专业人员不少于12人，其中，具有工程或者工程经济类中级以上专业技术职称的人员不少于8人，取得造价工程师注册证书的人员不少于6人，其他人员具有从事工程造价专业工作的经历。

(4) 企业与专职专业人员签订劳动合同，且专职专业人员符合国家规定的职业年龄（出资人除外）。

（5）专职专业人员人事档案关系由国家认可的人事代理机构代为管理。

（6）企业注册资本不少于人民币50万元。

（7）具有固定的办公场所，人均办公建筑面积不少于10 m^2。

（8）技术档案管理制度、质量控制制度、财务管理制度齐全。

（9）企业为本单位专职专业人员办理的社会基本养老保险手续齐全。

（10）暂定期内工程造价咨询营业收入累计不低于人民币50万元。

（11）在申请核定资质等级之日前无违规行为。

（二）工程造价咨询企业的业务承接

工程造价咨询企业应当依法取得工程造价咨询企业资质，并在其资质等级许可的范围内从事工程造价咨询活动。工程造价咨询企业依法从事工程造价咨询活动，不受行政区域限制。甲级工程造价咨询企业可以从事各类建设项目的工程造价咨询业务；乙级工程造价咨询企业可以从事工程造价5000万元人民币以下的各类建设项目的工程造价咨询业务。

1. 业务范围

工程造价咨询业务范围包括：

（1）建设项目建议书及可行性研究投资估算、项目经济评价报告的编制和审核。

（2）建设项目概预算的编制与审核，并配合设计方案比选、优化设计、限额设计等工作进行工程造价分析与控制。

（3）建设项目合同价款的确定（包括招标工程工程量清单和标底、投标报价的编制和审核）；合同价款的签订与调整（包括工程变更、工程洽商和索赔费用的计算）与工程款支付，工程结算及竣工结（决）算报告的编制与审核等。

（4）工程造价经济纠纷的鉴定和仲裁的咨询。

（5）提供工程造价信息服务等。

工程造价咨询企业可以对建设项目的组织实施进行全过程或者若干阶段的管理和服务。

2. 执业

（1）咨询合同及其履行：工程造价咨询企业在承接各类建设项目的工程造价咨询业务时，可以参照《建设工程造价咨询合同》（示范文本）与委托人签订书面工程造价咨询合同。

工程造价咨询企业从事工程造价咨询业务，应当按照有关规定的要求出具工程造价成果文件，工程造价成果文件应当由工程造价咨询企业加盖有企业名称、资质等级及证书编号的执业印章，并由执行咨询业务的注册造价工程师签字、加盖执业印章。

（2）执业行为准则：工程造价咨询企业在执业活动中应遵循下列执业行为准则：

1）执行国家的宏观经济政策和产业政策，遵守国家和地方的法律、法规及有关规定，维护国家和人民的利益。

2）接受工程造价咨询行业自律组织业务指导，自觉遵守本行业的规定和各项制度，积极参加本行业组织的业务活动。

3）按照工程造价咨询单位资质证书规定的资质等级和服务范围开展业务，只承担能够胜任的工作。

4）具有独立执业的能力和工作条件，竭诚为客户服务，以高质量的咨询成果和优良服务，获得客户的信任和好评。

5）按照公平、公正和诚信的原则开展业务，认真履行合同，依法独立自主开展经营活动，努力提高经济效益。

6）靠质量、靠信誉参加市场竞争，杜绝无序和恶性竞争；不得利用与行政机关、社会团体以及其他经济组织的特殊关系搞业务垄断。

7）以人为本，鼓励员工更新知识，掌握先进的技术手段和业务知识，采取有效措施组织、督促员工接受继续教育。

8）不得在解决经济纠纷的鉴证咨询业务中分别接受双方当事人的委托。

9）不得阻挠委托人委托其他工程造价咨询单位参与咨询服务；共同提供服务的工程造价咨询单位之间应分工明确，密切协作，不得损害其他单位的利益和名誉。

10）保守客户的技术和商务秘密，客户事先允许和国家另有规定的除外。

3. 企业分支机构

工程造价咨询企业设立分支机构的，应当自领取分支机构营业执照之日起30日内，持下列材料到分支机构工商注册所在地省、自治区、直辖市人民政府建设主管部门备案：

（1）分支机构营业执照复印件。

（2）工程造价咨询企业资质证书复印件。

（3）拟在分支机构执业的不少于3名注册造价工程师的注册证书复印件。

（4）分支机构固定办公场所的租赁合同或产权证明。

省、自治区、直辖市人民政府建设主管部门应当在接受备案之日起20日内，报国务院建设主管部门备案。

分支机构从事工程造价咨询业务，应当由设立该分支机构的工程造价咨询企业负责承接工程造价咨询业务、订立工程造价咨询合同、出具工程造价成果文件。分支机构不得以自己名义承接工程造价咨询业务、订立工程造价咨询合同、出具工程造价成果文件。

4. 跨省区承接业务

工程造价咨询企业跨省、自治区、直辖市承接工程造价咨询业务的，应当自承接业务之日起30日内到建设工程所在地省、自治区、直辖市人民政府建设主管部门备案。

（三）工程造价咨询企业的法律责任

1. 资质申请或取得的违规责任

申请人隐瞒有关情况或者提供虚假材料申请工程造价咨询企业资质的，不予受理或者不予资质许可，并给予警告，申请人在1年内不得再次申请工程造价咨询企业资质。

以欺骗、贿赂等不正当手段取得工程造价咨询企业资质的，由县级以上地方人民政府建设主管部门或者有关专业部门给予警告，并处1万元以上3万元以下的罚款，申请人3年内不得再次申请工程造价咨询企业资质。

2. 经营违规的责任

未取得工程造价咨询企业资质从事工程造价咨询活动或者超越资质等级承接工程造价咨询业务的，出具的工程造价成果文件无效，由县级以上地方人民政府建设主管部门或者有关专业部门给予警告，责令限期改正，并处以1万元以上3万元以下的罚款。

工程造价咨询企业不及时办理资质证书变更手续的，由资质许可机关责令限期办理；逾期不办理的，可处以1万元以下的罚款。

有下列行为之一的，由县级以上地方人民政府建设主管部门或者有关专业部门给予警告，责令限期改正；逾期未改正的，可处以5000元以上2万元以下的罚款：

（1）新设立的分支机构不备案的。

（2）跨省、自治区、直辖市承接业务不备案的。

3. 其他违规责任

工程造价咨询企业有下列行为之一的，由县级以上地方人民政府建设主管部门或者有关专业部门给予警告，责令限期改正，并处以1万元以上3万元以下的罚款：

（1）涂改、倒卖、出租、出借资质证书，或者以其他形式非法转让资质证书。

（2）超越资质等级业务范围承接工程造价咨询业务。

（3）同时接受招标人和投标人或两个以上投标人对同一工程项目的工程造价咨询业务。

（4）以给予回扣、恶意压低收费等方式进行不正当竞争。

（5）转包承接的工程造价咨询业务。

（6）法律、法规禁止的其他行为。

三、建设工程造价专业人员资格管理

造价工程师，是指通过职业资格考试取得中华人民共和国造价工程师职业资格证书，并经注册后从事建设工程造价工作的专业技术人员。国家设置造价工程师准入类职业资格，纳入国家职业资格目录。造价工程师分为一级造价工程师和二级造价工程师。

（一）资格考试

一级造价工程师职业资格考试全国统一大纲、统一命题、统一组织。二级造价工程师职业资格考试全国统一大纲，各省、自治区、直辖市自主命题并组织实施。

1. 报考条件

凡遵守中华人民共和国宪法、法律、法规，具有良好的业务素质和道德品行，具备一定条件者，均可申请参加造价工程师职业资格考试。

2. 考试科目

（1）一级造价工程师：一级造价工程师职业资格考试设《建设工程造价管理》《建设工程计价》《建设工程技术与计量》《建设工程造价案例分析》4个科目。其中，《建设工程造价管理》和《建设工程计价》为基础科目，《建设工程技术与计量》和《建设工程造价案例分析》为专业科目。

一级造价工程师职业资格考试分4个半天进行。《建设工程造价管理》《建设工程技术与计量》《建设工程计价》科目的考试时间均为2.5h；《建设工程造价案例分析》科目的考试时间为4h。一级造价工程师职业资格考试成绩实行4年为一个周期的滚动管理办法，在连续的4个考试年度内通过全部考试科目，方可取得一级造价工程师职业资格证书。

（2）二级造价工程师：二级造价工程师职业资格考试设《建设工程造价管理基础知识》《建设工程计量与计价实务》2个科目。其中《建设工程造价管理基础知识》为基础科目，《建设工程计量与计价实务》为专业科目。二级造价工程师职业资格考试分2个半天。《建设工程造价管理基础知识》科目的考试时间为2.5h，《建设工程计量与计价实务》为3h。二级造价工程师职业资格考试成绩实行2年为一个周期的滚动管理办法，参加全部2个科目考试的人员必须在连续的2个考试年度内通过全部科目，方可取得二级造价工程师职业资格证书。

3. 考试专业

造价工程师职业资格考试专业科目分为土木建筑工程、交通运输工程、水利工程和安装工程4个专业类别，考生在报名时可根据实际工作需要选择其一。其中，土木建筑工程、安装工程专业由住房城乡建设部负责；交通运输工程专业由交通运输部负责；水利工程专业由水利部负责。

已取得造价工程师一种专业职业资格证书的人员，报名参加其他专业科目考试的，可免考基础科目。考试合格后，核发人力资源社会保障部门统一印制的相应专业考试合格证明。该证明作为注册时增加执业专业类别的依据。

4. 考试时间

一级造价工程师职业资格考试每年一次。二级造价工程师职业资格考试每年不少于一次，具体考试日期由各地确定。

5. 证书取得

一级造价工程师职业资格考试合格者，由各省、自治区、直辖市人力资源社会保障行政主管部门颁发中华人民共和国一级造价工程师职业资格证书。该证书由人力资源社会保障部统一印制，住房城乡建设部、交通运输部、水利部按专业类别分别与人力资源社会保障部用印，在全国范围内有效。

二级造价工程师职业资格考试合格者，由各省、自治区、直辖市人力资源社会保障行政主管部门颁发中华人民共和国二级造价工程师职业资格证书。该证书由各省、自治区、直辖市住房城乡建设、交通运输、水利行政主管部门按专业类别分别与人力资源社会保障行政主管部门用印，原则上在所在行政区域内有效。各地可根据实际情况制定跨区域认可办法。

（二）注册

国家对造价工程师职业资格实行执业注册管理制度。取得造价工程师职业资格证书且从事工程造价相关工作的人员，经注册方可以造价工程师名义执业。

住房城乡建设部、交通运输部、水利部分别负责一级造价工程师注册及相关工作。各省、自治区、直辖市住房城乡建设、交通运输、水利行政主管部门按专业类别分别负责二级造价工程师注册及相关工作。

经批准注册的申请人，由住房城乡建设部、交通运输部、水利部核发《中华人民共和国一级造价工程师注册证》（或电子证书）；或由各省、自治区、直辖市住房城乡建设、交通运输、水利行政主管部门核发《中华人民共和国二级造价工程师注册证》（或电子证书）。

造价工程师执业时应持注册证书和执业印章。住房城乡建设部负责归集全国造价工程师注册信息，促进造价工程师注册、执业和信用信息互通共享。对以不正当手段取得注册证书等违法违规行为，依照注册管理的有关规定撤销其注册证书。

（三）执业

造价工程师不得同时受聘于两个或两个以上单位执业，不得允许他人以本人名义执业，严禁“证书挂靠”。出租出借注册证书的，依据相关法律法规进行处罚；构成犯罪的，依法追究刑事责任。

一级造价工程师的执业范围包括建设项目全过程的工程造价管理与咨询等，具体工作内容如下：

（1）项目建议书、可行性研究投资估算与审核，项目评价造价分析。

（2）建设工程设计概算、施工预算编制和审核。

（3）建设工程招标投标文件工程量和造价的编制与审核。

（4）建设工程合同价款、结算价款、竣工决算价款的编制与管理。

（5）建设工程审计、仲裁、诉讼、保险中的造价鉴定，工程造价纠纷调解。

（6）建设工程计价依据、造价指标的编制与管理。

（7）与工程造价管理有关的其他事项。

二级造价工程师主要协助一级造价工程师开展相关工作，可独立开展以下具体工作：

（1）建设工程工料分析、计划、组织与成本管理，施工图预算、设计概算编制。

（2）建设工程量清单、最高投标限价、投标报价编制。

（3）建设工程合同价款、结算价款和竣工决算价款的编制。

造价工程师应在本人工程造价咨询成果文件上签章，并承担相应责任。工程造价咨询成果文件应由一级造价工程师审核并加盖执业印章。

对出具虚假工程造价咨询成果文件或者有重大工作过失的造价工程师，不再予以注册，造成损失的依法追究其责任。

取得造价工程师注册证书的人员，应当按照国家专业技术人员继续教育的有关规定接受继续教育，更新专业知识，提高业务水平。

第二章　工程项目管理

第一节　工程项目组成和分类

建设工程项目是指为完成依法立项的新建、扩建、改建等各类工程而进行的、有起止日期的、达到规定要求的一组相互关联的受控活动组成的特定过程，包括策划、勘察、设计、采购、施工、试运行、竣工验收和考核评价等。

一、建设工程项目的组成

建设工程项目可分为单项工程、单位（子单位）工程、分部（子分部）工程和分项工程。

1. 单项工程

单项工程是指在一个建设工程项目中，具有独立的设计文件，竣工后可以独立发挥生产能力或效益的一组配套齐全的工程项目。单项工程是建设工程项目的组成部分，一个建设工程项目有时可以仅包括一个单项工程，也可以包括多个单项工程。

2. 单位（子单位）工程

单位工程是指具备独立施工条件并能形成独立使用功能的建筑物及构筑物。对于建筑规模较大的单位工程，可将其能形成独立使用功能的部分作为一个子单位工程。具有独立施工条件和能形成独立使用功能是单位（子单位）工程划分的基本要求。

单位工程是单项工程的组成部分。按照单项工程的构成，又可将其分解为建筑工程和设备安装工程。如工业厂房工程中的土建工程、设备安装工程、工业管道工程等分别是单项工程中所包含的不同性质的单位工程。

3. 分部（子分部）工程

分部工程是单位工程的组成部分，应按专业性质、建筑部位确定。根据《建筑工程施工质量验收统一标准》（GB 50300—2013），建筑工程的分部工程包括：地基与基础工程、主体结构工程、装饰装修工程、屋面工程、给排水及采暖工程、电气工程、智能建筑工程、通风与空调工程、电梯工程、建筑节能工程。

当分部工程较大或较复杂时，可按材料种类、施工特点、施工程序、专业系统及类别等将其划分为若干子分部工程。

4. 分项工程

分项工程是分部工程的组成部分，一般按主要工程、材料、施工工艺、设备类别等进行划分。

二、建设工程项目的分类

工程项目的种类繁多，为了适应科学管理的需要，可以从不同的角度进行分类。

1. 按建设性质划分

建设工程项目可分为新建项目、扩建项目、改建项目、迁建项目和恢复项目。

2. 按投资作用划分

建设工程项目可分为生产性建设工程项目和非生产性建设工程项目。

3. 按项目规模划分

为适应对建设工程项目分级管理的需要，国家规定基本建设项目分为大型、中型、小型三类；更新改造项目分为限额以上和限额以下两类。

4. 按投资效益和市场需求划分

建设工程项目可分为竞争性项目、基础性项目和公益性项目。

5. 按投资来源划分

建设工程项目可分为政府投资项目和非政府投资项目。按照其盈利性不同，政府投资项目又可分为经营性政府投资项目和非经营性政府投资项目。

第二节　工程建设程序

工程建设程序是指工程项目从策划、评估、决策、设计、施工到竣工验收、投入生产或交付使用的整个建设过程中，各项工作必须遵循的先后工作次序。工程项目建设程序是工程建设过程客观规律的反映，是建设工程项目科学决策和顺利进行的重要保证。

世界上各个国家和国际组织在工程项目建设程序上可能存在着某些差异，但是按照工程项目发展的内在规律，投资建设一个工程项目都要经过投资决策和建设实施的发展时期。各个发展时期又可分为若干个阶段，各个阶段之间存在严格的先后次序，可以进行合理的交叉，但不能任意颠倒次序。

一、投资决策阶段工作内容

1. 编报项目建议书

项目建议书是拟建项目单位向国家提出的要求建设某一项目的建议文件，是对建设工程项目的轮廓设想。项目建议书的主要作用是推荐一个拟建项目，论述其建设的必要性、建设条件的可行性和获利的可能性，供国家选择并确定是否进行下一步工作。

对于政府投资项目，项目建议书按要求编制完成后，应根据建设规模和限额划分分别报送有关部门审批。项目建议书经批准后，可以进行详细的可行性研究工作，但并不表明项目非上不可，批准的项目建议书不是项目的最终决策。

2. 编报可行性研究报告

可行性研究是对工程项目在技术上是否可行和经济上是否合理进行科学的分析和论证。可行性研究工作完成后，需要编写出反映其全部工作成果的“可行性研究报告”。

3. 项目投资决策管理制度

根据《国务院关于投资体制改革的决定》，政府投资项目和非政府投资项目分别实行审批制、核准制或备案制。

（1）政府投资项目：对于采用直接投资和资本金注入方式的政府投资项目，政府需要从投资决策的角度审批项目建议书和可行性研究报告，除特殊情况外不再审批开工报告，同时还要严格审批其初步设计和概算；对于采用投资补助、转贷和贷款贴息方式的政府投资项目，则只审批资金申请报告。

政府投资项目一般都要经过符合资质要求的咨询中介机构的评估论证，特别重大的项目还应实行专家评议制度。国家将逐步实行政府投资项目公示制度，以广泛听取各方面的意见和建议。

（2）非政府投资项目：对于企业不使用政府资金投资建设的项目，一律不再实行审批制，区别不同情况实行核准制或登记备案制。

1）核准制：企业投资建设《政府核准的投资项目目录》中的项目时，仅需向政府提交项目申请报告，不再经过批准项目建议书、可行性研究报告和开工报告的程序。

2）备案制：对于《政府核准的投资项目目录》以外的企业投资项目，实行备案制。除国家另有规定外，由企业按照属地原则向地方政府投资主管部门备案。

为扩大大型企业集团的投资决策权，对于基本建立现代企业制度的特大型企业集团，投资建设《政府核准的投资项目目录》中的项目时，可以按项目单独申报核准，也可编制中长期发展建设规划，规划经国务院或国务院投资主管部门批准后，规划中属于《政府核准的投资项目目录》中的项目不再另行申报核准，只需办理备案手续。企业集团要及时向国务院有关部门报告规划执行和项目建设情况。

二、建设实施阶段工作内容

1. 工程设计

（1）工程设计阶段及其内容：工程设计工作一般划分为两个阶段，即初步设计和施工图设计。重大项目和技术复杂项目，可根据需要增加技术设计阶段。

1）初步设计：是根据可行性研究报告的要求所做的具体实施方案，目的是为了阐明在指定的地点、时间和投资控制数额内，拟建项目在技术上的可行性和经济上的合理性，并通过对工程项目所做出的基本技术经济规定，编制项目总概算。

初步设计不得随意改变被批准的可行性研究报告所确定的建设规模、产品方案、工程标准、建设地址和总投资等控制目标。如果初步设计提出的总概算超过可行性研究报告总投资的10％以上或其他主要指标需要变更时，应说明原因和计算依据，并重新向原审批单位报批可行性研究报告。

2）技术设计：应根据初步设计和更详细的调查研究资料编制，以进一步解决初步设计中的重大技术问题，如：工艺流程、建筑结构、设备选型及数量确定等，使工程项目的设计更具体、更完善，技术指标更好。

3）施工图设计：根据初步设计或技术设计的要求，结合现场实际情况，完整地表现建筑物外形、内部空间分割、结构体系、构造状况以及建筑群的组成和周围环境的配合。它还包括各种运输、通信、管道系统、建筑设备的设计。在工艺方面，应具体确定各种设备的型号、规格及各种非标准设备的制造加工图。

（2）施工图设计文件的审查：根据《房屋建筑和市政基础设施工程施工图设计文件审查管理办法》（中华人民共和国住房和城乡建设部令第13号），建设单位应当将施工图送施工图审查机构审查。施工图审查机构按照有关法律、法规，对施工图涉及公共利益、公众安全和工程建设强制性标准的内容进行审查。审查的主要内容包括：

1）是否符合工程建设强制性标准。

2）地基基础和主体结构的安全性。

3）是否符合民用建筑节能强制性标准，对执行绿色建筑标准的项目，还应当审查是否符合绿色建筑标准。

4）勘察设计企业和注册执业人员以及相关人员是否按规定在施工图上加盖相应的图章和签字。

5）法律、法规、规章规定必须审查的其他内容。

任何单位或者个人不得擅自修改审查合格的施工图。确需修改的，凡涉及上述审查内容的，建设单位应当将修改后的施工图送原审查机构审查。

2. 建设准备

（1）建设准备工作内容：项目在开工建设之前要切实做好各项准备工作，其主要内容包括：

1）征地、拆迁和场地平整。

2）完成施工用水、电、通信、道路等接通工作。

3）组织招标选择工程监理单位、承包单位及设备、材料供应商。

4）准备必要的施工图纸。

（2）工程质量监督手续和施工许可证的办理：建设单位完成工程建设准备工作并具备工程开工条件后，应及时办理工程质量监督手续和施工许可证。

3. 施工安装

工程项目经批准新开工建设，项目即进入施工安装阶段。项目新开工时间，是指工程项目设计文件中规定的任何一项永久性工程第一次正式破土开槽开始施工的日期。不需开槽的工程，正式开始打桩的日期就是开工日期。铁路、公路、水库等需要进行大量土、石方工程的，以开始进行土方、石方工程的日期作为正式开工日期。工程地质勘察、平整场地、旧建筑物的拆除、临时建筑、施工用临时道路和水、电等工程开始施工的日期不能算作正式开工日期。分期建设的项目分别按各期工程开工的日期计算，如二期工程应根据工程设计文件规定的永久性工程开工的日期计算。

施工安装活动应按照工程设计要求、施工合同条款、有关工程建设法律法规规范标准及施工组织设计，在保证工程质量、工期、成本及安全、环保等目标的前提下进行，达到竣工验收标准后，由施工承包单位移交给建设单位。

4. 生产准备

对于生产性建设工程项目而言，生产准备是项目投产前由建设单位进行的一项重要工作。它是衔接建设和生产的桥梁，是项目建设转入生产经营的必要条件。建设单位应适时组成专门机构做好生产准备工作，确保项目建成后能及时投产。

生产准备工作一般应包括以下主要内容：

（1）招收和培训生产人员：招收项目运营过程中所需要的人员，并采用多种方式进行培训。特别要组织生产人员参加设备的安装、调试和工程验收工作，使其能尽快掌握生产技术和工艺流程。

（2）组织准备：主要包括生产管理机构设置、管理制度和有关规定的制订、生产人员配备等。

（3）技术准备：主要包括国内装置设计资料的汇总，有关国外技术资料的翻译、编辑，各种生产方案、岗位操作法的编制以及新技术的准备等。

（4）物资准备：主要包括落实原材料、协作产品、燃料、水、电、气等的来源和其他需协作配合的条件，并组织工装、器具、备品、备件等的制造或订货。

5. 竣工验收

当工程项目按设计文件的规定内容和施工图纸的要求全部建完后，便可组织验收。竣工验收是投资成果转入生产或使用的标志，也是全面考核工程建设成果、检验设计和工程质量的重要步骤。

（1）竣工验收的范围和标准：按照国家现行规定，工程项目按批准的设计文件所规定的内容建成，符合验收标准，即：工业项目经过投料试车（带负荷运转）合格，形成生产能力的；非工业项目符合设计要求，能够正常使用的，都应及时组织验收，办理固定资产移交手续。工程项目竣工验收、交付使用，应达到下列标准：

1）生产性项目和辅助公用设施已按设计要求建完，能满足生产要求。

2）主要工艺设备已安装配套，经联动负荷试车合格，形成生产能力，能够生产出设计文件规定的产品。

3）职工宿舍和其他必要的生产福利设施，能适应投产初期的需要。

4）生产准备工作能适应投产初期的需要。

5）环境保护设施、劳动安全卫生设施、消防设施已按设计要求与主体工程同时建成使用。

以上是国家对建设工程项目竣工应达到标准的基本规定，各类建设工程项目除遵循上述共同标准外，还要结合专业特点确定其竣工应达到的具体条件。

对某些特殊情况，工程施工虽未全部按设计要求完成，也应进行验收，这些特殊情况主要是指：

1）因少数非主要设备或某些特殊材料短期内不能解决，虽然工程内容尚未全部完成，但已可以投产或使用。

2）按规定的内容已建完，但因外部条件的制约，如流动资金不足、生产所需原材料不能满足等，而使已建成工程不能投入使用。

3）有些工程项目或单位工程，已形成部分生产能力，但近期内不能按原设计规模续建，应从实际情况出发经主管部门批准后，可缩小规模对已完成的工程和设备组织竣工验收，移交固定资产。

按国家现行规定，已具备竣工验收条件的工程，3 个月内不办理验收投产和移交固定资产手续的，取消企业和主管部门（或地方）的基建试车收入分成，由银行监督全部上交财政。如 3 个月内办理竣工验收确有困难，经验收主管部门批准，可以适当推迟竣工验收时间。

（2）竣工验收的准备工作：建设单位应认真做好工程竣工验收的准备工作。

1）整理技术资料。技术资料主要包括土建施工、设备安装方面及各种有关的文件、合同和试生产情况报告等。

2）绘制竣工图。工程项目竣工图是真实记录各种地下、地上建筑物等详细情况的技术文件，是对工程进行交工验收、维护、扩建、改建的依据，同时也是使用单位长期保存的技术资料。关于绘制竣工图的规定如下：

① 凡按图施工没有变动的，由施工承包单位（包括总包单位和分包单位）在原施工图上加盖“竣工图”标志后即作为竣工图。

② 凡在施工中，虽有一般性设计变更，但能将原施工图加以修改补充作为竣工图的，可不重新绘制，由施工承包单位负责在原施工图（必须新蓝图）上注明修改部分，并附以设计变更通知单和施工说明，加盖“竣工图”标志后，即作为竣工图。

③ 凡结构形式改变、工艺改变、平面布置改变、项目改变以及有其他重大改变，不宜再在原施工图上修改补充者，应重新绘制改变后的竣工图。由于设计原因造成的，由设计单位负责重新绘图；由于施工原因造成的，由施工承包单位负责重新绘图；由于其他原因造成的，由业主自行绘图或委托设计单位绘图，施工承包单位负责在新图上加盖“竣工图”标志，并附以有关记录和说明，作为竣工图。

竣工图必须准确、完整，符合归档要求，方能交工验收。

3）编制竣工决算。建设单位必须及时清理所有财产、物资和未花完或应收回的资金，编制工程竣工决算，分析概（预）算执行情况，考核投资效益，报请主管部门审查。

（3）竣工验收的程序和组织：根据国家现行规定，规模较大、较复杂的工程建设项目应先进行初验，然后进行正式验收。规模较小、较简单的工程项目，可以一次进行全部项目的竣工验收。

工程项目全部建完，经过各单位工程的验收，符合设计要求，并具备竣工图、竣工决算、工程总结等必要文件资料，由项目主管部门或建设单位向负责验收的单位提出竣工验收申请报告。

竣工验收要根据投资主体、工程规模及复杂程度由国家有关部门或建设单位组成验收委员会或验收组。验收委员会或验收组负责审查工程建设的各个环节，听取各有关单位的工作汇报。审阅工程档案、实地查验建筑安装工程实体，对工程设计、施工和设备质量等做出全面评价。不合格的工程不予验收。对遗留问题要提出具体解决意见，限期落实完成。

（4）竣工验收备案：《房屋建筑和市政基础设施工程竣工验收备案管理办法》（中华人民共和国住房和城乡建设部令第 2 号）规定，建设单位应当自工程竣工验收合格之日起 15 日内，向工程所在地县级以上地方人民政府建设主管部门备案。

三、项目后评价

项目后评价是工程项目实施阶段管理的延伸。工程项目竣工验收交付使用，只是工程建设完成的标志，而不是建设工程项目管理的终结。工程项目建设和运营是否达到投资决策时所确定的目标，只有经过生产经营或使用取得实际投资效果后，才能进行正确的判断；也只有在这时，才能对建设工程项目进行总结和评估，才能综合反映工程项目建设和工程项目管理各环节工作的成效和存在的问题，并为以后改进建设工程项目管理、提高建设工程项目管理水平、制定科学的工程项目建设计划提供依据。

项目后评价的基本方法是对比法。就是将工程项目建成投产后所取得的实际效果、经济效益和社会效益、环境保护等情况与前期决策阶段的预测情况相对比，与项目建设前的情况相对比，从中发现问题，总结经验和教训。在实际工作中，往往从以下两个方面对建设工程项目进行后评价。

（1）效益后评价：项目效益后评价是项目后评价的重要组成部分。它以项目投产后实际取得的效益（经济、社会、环境等）及其隐含在其中的技术影响为基础，重新测算项目的各项经济数据，得到相关的投资效果指标，然后与项目前期评估时预测的有关经济效果值（如净现值 NPV、内部收益率 IRR、投资回收期 P_t 等）、社会环境影响值（如环境质量值 IEQ 等）进行对比，评价和分析其偏差情况以及原因，吸取经验教训，从而为提高项目的投资管理水平和投资决策服务。具体包括经济效益后评价、环境效益和社会效益后评价、项目可持续性后评价及项目综合效益后评价。

（2）过程后评价：过程后评价是指对建设工程项目的立项决策、设计施工、竣工投产、生产运营等全过程进行系统分析，找出项目后评价与原预期效益之间的差异及其产生的原因。同时，针对问题提出解决办法。

以上两方面的评价有着密切的联系，必须全面理解和运用，才能对后评价项目做出客观、公正、科学的结论。

第三节　工程项目管理目标和内容

一、项目管理的概念和知识体系

1. 项目管理的概念

项目管理是指在一定的约束条件下，为达到项目目标（在规定的时间和预算费用内，达到所要求的质量）而对项目所实施的计划、组织、指挥、协调和控制的过程。

一定的约束条件是制定项目目标的依据，也是对项目控制的依据。项目管理的目的就是保证项目目标的实现。由于项目具有单件性和一次性的特点，要求项目管理具有针对性、系统性、程序性和科学性。只有用系统工程的观点、理论和方法对项目进行管理，才能保证项目的顺利完成。

2. 项目管理知识体系

项目管理知识体系（PMBOK）是指项目管理专业知识的总和，该体系由美国项目管理学会（PMI）开发。国际标准化组织（ISO）还以该体系为基础，制订了项目管理标准 ISO 10006。

项目管理知识体系包括 9 个知识领域，即：范围管理、时间管理、成本管理、质量管理、人力资源管理、沟通管理、采购管理、风险管理和综合管理。

（1）项目范围管理：是指对项目应该包括什么和不应该包括什么进行定义和控制的过程。具体内容包括：项目核准、范围规划、范围定义、范围核实和范围变更控制。

（2）项目时间管理：是指为确保项目按期完成所必需的一系列管理过程和活动。具体内容包括：活动定义、活动排序、活动时间估算、进度计划和进度控制。

（3）项目成本管理：是指为确保项目在批准的预算范围内完成所需的各个过程。具体内容包括：资源规划、成本估算、成本预算和成本控制。

（4）项目质量管理：是指为满足项目利益相关者的需要而开展的项目管理活动。项目质量管理包括工作质量管理和项目产出物的质量管理。具体内容包括：质量规划、质量保证和质量控制。

（5）项目人力资源管理：是指对项目组织中的人员进行招聘、培训、组织和调配，同时对组织成员的思想、心理和行为进行恰当诱导控制和协调，充分发挥其主观能动性的过程。具体内容包括：组织规划、人员招聘和团队建设。

（6）项目沟通管理：是指为确保项目信息合理收集和传输，以及最终处理所需实施的一系列过程。具体内容包括：沟通规划、信息传输、进展报告和管理收尾。

（7）项目采购管理：是指在整个项目生命期内，有关项目组织从外部寻求和采购各种项目所需资源的管理过程。具体内容包括：采购规划、询价与招标、供方选择、合同管理和合同收尾。

（8）项目风险管理：是指系统识别和评估项目风险因素，并采取必要对策控制风险的过程。具体内容包括：风险识别、风险评估、风险对策和风险控制。

（9）项目综合管理：是指在项目生命期内协调所有其他项目管理知识领域所涉及的过程。具体内容包括：项目计划制定、项目计划实施和综合变更控制。

二、建设工程项目管理的目标和发展趋势

1. 建设工程项目管理目标

建设工程项目管理是指项目组织运用系统工程的理论和方法对建设工程项目策划决策和建设实施全过程所有工作（包括项目策划、评估、设计、采购、施工、验收、后评价等）进行计划、组织、指挥、协调和控制的过程。建设工程项目管理的核心任务是控制项目基本目标（造价、质量、进度），最终实现项目的功能，以满足使用者的需求。

建设工程项目的造价、质量和进度三大目标是一个相互关联的整体，三大目标之间既存在着矛盾的方面，又存在着统一的方面。进行项目管理，必须充分考虑建设工程项目三大目标之间的对立统一关系，注意统筹兼顾，合理确定三大目标，防止发生盲目追求单一目标而冲击或干扰其他目标的现象。

（1）三大目标之间的对立关系：在通常情况下，如果对工程质量有较高的要求，就需要投入较多的资金和花费较长的建设时间；如果要抢时间、争进度，以极短的时间完成工程项目，势必会增加投资或者使工程质量下降；如果要减少投资、节约费用，势必会考虑降低项目的功能要求和质量标准。所有这些都说明，建设工程项目三大目标之间存在着矛盾和对立的一面。

（2）三大目标之间的统一关系：在通常情况下，适当增加投资数量，为采取加快进度的措施提供经济条件，即可加快项目建设进度，缩短工期，使项目尽早动用，投资尽早回收，项目全寿命期经济效益得到提高；适当提高项目功能要求和质量标准，虽然会造成一次性投资和建设工期的增加，但能够节约项目动用后的经常费和维修费，从而获得更好的投资经济效益；如果项目进度计划制定得既科学又合理，使工程进展具有连续性和均衡性，不但可以缩短建设工期，而且有可能获得较好的工程质量和降低工程费用。所有这些都说明，工程项目三大目标之间存在着统一的一面。

2. 建设工程项目管理发展趋势

为了适应建设工程项目大型化、项目大规模融资及分散项目风险等需求，建设工程项目管理呈现出集成化、国际化、信息化趋势。

（1）项目管理集成化：在项目组织方面，业主变自行管理模式为委托项目管理模式。由

项目管理咨询公司作为业主代表或业主的延伸，根据其自身的资质、人才和经验，以系统和组织运作的手段和方法对项目进行集成化管理。包括项目前期决策阶段的准备工作，协助业主进行项目融资，对技术来源方进行管理，对各种设施、装置的技术进行统一和整合，对参与项目的众多承包商和供货商进行管理等。尤其是合同界面之间的协调管理，要确保各合同包之间的一致性和互动性，力求项目全寿命期内的效益最佳。

在项目管理理念方面，不仅注重项目的质量、进度和造价三大目标的系统性，更加强调项目目标的寿命周期管理。为了确保项目的运行质量，必须以全面质量管理的观点控制项目策划、决策、设计和施工全过程的质量。项目进度控制也不仅仅是项目实施（设计、施工）阶段的进度控制，而是包括项目前期策划、决策在内的全过程控制。项目造价的寿命周期管理是将项目建设的一次性投资和项目建成后的日常费用综合起来进行控制，力求项目寿命周期成本最低，而不是追求项目建设的一次性投资最省。

（2）项目管理国际化：随着经济全球化及我国经济的快速发展，在我国的跨国公司和跨国项目越来越多，我国的许多项目已通过国际招标、咨询等方式运作，我国企业走出国门在海外投资和经营的项目也在不断增加。特别是我国加入 WTO 后，我国的行业壁垒下降，国内市场国际化，国内外市场全面融合，使得项目管理的国际化正成为趋势和潮流。

（3）项目管理信息化：伴随着网络时代和知识经济时代的到来，项目管理的信息化已成为必然趋势。欧美发达国家的一些工程项目管理中运用了计算机网络技术，开始实现项目管理网络化、虚拟化。此外，许多项目管理单位已开始大量使用项目管理软件进行项目管理，同时还从事项目管理软件的开发研究工作。

三、建设工程项目管理的类型和任务

1. 建设工程项目管理的类型

在建设工程项目的决策和实施过程中，由于各阶段的任务和实施主体不同，构成了不同类型的项目管理，如图 2.3.1 所示。从系统工程的角度分析，每一类型的项目管理都是在特定条件下为实现整个建设工程项目总目标的一个管理子系统。

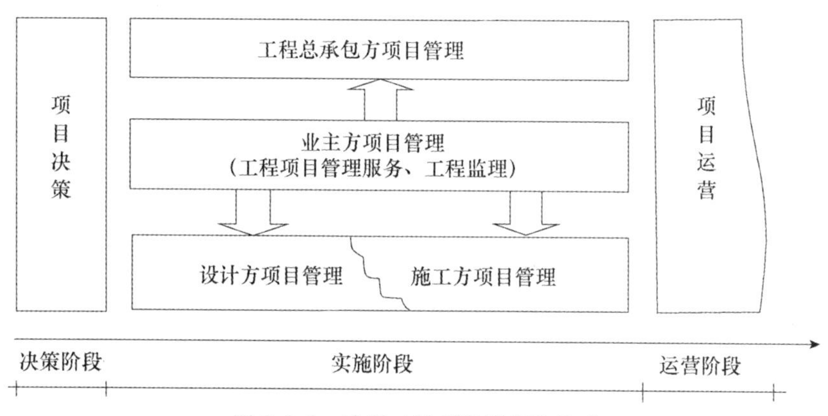

图 2.3.1　建设工程项目管理的类型

（1）业主方项目管理：业主方项目管理是全过程的项目管理，包括项目决策与实施阶段的各个环节。由于项目实施的一次性，使得业主自行进行项目管理往往存在很大的局限性。首先，在技术和管理方面缺乏相应的配套力量；其次，即使是配备健全的管理机构，如果没有持续不断的项目管理任务也是不经济的。为此，项目业主需要专业化、社会化的项目管理单位为其提供项目管理服务。项目管理单位既可以为业主提供全过程的项目管理服务，也可以根据业主需求提供分阶段的项目管理服务。

对于需要实施监理的建设工程项目，具有工程监理资质的项目管理单位可以为业主提供工程监理服务，但这通常需要业主在委托项目管理任务时一并考虑。当然，工程监理任务也可由项目管理单位协助业主委托给其他具有工程监理资质的单位。

（2）工程总承包方项目管理：在项目设计、施工综合承包或设计、采购和施工综合承包（即 EPC 承包）的情况下，工程总承包方的项目管理是贯穿于项目实施全过程的全面管理，既包括项目设计阶段，也包括项目施工安装阶段。

工程总承包方为了实现其经营方针和目标，必须在合同条件的约束下，依靠自身的技术和管理优势或实力，通过优化设计及施工方案，在规定的时间内，按质、按量地全面完成工程项目的承建任务。

（3）设计方项目管理：勘察设计单位承揽到项目勘察设计任务后，需要根据勘察设计合同所界定的工作目标及责任义务，引进先进技术和科研成果，在技术和经济上对项目的实施进行全面而详尽的安排，最终形成设计图纸和说明书，并在项目施工安装过程中参与监督和验收。因此，设计方的项目管理不仅仅局限于项目勘察设计阶段，而且要延伸到项目的施工阶段和竣工验收阶段。

（4）施工方项目管理：施工承包单位通过投标承揽到项目施工任务后，无论是施工总承包方还是分包方，均需要根据施工承包合同所界定的工程范围组织项目管理。施工方项目管理的目标体系包括项目施工质量（Quality）、成本（Cost）、工期（Delivery）、安全和现场标准化（Safety）和环境保护（Environment），简称 QCDSE 目标体系。显然，这一目标体系既与建设工程项目的目标相联系，又具有施工方项目管理的鲜明特征。

（5）供货方项目管理：从建设工程项目管理的系统角度分析，建筑材料和设备的供应工作也是实施建设工程项目的一个子系统。该子系统有明确的任务和目标、明确的约束条件以及与项目设计、施工等子系统的内在联系。因此，设备制造商、供应商同样需要根据加工生产制造和供应合同所界定的任务进行项目管理，以适应建设工程项目总目标的要求。

2. 建设工程项目管理的任务

建设工程项目管理的主要任务是在项目可行性研究、投资决策的基础上，对勘察设计、建设准备、施工及竣工验收等全过程的一系列活动进行规划、协调、监督、控制和总结评价，通过合同管理、组织协调、目标控制、风险管理和信息管理等措施，保证工程项目质量、进度、造价目标得到有效控制。

（1）合同管理：工程总承包合同、勘察设计合同、施工合同、材料设备采购合同、项目管理合同、监理合同、造价咨询合同等均是业主和参与项目实施各主体之间明确权利义务关系的具有法律效力的协议文件，也是市场经济体制下组织项目实施的基本手段。从某种意义上讲，项目的实施过程就是合同订立和履行的过程。合同管理主要是指对各类合同的订立过程和履行过程的管理，包括合同文本的选择，合同条件的协商、谈判，合同书的签署，合同履行的检查，变更和违约、纠纷的处理，总结评价等。

（2）组织协调：组织协调是实现项目目标必不可少的方法和手段。在项目实施过程中，各个项目参与单位需要处理和调整众多复杂的业务组织关系，主要包括：①外部环境协调，如与政府管理部门之间的协调、资源供应及社区环境方面的协调等；②项目参与单位之间的协调；③项目参与单位内部各部门、各层次及个人之间的协调。

（3）目标控制：目标控制是指项目管理人员在不断变化的动态环境中为保证既定计划目标的实现而进行的一系列检查和调整活动的过程。目标控制的主要任务是采用规划、组织、协调等手段，采取组织、技术、经济、合同等措施，确保项目总目标的实现。项目目标控制的任务贯穿在项目前期策划与决策、勘察设计、施工、竣工验收及交付使用等各个阶段。

（4）风险管理：随着建设工程项目规模的大型化和技术的复杂化，业主及项目参与各方所面临的风险越来越多。为确保建设工程项目的投资效益，必须对项目风险进行识别，并在定量分析和系统评价的基础上提出风险对策组合。

（5）信息管理：信息管理是项目目标控制的基础，其主要任务就是及时、准确地向各层级领导、各参加单位及各类人员提供所需的综合程度不同的信息，以便在项目进展的全过程中，动态地进行项目规划，迅速正确地进行各种决策，并及时检查决策执行结果。为了做好信息管理工作，需要：①建立完善的信息采集制度以收集信息；②做好信息编目分类和流程设计工作，实现信息的科学检索和传递；③充分利用现有信息资源。

（6）环保节能：工程建设可以改造环境、为人类造福，优秀的建筑还可以增添社会景观。但与此同时，也存在着影响甚至恶化环境的种种因素。在工程建设中，应强化环保意识，对于环保方面有要求的工程项目在进行可行性研究时，必须提出环境影响评价报告；在项目实施阶段，必须做到“三同时”，即主体工程与环保措施工程同时设计、同时施工、同时投入运行。

为了应对全球气候变化和能源短缺问题，促进经济社会的低碳发展，建筑节能日益成为项目管理的重要任务之一。建筑节能涉及工程项目的规划、设计、施工及使用，由此可见，建筑节能覆盖建设工程全寿命期。在项目决策阶段，需要体现节能理念；在项目实施阶段，要严格执行工程建设标准（包括节能标准），确保工程项目满足节能要求。

除以上任务外，安全生产管理也是工程项目管理的一项重要任务。

第四节　工程项目实施模式

一、业主方工程项目实施模式

（一）项目管理承包模式

项目管理承包（Project Management Contracting，PMC）模式是指由业主通过招标的方式聘请一家有实力的项目管理承包商（公司或公司联营体，以下简称 PMC 承包商），对项目全过程进行集成化管理。这种模式下，PMC 承包商与业主签合同，并与业主咨询顾问进行密切合作，对工程进行计划、组织、协调和控制。PMC 承包商一般具有监理资质，如不具备监理资质，则需另行聘请监理单位。项目管理承包模式下施工承包商具体负责项目的实施，包括施工、设备采购以及对分包商的管理。

1. PMC 的类型

（1）代表业主管理项目，同时还承担一些界外及公用设施的设计/采购/施工（以下简称总承包模式/EPC）工作。这种工作方式对 PMC 来说，风险高，相应的利润、回报也较高。

（2）作为业主管理队伍的延伸，管理 EPC 承包商而不承担任何 EPC 工作。这种 PMC 模式相应的风险和回报都较上一类低。

（3）作为业主的顾问，对项目进行监督、检查，并将未完工作及时向业主汇报。这种 PMC 模式风险最低，接近于零，但回报也低。

2. PMC 的工作内容

（1）项目前期阶段工作内容：在此阶段，项目管理承包商的主要任务是代表业主进行项目管理。具体包括：项目建设方案优化；组织项目风险识别和分析，并制订项目风险应对策略；提供融资方案并协助业主进行融资；提出项目应统一遵循的标准及规范；组织或完成基础设计、初步设计和总体设计；协助业主完成政府相关审批工作；提出项目实施方案，完成项目投资估算；提出材料、设备清单及供货厂家名单；编制 EPC 招标文件，进行 EPC 投标人资格预审，并完成 EPC 评标工作。

（2）项目实施阶段工作内容：在此阶段，由中标的 EPC 总承包商进行项目的详细设计，并进行采购和施工工作。项目管理承包商的主要任务是代表业主进行协调和监督工作。具体包括：进行设计管理，协调有关技术条件；完成项目总体中某些部分的详细设计；实施采购管理，并为业主负责的采购提供服务；配合业主进行生产准备、组织试运行和验收；向业主移交项目文件资料。

3. PMC 的优越性

PMC 模式的优势通过优化项目设计，以实现项目寿命期成本最低。PMC 会根据项目所在地的实际条件，运用自身的技术优势，对整个项目进行全方位的技术经济分析与比较，本着功能完善、技术先进、经济合理的原则对整个设计进行优化。

在完成基础设计之后通过一定的合同策略，选用合适的合同方式进行招标。首先需要把项目分解成若干个工作包，分包时应遵循如下原则：由地域来划分（布置较接近的装置放在一个包内）；减少及简化接口；每个包限定一定的投资，以化解或减少 EPC 带来的风险。主要考虑的合同形式为 EPC、EP＋C、E＋PC 三种，此外还有固定单价合同（包括服务合同）、租赁合同等合同形式。PMC 会根据不同工作包设计深度、技术复杂程度、工期长短、工程量大小等因素综合考虑采取哪种合同形式，从而从整体上给业主节约投资。

通过 PMC 的多项目采购协议及统一的项目采购策略，降低投资。多项目采购协议是业主就一种商品（设备/材料）与制造商签订的供货协议。与业主签订该协议的制造商在该项目中是这种商品（设备/材料）的唯一供应商。业主通过此协议获得价格、日常运行维护等方面的优惠。各个 EPC 承包商必须按照业主所提供的协议去采购相应的设备。多项目采购协议是 PMC 项目采购策略中的一个重要部分。在项目中，要适量的选择商品的类别，以免对 EPC 承包商限制过多，影响其积极性。PMC 还应负责促进承包商之间的合作，以符合业主降低项目总投资的目标，包括获得合理出口信贷数量和全面符合计划的要求。

PMC 的现金管理及现金流量优化。PMC 可通过其丰富的项目融资和财务管理经验，并结合工程实际情况，对整个项目的现金流进行优化。而且，业主同 PMC 之间的合同形式基本是一种成本加奖励的形式，如果通过 PMC 的有效管理使投资节约，PMC 将会得到节约部分的一定比例作为奖励。

（二）工程代建制

1. 工程代建的性质

在项目建设期间，工程代建单位不存在经营性亏损或盈利，通过与政府投资管理机构签订代建合同，只收取代理费、咨询费。如果在项目建设期间使投资节约，可按合同约定从所节约的投资中提取一部分作为奖励。为了保证政府投资的合理使用，代建单位须提交工程概算投资10%左右的履约保函。如果代建单位未能完全履行代建合同义务，擅自变更建设内容、扩大建设规模、提高建设标准，致使工期延长、投资增加或工程质量不合格，应承担所造成的损失或投资增加额。由此可见，代建单位要承担相应的管理、咨询风险，这与计划经济时期工程建设指挥部管理有本质区别。

2. 工程代建制与项目法人责任制的区别

（1）项目管理责任范围不同。对于实施项目法人责任制的项目，项目法人的责任范围覆盖工程项目策划决策及建设实施过程。而对于实施工程代建制的项目，工程代建单位的责任范围只是在工程项目建设实施阶段。

（2）项目建设资金责任不同。对于实施项目法人责任制的项目，项目法人需要在项目建设实施阶段负责筹措建设资金，并在项目建成后的运营期间偿还贷款及对投资方的回报。而对于实施工程代建制的项目，工程代建单位不负责建设资金的筹措，因此也不负责偿还贷款。

（3）项目保值增值责任不同。对于实施项目法人责任制的项目，项目法人需要在项目全寿命期内负责资产的保值增值。而对于实施工程代建制的项目，工程代建单位不负责项目运营期间的资产保值增值。

（4）适用的工程对象不同。项目法人责任制适用于政府投资的经营性项目，而工程代建制适用于政府投资的非经营性项目（主要是公益性项目）。

二、工程项目承发包模式

（一）总分包模式

建设单位将工程项目全过程或其中某个阶段（如设计或施工）的全部工作发包给一家符合要求的承包单位，由该承包单位再将若干专业性较强的部分工程任务发包给不同的专业承包单位去完成，并统一协调和监督各分包单位的工作。这样，业主只与总承包单位签订合同，而不与各专业分包单位签订合同，并易于发挥总包单位的管理优势，有利于降低造价。总分包模式的特点如下：

（1）有利于工程项目的组织管理。由于合同数量少，使得建设单位的组织管理和协调工作量小。

（2）有利于控制工程造价。由于总包合同价格可以较早确定，建设单位可承担较少的风险。

（3）有利于控制工程质量。

（4）有利于缩短建设工期。一般均能做到设计阶段与施工阶段的相互搭接。

（5）对建设单位而言，选择总承包单位的范围小，一般合同金额较高。

（6）对总承包单位而言，责任重、风险大，需要具有较高的管理水平和丰富的实践经验。当然，获得高额利润的潜力也比较大。

（二）平行承包模式

平行分包，是指业主将建设工程的设计、施工以及材料设备采购的任务经过分解分别发包给若干个设计单位、施工单位和材料设备供应单位，并分别与各方签订合同。分解任务与确定合同数量、内容时应考虑工程情况、市场情况、贷款协议要求等因素。平行承包模式的特点如下：

（1）有利于建设单位择优选择承包单位。

（2）有利于控制工程质量。

（3）有利于缩短建设工期。工程设计与施工阶段有可能形成搭接关系，从而缩短整个工程项目的建设工期。

（4）组织管理和协调工作量大。

（5）工程造价控制难度大。一是总合同价不易短期确定，从而影响工程造价控制的实施；二是招标任务量大，需控制多项合同价格，从而增加工程造价控制的难度。

（6）相对于总分包模式而言，平行承包模式不利于发挥那些技术水平高、综合管理能力强的承包单位的综合优势。

（三）联合体承包模式

联合体承包指的是某承包单位为了承揽不适于自己单独承包的工程项目而与其他单位联合，以一个承包人的身份去承包的行为，两个以上法人或者其他组织可以组成一个联合体，以一个承包人的身份共同承包。联合体承包模式的特点如下：

（1）对建设单位而言，与总分包模式相同，合同结构简单，组织协调工作量小，而且有利于工程造价和建设工期的控制。

（2）对联合体而言，可以集中各成员单位在资金、技术和管理等方面的优势，克服单一公司力不能及的困难，不仅可增强竞争能力，而且可增强抗风险能力。

（四）合作承包模式

几家公司自愿结成合作伙伴，成立一个合作体，以合作体的名义与建设单位签订工程承包意向合同（也称基本合同）。达成协议后，各公司再分别与建设单位签订工程承包合同，并在合作体的统一计划、指挥和协调下完成承包任务。合作承包模式的特点如下：

（1）建设单位的组织协调工作量小，但风险较大。

（2）各承包单位之间既有合作的愿望，又不愿意组成联合体。

（五）CM承包模式

CM模式是由业主委托CM单位，以一个承包商的身份，采取有条件的“边设计、边施工”，即Fast-Track的生产组织方式，来进行施工管理，直接指挥施工活动，在一定程度上影响设计活动，而它与业主的合同通常采用“成本加利润”的方式。

（1）CM承包模式的特点：

1）采用快速路径法施工。

2）CM单位有代理型（Agency）和非代理型（Non-Agency）两种。代理型的CM单位不负责工程分包的发包，与分包单位的合同由建设单位直接签订。而非代理型的CM单位直接与分包单位签订分包合同。

3）CM 合同采用成本加酬金方式。代理型和非代理型的 CM 合同是有区别的。由于代理型合同是建设单位与分包单位直接签订，因此，采用简单的成本加酬金合同形式。而非代理型合同则采用保证最大工程费用（GMP）加酬金的合同形式。

（2）CM 承包模式在工程造价控制方面的价值：CM 承包模式特别适用于那些实施周期长、工期要求紧迫的大型复杂工程。在工程造价控制方面的价值体现在以下几个方面：

1）与施工总承包模式相比，采用 CM 承包模式时的合同价更具合理性。

2）CM 单位不赚取总包与分包之间的差价。

3）应用价值工程方法挖掘节约投资的潜力。

4）GMP 可大大减少建设单位在工程造价控制方面的风险。

（六）Partnering 模式

Partnering 模式的主要特点如下：

（1）出于自愿。Partnering 协议并不仅仅是建设单位与承包单位之间的协议，而需要工程建设参与各方共同签署。

（2）高层管理的参与。

（3）Partnering 协议不是法律意义上的合同。Partnering 协议与工程合同是两个完全不同的文件。在工程合同签订后，工程建设参与各方经过讨论协商后才会签署 Partnering 协议。

（4）信息的开放性。

值得指出的是，Partnering 模式不是一种独立存在的模式，它通常需要与工程项目其他组织模式中的某一种结合使用，如总分包模式、平行承包模式、CM 承包模式等。

三、工程项目管理组织机构形式

（一）直线制

直线制组织机构的主要优点是结构简单、权力集中、易于统一指挥、隶属关系明确职责分明、决策迅速。但由于未设职能部门，项目经理没有参谋和助手，要求领导者通晓各种业务，成为“全能式”人才。无法实现管理工作专业化，不利于项目管理水平的提高。

（二）职能制

职能制组织机构的主要优点是强调管理业务的专门化，注意发挥各类专家在项目管理中的作用。由于管理人员工作单一，易于提高工作质量，同时可以减轻领导者的负担。但是，由于这种机构没有处理好管理层次和管理部门的关系，形成多头领导，使下级执行者接受多方指令，容易造成职责不清。

（三）直线职能制

与职能制组织结构形式相同的是，在各管理层次之间设置职能部门，但职能部门只作为本层次领导的参谋，在其所辖业务范围内从事管理工作，不直接指挥下级，与下一层次的职能部门构成业务指导关系。

直线职能制组织结构既保持了直线制统一指挥的特点，又满足了职能制对管理工作专业化分工的要求。其主要优点是集中领导、职责清楚，有利于提高管理效率。但这种组织机构中各职能部门之间的横向联系差，信息传递路线长，职能部门与指挥部门之间容易产生矛盾。

（四）矩阵制

矩阵制组织机构的优点是能根据工程任务的实际情况灵活地组建与之相适应的管理机构，具有较大的机动性和灵活性。它实现了集权与分权的最优结合，有利于调动各类人员的工作积极性，使工程项目管理工作顺利地进行。但是，矩阵制组织机构经常变动，稳定性差，尤其是业务人员的工作岗位频繁调动。此外，矩阵中的每一个成员都受项目经理和职能部门经理的双重领导，如果处理不当，会造成矛盾，产生扯皮现象。

按照项目经理的权限不同，矩阵制组织机构又可分为三种形式，即：强矩阵制组织形式、中矩阵制组织形式和弱矩阵制组织形式。

（1）强矩阵制组织形式：强矩阵制项目经理由企业最高领导任命，并全权负责项目。项目经理直接向最高领导负责，项目组成员的绩效完全由项目经理进行考核，项目组成员只对项目经理负责。其特点是拥有专职的、具有较大权限的项目经理以及专职项目管理人员。强矩阵制组织形式适用于技术复杂且时间紧迫的 工程项目。

（2）中矩阵制组织形式：中矩阵制也称平衡矩阵。在平衡矩阵制组织机构中，项目经理被授予一定的权力，对项目整体及项目目标负责。项目组成员是从各职能部门借调来的成员，并在成员中指定一人担任专案主持人。

一旦专案结束，专案主持人的头衔随之消失。其特点是需要精心建立管理程序和配备训练有素的协调人员。平衡矩阵制组织形式适用于中等技术复杂程度且建设周期较长的工程项目。

（3）弱矩阵制组织形式：弱矩阵制组织中，并未明确对项目目标负责的项目经理。即使有项目负责人，其角色也只是一个项目协调者或监督者，而不是一个管理者。同时，员工的绩效由职能部门经理进行考核。其特点是项目管理者的权限很小。弱矩阵制组织形式适用于技术简单的工程项目。

第三章　工程造价构成

第一节　建设项目总投资与工程造价

一、建设项目总投资的构成

建设项目总投资是为完成工程项目建设并达到使用要求或生产条件，在建设期内预计或实际投入的全部费用总和。生产性建设项目总投资包括建设投资、建设期利息和流动资金三部分；非生产性建设项目总投资包括建设投资和建设期利息两部分。其中建设投资和建设期利息之和对应于固定资产投资，固定资产投资与建设项目的工程造价在量上相等。

建设项目总投资的构成内容如图 3.1.1 所示。

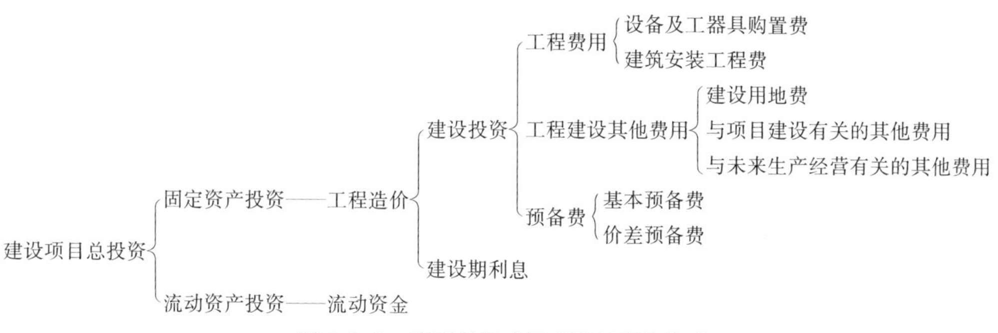

图 3.1.1　我国现行建设项目总投资构成

二、工程造价的构成

工程造价是指在建设期预计或实际支出的建设费用，包括建设投资和建设期利息。

建设投资是工程造价的主要构成部分，是为完成工程项目建设，在建设期内投入且形成现金流出的全部费用。建设投资包括工程费用、工程建设其他费用和预备费三部分。工程费用是指建设期内直接用于工程建造、设备购置及其安装的建设投资，可以分为建筑工程费、安装工程费和设备及工器具购置费，其中建筑工程费和安装工程费有时又通称为建筑安装工程费。工程建设其他费用是指建设期发生的与土地使用权取得、整个工程项目建设以及未来生产经营有关的构成建设投资但不包括在工程费用中的费用。预备费是在建设期内因各种不可预见因素的变化而预留的可能增加的费用，包括基本预备费和价差预备费。

建设期利息是指在建设期内发生的为工程项目筹措资金的融资费用及债务资金利息。

第二节 建筑安装工程费用

一、建筑安装工程费用的构成

（一）建筑安装工程费用内容

建筑安装工程费是指为完成工程项目建造、生产性设备及配套工程安装所需的费用。

1. 建筑工程费用内容

（1）各类房屋建筑工程和列入房屋建筑工程预算的供水、供暖、卫生、通风、煤气等设备费用及其装设、油饰工程的费用，列入建筑工程预算的各种管道、电力、电信和电缆导线敷设工程的费用。

（2）设备基础、支柱、工作台、烟囱、水塔、水池、灰塔等建筑工程以及各种炉窑的砌筑工程和金属结构工程的费用。

（3）为施工而进行的场地平整，工程和水文地质勘察，原有建筑物和障碍物的拆除以及施工临时用水、电、暖、气、路、通信和完工后的场地清理，环境绿化、美化等工作的费用。

（4）矿井开凿、井巷延伸、露天矿剥离，石油、天然气钻井，修建铁路、公路、桥梁、水库、堤坝、灌渠及防洪等工程的费用。

2. 安装工程费用内容

（1）生产、动力、起重、运输、传动和医疗、实验等各种需要安装的机械设备的装配费用，与设备相连的工作台、梯子、栏杆等设施的工程费用，附属于被安装设备的管线敷设工程费用，以及被安装设备的绝缘、防腐、保温、油漆等工作的材料费和安装费。

（2）为测定安装工程质量，对单台设备进行单机试运转、对系统设备进行系统联动无负荷试运转工作的调试费。

（二）我国现行建筑安装工程费用项目组成

根据《住房与城乡建设部、财政部关于印发〈建筑安装工程费用项目组成〉的通知》（建标〔2013〕44号），我国现行建筑安装工程费用项目按两种不同的方式划分，即按费用构成要素划分和按造价形成划分，其具体构成如图3.2.1所示。

二、按费用构成要素划分建筑安装工程费用项目构成和计算

按照费用构成要素划分，建筑安装工程费包括：人工费、材料费（包含工程设备[①]，下同）、施工机具使用费、企业管理费、利润、规费和税金。其中人工费、材料费、施工机具使用费、企业管理费和利润包含在分部分项工程费、措施项目费、其他项目费中。

（一）人工费

建筑安装工程费中的人工费，是指支付给直接从事建筑安装工程施工作业的生产工人的

---

①根据《建设工程计价设备材料划分标准》（GB/T 50531—2009）的规定，工业、交通等项目中的建筑设备购置有关费用应列入建筑工程费，单一的房屋建筑工程项目的建筑设备购置有关费用宜列入建筑工程费。

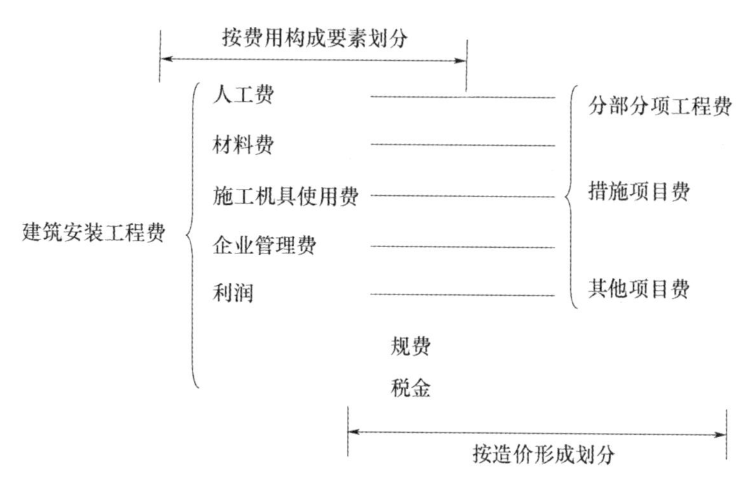

图 3.2.1　建筑安装工程费用项目构成

各项费用。计算人工费的基本要素有两个，即人工工日消耗量和人工日工资单价。

(1) 人工工日消耗量：人工工日消耗量是指在正常施工生产条件下，完成规定计量单位的建筑安装产品所消耗的生产工人的工日数量。它由分项工程所综合的各个工序劳动定额包括的基本用工、其他用工两部分组成。

(2) 人工日工资单价：人工日工资单价是指直接从事建筑安装工程施工的生产工人在每个法定工作日的工资、津贴及奖金等。

人工费的基本计算公式为：

$$人工费=\sum(工日消耗量\times日工资单价) \tag{3.2.1}$$

(二) 材料费

建筑安装工程费中的材料费，是指工程施工过程中耗费的各种原材料、半成品、构配件、工程设备等的费用，以及周转材料等的摊销、租赁费用。计算材料费的基本要素是材料消耗量和材料单价。

(1) 材料消耗量：材料消耗量是指在正常施工生产条件下，完成规定计量单位的建筑安装产品所消耗的各类材料的净用量和不可避免的损耗量。

(2) 材料单价：材料单价是指建筑材料从其来源地运到施工工地仓库直至出库形成的综合平均单价，由材料原价、运杂费、运输损耗费、采购及保管费组成。当一般纳税人采用一般计税方法时，材料单价中的材料原价、运杂费等均应扣除增值税进项税额。

材料费的基本计算公式为：

$$材料费=\sum(材料消耗量\times材料单价) \tag{3.2.2}$$

(3) 工程设备：工程设备是指构成或计划构成永久工程一部分的机电设备、金属结构设备、仪器装置及其他类似的设备和装置。

(三) 施工机具使用费

建筑安装工程费中的施工机具使用费，是指施工作业所发生的施工机械、仪器仪表使用费或其租赁费。

(1) 施工机械使用费：是指施工机械作业发生的使用费或租赁费。构成施工机械使用费的基本要素是施工机械台班消耗量和机械台班单价。施工机械台班消耗量是指在正常施工生产条件下，完成规定计量单位的建筑安装产品所消耗的施工机械台班的数量。施工机械台班单价是指折合到每台班的施工机械使用费。施工机械使用费的基本计算公式为：

$$施工机械使用费=\sum(施工机械台班消耗量\times机械台班单价) \tag{3.2.3}$$

施工机械台班单价通常由折旧费、检修费、维护费、安拆费及场外运费、人工费、燃料动力费和其他费用组成。

（2）仪器仪表使用费：是指工程施工所需使用的仪器仪表的摊销及维修费用。与施工机械使用费类似，仪器仪表使用费的基本计算公式为：

$$仪器仪表使用费=\sum(仪器仪表台班消耗量\times仪器仪表台班单价) \tag{3.2.4}$$

仪器仪表台班单价通常由折旧费、维护费、校验费和动力费组成。

当一般纳税人采用一般计税方法时，施工机械台班单价和仪器仪表台班单价中的相关子项均需扣除增值税进项税额。

（四）企业管理费

1．企业管理费的内容

企业管理费是指施工单位组织施工生产和经营管理所发生的费用。内容包括：

（1）管理人员工资：是指按规定支付给管理人员的计时工资、奖金、津贴补贴、加班加点工资及特殊情况下支付的工资等。

（2）办公费：是指企业管理办公用的文具、纸张、账簿、印刷、邮电、书报、办公软件、现场监控、会议、水电、烧水和集体取暖降温（包括现场临时宿舍取暖降温）等费用。当一般纳税人采用一般计税方法时，办公费中增值税进项税额的抵扣原则：以购进货物适用的相应税率扣减，其中购进自来水、暖气、冷气、图书、报纸、杂志等适用的税率为10%，接受邮政和基础电信服务等适用的税率为10%，接受增值电信服务等适用的税率为6%，其他一般为16%。

（3）差旅交通费：是指职工因公出差、调动工作的差旅费、住勤补助费，市内交通费和误餐补助费，职工探亲路费，劳动力招募费，职工退休、退职一次性路费，工伤人员就医路费，工地转移费以及管理部门使用的交通工具的油料、燃料等费用。

（4）固定资产使用费：是指管理和试验部门及附属生产单位使用的属于固定资产的房屋、设备、仪器等的折旧、大修、维修或租赁费。当一般纳税人采用一般计税方法时，固定资产使用费中增值税进项税额的抵扣原则：2016年5月1日后以直接购买、接受捐赠、接受投资入股、自建以及抵债等各种形式取得并在会计制度上按固定资产核算的不动产或者2016年5月1日后取得的不动产在建工程，其进项税额应自取得之日起分2年扣减，第一年抵扣比例为60%，第二年抵扣比例为40%。设备、仪器的折旧、大修、维修或租赁费，以购进货物、接受修理修配劳务或租赁有形动产服务适用的税率扣减，均为16%。

（5）工具用具使用费：是指企业施工生产和管理使用的不属于固定资产的工具、器具、家具、交通工具和检验、试验、测绘、消防用具等的购置、维修和摊销费。当一般纳税人采用一般计税方法时，工具用具使用费中增值税进项税额的抵扣原则为：以购进货物或接受修理修配劳务适用的税率扣减，均为16%。

（6）劳动保险和职工福利费：是指由企业支付的职工退职金、按规定支付给离休干部的经费，集体福利费、夏季防暑降温、冬季取暖补贴、上下班交通补贴等。

（7）劳动保护费：是企业按规定发放的劳动保护用品的支出。如工作服、手套、防暑降温饮料以及在有碍身体健康的环境中施工的保健费用等。

（8）检验试验费：是指施工企业按照有关标准规定，对建筑以及材料、构件和建筑安装物进行一般鉴定、检查所发生的费用，包括自设试验室进行试验所耗用的材料等费用。不包括新结构、新材料的试验费，对构件做破坏性试验及其他特殊要求检验试验的费用和建设单位委托检测机构进行检测的费用，对此类检测发生的费用，由建设单位在工程建设其他费用中列支。但对施工企业提供的具有合格证明的材料进行检测不合格的，该检测费用由施工企业支付。当一般纳税人采用一般计税方法时，检验试验费中增值税进项税额以现代服务业适用的税率6%扣减。

（9）工会经费：是指企业按《中华人民共和国工会法》规定的全部职工工资总额比例计提的工会经费。

（10）职工教育经费：是指按职工工资总额的规定比例计提，企业为职工进行专业技术和职业技能培训，专业技术人员继续教育、职工职业技能鉴定、职业资格认定以及根据需要对职工进行各类文化教育所发生的费用。

（11）财产保险费：是指施工管理用财产、车辆等的保险费用。

（12）财务费：是指企业为施工生产筹集资金或提供预付款担保、履约担保、职工工资支付担保等所发生的各种费用。

（13）税金：是指企业按规定缴纳的房产税、非生产性车船使用税、土地使用税、印花税、城市维护建设税、教育费附加、地方教育附加[②]等各项税费。

（14）其他：包括技术转让费、技术开发费、投标费、业务招待费、绿化费、广告费、公证费、法律顾问费、审计费、咨询费、保险费等。

2. 企业管理费的计算方法

企业管理费一般采用取费基数乘以费率的方法计算，取费基数有三种，分别是：以直接费为计算基础、以人工费和施工机具使用费合计为计算基础、以人工费为计算基础。企业管理费费率计算方法如下：

（1）以直接费为计算基础。

$$\text{企业管理费费率（\%）}=\frac{\text{生产工人年平均管理费}}{\text{年有效施工天数}\times\text{人工单价}}\times\text{人工费占直接费的比例（\%）} \tag{3.2.5}$$

（2）以人工费和施工机具使用费合计为计算基础。

$$\text{企业管理费费率（\%）}=\frac{\text{生产工人年平均管理费}}{\text{年有效施工天数}\times\text{（人工单价＋每一台班施工机具使用费）}}\times 100\% \tag{3.2.6}$$

（3）以人工费为计算基础。

$$\text{企业管理费费率（\%）}=\frac{\text{生产工人年平均管理费}}{\text{年有效施工天数}\times\text{人工单价}}\times 100\% \tag{3.2.7}$$

②营改增方案实施后，城市维护建设税、教育费附加、地方教育附加的计算基数均为应纳增值税额（即销项税额一进项税额），但由于在工程造价的前期预测时，无法明确可抵扣的进项税额的具体数额，造成此三项附加税无法计算。因此，根据关于印发《增值税会计处理规定》的通知（财会〔2016〕22号），城市维护建设税、教育费附加、地方教育附加等均作为“税金及附加”，在企业管理费中核算。

工程造价管理机构在确定计价定额中的企业管理费时，应以定额人工费或定额人工费与施工机具使用费之和作为计算基数，其费率根据历年积累的工程造价资料，辅以调查数据确定。

（五）利润

利润是指施工单位从事建筑安装工程施工所获得的盈利，由施工企业根据企业自身需求并结合建筑市场实际自主确定。工程造价管理机构在确定计价定额中利润时，应以定额人工费或定额人工费与施工机具使用费之和作为计算基数，其费率根据历年积累的工程造价资料，并结合建筑市场实际确定，以单位（单项）工程测算，利润在税前建筑安装工程费的比重可按不低于5%且不高于7%的费率计算。

（六）规费

1. 规费的内容

规费是指按国家法律、法规规定，由省级政府和省级有关权力部门规定施工单位必须缴纳或计取，应计入建筑安装工程造价的费用。主要包括社会保险费、住房公积金和工程排污费。

（1）社会保险费：

1）养老保险费：是指企业按规定标准为职工缴纳的基本养老保险费。

2）失业保险费：是指企业按照国家规定标准为职工缴纳的失业保险费。

3）医疗保险费：是指企业按照规定标准为职工缴纳的基本医疗保险费。

4）工伤保险费：是指企业按照国务院制定的行业费率为职工缴纳的工伤保险费。

5）生育保险费：是指企业按照国家规定为职工缴纳的生育保险。根据“十三五”规划纲要，生育保险与基本医疗保险合并的实施方案已在12个试点城市行政区域进行试点。

（2）住房公积金：是指企业按规定标准为职工缴纳的住房公积金。

（3）工程排污费：是指企业按规定缴纳的施工现场工程排污费。

2. 规费的计算

（1）社会保险费和住房公积金：社会保险费和住房公积金应以定额人工费为计算基础，根据工程所在地省、自治区、直辖市或行业建设主管部门规定费率计算。

$$社会保险费和住房公积金=\sum（工程定额人工费\times社会保险费和住房公积金费率） \tag{3.2.8}$$

社会保险费和住房公积金费率可以每万元发承包价的生产工人人工费和管理人员工资含量与工程所在地规定的缴纳标准综合分析取定。

（2）工程排污费：工程排污费等其他应列而未列入的规费应按工程所在地环境保护等部门规定的标准缴纳，按实计取列入。

（七）税金

建筑安装工程费用中的税金是指按照国家税法规定的应计入建筑安装工程造价内的销项税额，按税前造价乘以增值税税率确定。

1. 采用一般计税方法时增值税的计算

当采用一般计税方法时，建筑业增值税税率为10%。计算公式为：

$$增值税=税前造价\times10\% \tag{3.2.9}$$

税前造价为人工费、材料费、施工机具使用费、企业管理费、利润和规费之和，各费用项目均以不包含增值税可抵扣进项税额的价格计算。

2. 采用简易计税方法时增值税的计算

（1）简易计税的适用范围：根据《营业税改征增值税试点实施办法》以及《营业税改征增值税试点有关事项的规定》的规定，简易计税方法主要适用于以下几种情况：

1）小规模纳税人发生应税行为适用简易计税方法计税。小规模纳税人通常是指纳税人提供建筑服务的年应征增值税销售额未超过500万元，并且会计核算不健全，不能按规定报送有关税务资料的增值税纳税人。年应税销售额超过500万元但不经常发生应税行为的单位也可选择按照小规模纳税人计税。

2）一般纳税人以清包工方式提供的建筑服务，可以选择适用简易计税方法计税。以清包工方式提供建筑服务，是指施工方不采购建筑工程所需的材料或只采购辅助材料，并收取人工费、管理费或者其他费用的建筑服务。

3）一般纳税人为甲供工程提供的建筑服务，可以选择适用简易计税方法计税。甲供工程，是指全部或部分设备、材料、动力由工程发包方自行采购的建筑工程。

4）一般纳税人为建筑工程老项目提供的建筑服务，可以选择适用简易计税方法计税。建筑工程老项目：①《建筑工程施工许可证》注明的合同开工日期在2016年4月30日前的建筑工程项目；②未取得《建筑工程施工许可证》的，建筑工程承包合同注明的开工日期在2016年4月30日前的建筑工程项目。

（2）简易计税的计算方法：当采用简易计税方法时，建筑业增值税税率为3%。计算公式为：

$$增值税=税前造价\times 3\% \tag{3.2.10}$$

税前造价为人工费、材料费、施工机具使用费、企业管理费、利润和规费之和，各费用项目均以包含增值税进项税额的含税价格计算。

三、按造价形成划分建筑安装工程费用项目构成和计算

建筑安装工程费按照工程造价形成由分部分项工程费、措施项目费、其他项目费、规费和税金组成。

（一）分部分项工程费

分部分项工程费是指各专业工程的分部分项工程应予列支的各项费用。各类专业工程的分部分项工程划分遵循国家或行业工程量计算规范的规定。分部分项工程费通常用分部分项工程量乘以综合单价进行计算。

$$分部分项工程费=\sum(分部分项工程量\times 综合单价) \tag{3.2.11}$$

综合单价包括人工费、材料费、施工机具使用费、企业管理费和利润，以及一定范围的风险费用。

（二）措施项目费

1. 措施项目费的构成

措施项目费是指为完成建设工程施工，发生于该工程施工准备和施工过程中的技术、生活、安全、环境保护等方面的费用。措施项目及其包含的内容应遵循各类专业工程的现行国家或行业工程量计算规范。以《房屋建筑与装饰工程工程量计算规范》（GB 50854—2013）

中的规定为例，措施项目费可以归纳为以下几项：

（1）安全文明施工费：安全文明施工费是指工程项目施工期间，施工单位为保证安全施工、文明施工和保护现场内外环境等所发生的措施项目费用。通常由环境保护费、文明施工费、安全施工费、临时设施费组成。

1）环境保护费：施工现场为达到环保部门要求所需要的各项费用。

2）文明施工费：施工现场文明施工所需要的各项费用。

3）安全施工费：施工现场安全施工所需要的各项费用。

4）临时设施费：施工企业为进行建设工程施工所必须搭设的生活和生产用的临时建筑物、构筑物和其他临时设施费用。包括临时设施的搭设、维修、拆除、清理费或摊销费等。

各项安全文明施工费的具体内容如表 3.2.1 所示。

表 3.2.1　安全文明施工措施费的主要内容

项目名称	工作内容及包含范围
环境保护	现场施工机械设备降低噪声、防扰民措施费用
	水泥和其他易飞扬细颗粒建筑材料密闭存放或采取覆盖措施等费用
	工程防扬尘洒水费用
	土石方、建筑弃渣外运车辆防护措施费用
	现场污染源的控制、生活垃圾清理外运、场地排水排污措施费用
	其他环境保护措施费用
文明施工	“五牌一图”费用
	现场围挡的墙面美化（包括内外墙粉刷、刷白、标语等）、压顶装饰费用
	现场厕所便槽刷白、贴面砖，水泥砂浆地面或地砖铺砌，建筑物内临时便溺设施费用
	其他施工现场临时设施的装饰装修、美化措施费用
	现场生活卫生设施费用
	符合卫生要求的饮水设备、淋浴、消毒等设施费用
	生活用洁净燃料费用
	防煤气中毒、防蚊虫叮咬等措施费用
	施工现场操作场地的硬化费用
	现场绿化费用、治安综合治理费用
	现场配备医药保健器材、物品费用和急救人员培训费用
	现场工人的防暑降温、电风扇、空调等设备及用电费用
	其他文明施工措施费用
安全施工	安全资料、特殊作业专项方案的编制，安全施工标志的购置及安全宣传费用
	“三宝”（安全帽、安全带、安全网）、“四口”（楼梯口、电梯井口、通道口、预留洞口）、“五临边”（阳台围边、楼板围边、屋面围边、槽坑围边、卸料平台两侧），水平防护架、垂直防护架、外架封闭等防护费用
	施工安全用电的费用，包括配电箱三级配电、两级保护装置要求、外电防护措施费用
	起重机、塔吊等起重设备（含井架、门架）和外用电梯的安全防护措施（含警示标志）及卸料平台的临边防护、层间安全门、防护棚等设施费用
	建筑工地起重机械的检验检测费用

续表 3.2.1

项目名称	工作内容及包含范围
安全施工	施工机具防护棚及其围栏的安全保护设施费用
	施工安全防护通道费用
	工人的安全防护用品、用具购置费用
	消防设施与消防器材的配置费用
	电气保护、安全照明设施费
	其他安全防护措施费用
临时设施	施工现场采用彩色、定型钢板，砖、混凝土砌块等围挡的安砌、维修、拆除费用
	施工现场临时建筑物、构筑物的搭设、维修、拆除，如临时宿舍、办公室、食堂、厨房、厕所、诊疗所、临时文化福利用房、临时仓库、加工厂、搅拌台、临时简易水塔、水池等费用
	施工现场临时设施的搭设、维修、拆除，如临时供水管道、临时供电管线、小型临时设施等费用
	施工现场规定范围内临时简易道路铺设，临时排水沟、排水设施安砌、维修、拆除费用
	其他临时设施搭设、维修、拆除费用

（2）夜间施工增加费：夜间施工增加费是指因夜间施工所发生的夜班补助费、夜间施工降效、夜间施工照明设备摊销及照明用电等措施费用。内容由以下各项组成：

1）夜间固定照明灯具和临时可移动照明灯具的设置、拆除费用。

2）夜间施工时，施工现场交通标志、安全标牌、警示灯的设置、移动、拆除费用。

3）夜间照明设备摊销及照明用电、施工人员夜班补助、夜间施工劳动效率降低等费用。

（3）非夜间施工照明费：非夜间施工照明费是指为保证工程施工正常进行，在地下室等特殊施工部位施工时所采用的照明设备的安拆、维护及照明用电等费用。

（4）二次搬运费：二次搬运费是指因施工管理需要或因场地狭小等原因，导致建筑材料、设备等不能一次搬运到位，必须发生的二次或以上搬运所需的费用。

（5）冬雨季施工增加费：冬雨季施工增加费是指因冬雨季天气原因导致施工效率降低加大投入而增加的费用，以及为确保冬雨季施工质量和安全而采取的保温、防雨等措施所需的费用。内容由以下各项组成：

1）冬雨（风）季施工时增加的临时设施（防寒保温、防雨、防风设施）的搭设、拆除费用。

2）冬雨（风）季施工时，对砌体、混凝土等采用的特殊加温、保温和养护措施费用。

3）冬雨（风）季施工时，施工现场的防滑处理、对影响施工的雨雪的清除费用。

4）冬雨（风）季施工时增加的临时设施、施工人员的劳动保护用品、冬雨（风）季施工劳动效率降低等费用。

（6）地上、地下设施和建筑物的临时保护设施费：在工程施工过程中，对已建成的地上、地下设施和建筑物进行的遮盖、封闭、隔离等必要保护措施所发生的费用。

（7）已完工程及设备保护费：竣工验收前，对已完工程及设备采取的覆盖、包裹、封闭、隔离等必要保护措施所发生的费用。

（8）脚手架费：脚手架费是指施工需要的各种脚手架搭、拆、运输费用以及脚手架购置费的摊销（或租赁）费用。通常包括以下内容：

1）施工时可能发生的场内、场外材料搬运费用。

2）搭、拆脚手架、斜道、上料平台费用。

3）安全网的铺设费用。

4）拆除脚手架后材料的堆放费用。

（9）混凝土模板及支架（撑）费：混凝土施工过程中需要的各种钢模板、木模板、支架等的支拆、运输费用及模板、支架的摊销（或租赁）费用。内容由以下各项组成：

1）混凝土施工过程中需要的各种模板制作费用。

2）模板安装、拆除、整理堆放及场内外运输费用。

3）清理模板黏结物及模内杂物、刷隔离剂等费用。

（10）垂直运输费：垂直运输费是指现场所用材料、机具从地面运至相应高度以及职工人员上下工作面等所发生的运输费用。内容由以下各项组成：

1）垂直运输机械的固定装置、基础制作、安装费。

2）行走式垂直运输机械轨道的铺设、拆除、摊销费。

（11）超高施工增加费：当单层建筑物檐口高度超过 20m，多层建筑物超过 6 层时，可计算超高施工增加费，内容由以下各项组成：

1）建筑物超高引起的人工工效降低以及由于人工工效降低引起的机械降效费。

2）高层施工用水加压水泵的安装、拆除及工作台班费。

3）通信联络设备的使用及摊销费。

（12）大型机械设备进出场及安拆费：机械整体或分体自停放场地运至施工现场或由一个施工地点运至另一个施工地点，所发生的机械进出场运输和转移费用及机械在施工现场进行安装、拆卸所需的人工费、材料费、机具费、试运转费和安装所需的辅助设施的费用。内容由安拆费和进出场费组成：

1）安拆费包括施工机械、设备在现场进行安装拆卸所需人工、材料、机具和试运转费用以及机械辅助设施的折旧、搭设、拆除等费用。

2）进出场费包括施工机械、设备整体或分体自停放地点运至施工现场或由一个施工地点运至另一个施工地点所发生的运输、装卸、辅助材料等费用。

（13）施工排水、降水费：施工排水、降水费是指将施工期间有碍施工作业和影响工程质量的水，排到施工场地以外，以及防止在地下水位较高的地区开挖深基坑出现基坑浸水，地基承载力下降，在动水压力作用下还可能引起流砂、管涌和边坡失稳等现象而必须采取有效的降水和排水措施费用。该项费用由成井和排水、降水两个独立的费用项目组成：

1）成井的费用主要包括：①准备钻孔机械、埋设护筒、钻机就位，泥浆制作、固壁，成孔、出渣、清孔等费用；②对接上、下井管（滤管），焊接，安防，下滤料，洗井，连接试抽等费用。

2）排水、降水的费用主要包括：①管道安装、拆除，场内搬运等费用；②抽水、值班、降水设备维修等费用。

（14）其他：根据项目的专业特点或所在地区不同，可能会出现其他的措施项目。如工程定位复测费和特殊地区施工增加费等。

2. 措施项目费的计算

按照有关专业工程量计算规范规定，措施项目分为应予计量的措施项目和不宜计量的措施项目两类。

（1）应予计量的措施项目：基本与分部分项工程费的计算方法相同。

$$措施项目费=\sum（措施项目工程量\times综合单价） \quad (3.2.12)$$

不同的措施项目其工程量的计算单位是不同的，分列如下：

1）脚手架费通常按建筑面积或垂直投影面积以“m^2”计算。

2）混凝土模板及支架（撑）费通常是按照模板与现浇混凝土构件的接触面积以“m^2”计算。

3）垂直运输费可根据不同情况用两种方法进行计算：①按照建筑面积以“m^2”为单位计算；②按照施工工期日历天数以“天”为单位计算。

4）超高施工增加费通常按照建筑物超高部分的建筑面积以“m^2”为单位计算。

5）大型机械设备进出场及安拆费通常按照机械设备的使用数量以“台次”为单位计算。

6）施工排水、降水费分两个不同的独立部分计算：①成井费用通常按照设计图示尺寸以钻孔深度按“m”计算；②排水、降水费用通常按照排、降水日历天数以“昼夜”计算。

（2）不宜计量的措施项目：对于不宜计量的措施项目，通常用计算基数乘以费率的方法予以计算。

1）安全文明施工费：

$$安全文明施工费=计算基数\times安全文明施工费费率（\%） \quad (3.2.13)$$

计算基数应为定额基价（定额分部分项工程费+定额中可以计量的措施项目费）、定额人工费或定额人工费与施工机具使用费之和，其费率由工程造价管理机构根据各专业工程的特点综合确定。

2）其余不宜计量的措施项目：包括夜间施工增加费，非夜间施工照明费，二次搬运费，冬雨季施工增加费，地上、地下设施和建筑物的临时保护设施费，已完工程及设备保护费等。计算公式为：

$$措施项目费=计算基数\times措施项目费费率（\%） \quad (3.2.14)$$

式（3.2.14）中的计算基数应为定额人工费或定额人工费与定额施工机具使用费之和，其费率由工程造价管理机构根据各专业工程特点和调查资料综合分析后确定。

（三）其他项目费

1. 暂列金额

暂列金额是指建设单位在工程量清单中暂定并包括在工程合同价款中的一笔款项。用于施工合同签订时尚未确定或者不可预见的所需材料、工程设备、服务的采购，施工中可能发生的工程变更、合同约定调整因素出现时的工程价款调整以及发生的索赔、现场签证确认等的费用。

暂列金额由建设单位根据工程特点，按有关计价规定估算，施工过程中由建设单位掌握使用，扣除合同价款调整后如有余额，归建设单位。

2. 计日工

计日工是指在施工过程中，施工单位完成建设单位提出的工程合同范围以外的零星项目或工作，按照合同中约定的单价计价形成的费用。

计日工由建设单位和施工单位按施工过程中形成的有效签证来计价。

3. 总承包服务费

总承包服务费是指总承包人为配合、协调建设单位进行的专业工程发包，对建设单位自行采购的材料、工程设备等进行保管以及施工现场管理、竣工资料汇总整理等服务所需的费用。

总承包服务费由建设单位在招标控制价中根据总包范围和有关计价规定编制，施工单位投标时自主报价，施工过程中按签约合同价执行。

（四）规费和税金

规费和税金的构成和计算与按费用构成要素划分建筑安装工程费用项目组成部分是相同的。

第三节　设备及工器具购置费用

设备及工、器具购置费用是由设备购置费和工具、器具及生产家具购置费组成的，它是固定资产投资中的积极部分。在生产性工程建设中，设备及工、器具购置费用占工程造价比重的增大，意味着生产技术的进步和资本有机构成的提高。

一、设备购置费的构成和计算

设备购置费是指购置或自制的达到固定资产标准的设备、工器具及生产家具等所需的费用。它由设备原价和设备运杂费构成。

设备购置费＝设备原价＋设备运杂费　　(3.3.1)

式中，设备原价指国内采购设备的出厂（场）价格，或国外采购设备的抵岸价格，设备原价通常包含备品备件费在内；设备运杂费指除设备原价之外的关于设备采购、运输、途中包装及仓库保管等方面支出费用的总和。

（一）国产设备原价的构成及计算

国产设备原价一般指的是设备制造厂的交货价或订货合同价，即出厂（场）价格。它一般根据生产厂或供应商的询价、报价、合同价确定，或采用一定的方法计算确定。国产设备原价分为国产标准设备原价和国产非标准设备原价。

1. 国产标准设备原价

国产标准设备是指按照主管部门颁布的标准图纸和技术要求，由国内设备生产厂批量生产的，符合国家质量检测标准的设备。国产标准设备一般有完善的设备交易市场，因此可通过查询相关交易市场价格或向设备生产厂家询价得到国产标准设备原价。

2. 国产非标准设备原价

国产非标准设备是指国家尚无定型标准，各设备生产厂不可能在工艺过程中采用批量生产，只能按订货要求，并根据具体的设计图纸制造的设备。非标准设备由于单件生产、无定型标准，所以无法获取市场交易价格，只能按其成本构成或相关技术参数估算其价格。非标准设备原价有多种不同的计算方法，如成本计算估价法、系列设备插入估价法、分部组合估价法、定额估价法等。但无论采用哪种方法都应该使非标准设备计价接近实际出厂价，并且计算方法要简便。成本计算估价法是一种比较常用的估算非标准设备原价的方法。按成本计算估价法，非标准设备的原价由以下各项组成：

（1）材料费：

材料费＝材料净重×（1＋加工损耗系数）×每吨材料综合价　　（3.3.2）

（2）加工费：包括生产工人工资和工资附加费、燃料动力费、设备折旧费、车间经费等。其计算公式如下：

加工费＝设备总质量（t）×设备每吨加工费　　（3.3.3）

（3）辅助材料费（简称辅材费）：包括焊条、焊丝、氧气、氩气、氮气、油漆、电石等费用。其计算公式如下：

辅助材料费＝设备总质量×辅助材料费指标　　（3.3.4）

（4）专用工具费：按（1）～（3）项之和乘以一定百分比计算。

（5）废品损失费：按（1）～（4）项之和乘以一定百分比计算。

（6）外购配套件费：按设备设计图纸所列的外购配套件的名称、型号、规格、数量、质量，根据相应的价格加运杂费计算。

（7）包装费：按以上（1）～（6）项之和乘以一定百分比计算。

（8）利润：可按（1）～（5）项加第（7）项之和乘以一定利润率计算。

（9）税金：主要指增值税，通常是指设备制造厂销售设备时向购入设备方收取的销项税额。计算公式为：

当期销项税额＝销售额×适用增值税率　　（3.3.5）

销售额为（1）～（8）项之和。

（10）非标准设备设计费：按国家规定的设计费收费标准计算。

综上所述，单台非标准设备原价可用下面的公式表达：

单台非标准设备原价＝{[(材料费＋加工费＋辅助材料费)×(1＋专用工具费率)×(1＋废品损失费率)＋外购配套件费]×(1＋包装费率)－外购配套件费}×(1＋利润率)＋外购配套件费＋销项税额＋非标准设备设计费　（3.3.6）

（二）进口设备原价的构成及计算

进口设备的原价是指进口设备的抵岸价，即设备抵达买方边境、港口或车站，交纳完各种手续费、税费后形成的价格。抵岸价通常是由进口设备到岸价（CIF）和进口从属费构成。进口设备的到岸价，即设备抵达买方边境港口或边境车站所形成的价格。在国际贸易中，交易双方所使用的交货类别不同，则交易价格的构成内容也有所差异。进口设备从属费用是指进口设备在办理进口手续过程中发生的应计入设备原价的银行财务费、外贸手续费、进口关税、消费税、进口环节增值税等，进口车辆还需缴纳车辆购置税。

1. 进口设备的交易价格

在国际贸易中，较为广泛使用的交易价格术语有 FOB、CFR 和 CIF。

（1）FOB 即 Free on Board，意为装运港船上交货，亦称为离岸价格。FOB 术语是指当货物在装运港被装上指定船时，卖方即完成交货义务。风险转移，以在指定的装运港货物被装上指定船时为分界点。费用划分与风险转移的分界点相一致。

在 FOB 交货方式下，卖方的基本义务有：在合同规定的时间或期限内，在装运港按照习惯方式将货物交到买方指派的船上，并及时通知买方；自负风险和费用，取得出口许可证或其他官方批准证件，在需要办理海关手续时，办理货物出口所需的一切海关手续；承担货物在装运港装上船之前的一切费用和风险；向买方提供商业发票和证明货物已交至船上的装运单据或具有同等效力的电子单证。买方的基本义务有：负责租船或订舱，支付运费，按时派船到合同约定的装运港接运货物，并将船期、船名及装船地点及时通知卖方；负担货物在装运港装上船后的各种费用以及货物灭失或损坏的一切风险；自负风险和费用取得进口许可证或其他官方文件，在需要办理海关手续时，办理货物进口以及经由他国过境的一切海关手续，并对付有关费用及过境费；接受卖方提供的各种单据，受领货物，并按合同规定支付货款。

（2）CFR 即 Cost and Freight，意为成本加运费，或称之为运费在内价。CFR 是指在装运港货物被装上指定船时卖方即完成交货，卖方必须支付将货物运至指定的目的港所需的运费和费用，但交货后货物灭失或损坏的风险，以及由于各种事件造成的任何额外费用，即由卖方转移到买方。与 FOB 价格相比，CFR 的费用划分与风险转移的分界点是不一致的。

在 CFR 交货方式下，卖方的基本义务有：自负风险和费用，取得出口许可证或其他官方批准的证件，在需要办理海关手续时，办理货物出口所需的一切海关手续；提供合同规定的货物，负责订立运输合同，并租船订舱，在合同规定的装运港和规定的期限内，将货物装上船并及时通知买方，支付运至目的港的运费；承担货物在装运港装上船之前的一切费用和风险；向买方提供正式有效的运输单据、发票或具有同等效力的电子单证。买方的基本义务有：自负风险和费用，取得进口许可证或其他官方批准的证件，在需要办理海关手续时，办理货物进口以及必要时经由另一国过境的一切海关手续，并支付有关费用及过境费；负担货物在装运港装上船后的一切费用和风险；接受卖方提供的有关单据，受领货物，并按合同规定支付货款；支付除运费以外的有关货物在运输途中所产生的各项费用以及包括驳运费和码头费在内的卸货费。

（3）CIF 即 Cost Insurance and Freight，意为成本加保险费、运费，习惯称到岸价格。在 CIF 术语中，卖方除负有与 CFR 相同的义务外，还应办理货物在运输途中最低险别的海运保险，并应支付保险费。如买方需要更高的保险险别，则需要与卖方明确地达成协议，或者自行做出额外的保险安排。除保险这项义务之外，买方的义务与 CFR 相同。

2. 进口设备到岸价的构成及计算

进口设备到岸价的计算公式如下：

进口设备到岸价（CIF）＝离岸价格（FOB）＋国际运费＋运输保险费

＝运费在内价（CFR）＋运输保险费　　（3.3.7）

（1）货价：一般指装运港船上交货价（FOB）。设备货价分为原币货价和人民币货价。原币货价一律折算为美元表示，人民币货价按原币货价乘以外汇市场美元兑换人民币汇率中间价确定。进口设备货价按有关生产厂商询价、报价、订货合同价计算。

（2）国际运费：即从装运港（站）到达我国目的港（站）的运费。我国进口设备大部分采用海洋运输，小部分采用铁路运输，个别采用航空运输。进口设备国际运费计算公式为：

国际运费（海、陆、空）＝原币货价（FOB）×运费率　　（3.3.8）

或国际运费（海、陆、空）＝运量×单位运价　　（3.3.9）

其中，运费率或单位运价参照有关部门或进出口公司的规定执行。

（3）运输保险费：对外贸易货物运输保险是由保险人（保险公司）与被保险人（出口人

或进口人）订立保险契约，在被保险人交付议定的保险费后，保险人根据保险契约的规定对货物在运输过程中发生的承保责任范围内的损失给予经济上的补偿。这是一种财产保险。计算公式为：

$$运输保险费=\frac{原币货价（FOB）+国际运费}{1-保险费率}\times 保险费率 \tag{3.3.10}$$

其中，保险费率按保险公司规定的进口货物保险费率计算。

3. 进口从属费的构成及计算

$$进口从属费=银行财务费+外贸手续费+关税+消费税+进口环节增值税+车辆购置税 \tag{3.3.11}$$

（1）银行财务费：一般是指在国际贸易结算中，中国银行为进出口商提供金融结算服务所收取的费用，可按下式简化计算：

$$银行财务费=离岸价格（FOB）\times 人民币外汇汇率\times 银行财务费率 \tag{3.3.12}$$

（2）外贸手续费：指按对外经济贸易部门规定的外贸手续费率计取的费用，外贸手续费率一般取1.5%。计算公式为：

$$外贸手续费=到岸价格（CIF）\times 人民币外汇汇率\times 外贸手续费率 \tag{3.3.13}$$

（3）关税：由海关对进出国境或关境的货物和物品征收的一种税。计算公式为：

$$关税=到岸价格（CIF）\times 人民币外汇汇率\times 进口关税税率 \tag{3.3.14}$$

到岸价格作为关税的计征基数时，通常又可称为关税完税价格。进口关税税率分为优惠和普通两种。优惠税率适用于与我国签订关税互惠条款的贸易条约或协定的国家的进口设备；普通税率适用于与我国未签订关税互惠条款的贸易条约或协定的国家的进口设备。进口关税税率按我国海关总署发布的进口关税税率计算。

（4）消费税：仅对部分进口设备（如轿车、摩托车等）征收。一般计算公式为：

$$应纳消费税税额=\frac{到岸价格（CIF）\times 人民币外汇汇率+关税}{1-消费税税率}\times 消费税税率 \tag{3.3.15}$$

其中，消费税税率根据规定的税率计算。

（5）进口环节增值税：是对从事进口贸易的单位和个人，在进口商品报关进口后征收的税种。我国增值税征收条例规定，进口应税产品均按组成计税价格和增值税税率直接计算应纳税额，即：

$$进口环节增值税额=组成计税价格\times 增值税税率 \tag{3.3.16}$$

$$组成计税价格=关税完税价格+关税+消费税 \tag{3.3.17}$$

增值税税率根据规定的税率计算。

（6）车辆购置税：进口车辆需缴进口车辆购置税。其公式如下：

$$进口车辆购置税=（关税完税价格+关税+消费税）\times 车辆购置税率 \tag{3.3.18}$$

（三）设备运杂费的构成及计算

1. 设备运杂费的构成

设备运杂费是指国内采购设备自来源地、国外采购设备自到岸港运至工地仓库或指定堆放地点发生的采购、运输、运输保险、保管、装卸等费用。通常由下列各项构成：

（1）运费和装卸费：国产设备由设备制造厂交货地点起至工地仓库（或施工组织设计指

定的需要安装设备的堆放地点）止所发生的运费和装卸费；进口设备由我国到岸港口或边境车站起至工地仓库（或施工组织设计指定的需安装设备的堆放地点）止所发生的运费和装卸费。

（2）包装费：在设备原价中没有包含的，为运输而进行的包装支出的各种费用。

（3）设备供销部门的手续费：按有关部门规定的统一费率计算。

（4）采购与仓库保管费：指采购、验收、保管和收发设备所发生的各种费用，包括设备采购人员、保管人员和管理人员的工资、工资附加费、办公费、差旅交通费，设备供应部门办公和仓库所占固定资产使用费、工具用具使用费、劳动保护费、检验试验费等。这些费用可按主管部门规定的采购与保管费费率计算。

2. 设备运杂费的计算

设备运杂费按设备原价乘以设备运杂费率计算，其公式为：

$$设备运杂费=设备原价\times设备运杂费率 \tag{3.3.19}$$

其中，设备运杂费率按各部门及省、市有关规定计取。

二、工具、器具及生产家具购置费的构成和计算

工具、器具及生产家具购置费，是指新建或扩建项目初步设计规定的，保证初期正常生产必须购置的没有达到固定资产标准的设备、仪器、工卡模具、器具、生产家具和备品备件等的购置费用。一般以设备购置费为计算基数，按照部门或行业规定的工具、器具及生产家具费率计算。计算公式为：

$$工具、器具及生产家具购置费=设备购置费\times定额费率 \tag{3.3.20}$$

第四节　工程建设其他费用

工程建设其他费用，是指建设期发生的与土地使用权取得、整个工程项目建设以及未来生产经营有关的构成建设投资但不包括在工程费用中的费用。工程建设其他费用分为三类：第一类指土地使用权购置或取得的费用；第二类指与整个工程建设有关的各类其他费用；第三类指与未来企业生产经营有关的其他费用。

一、建设用地费

任何一个建设项目都固定于一定地点与地面相连接，必须占用一定量的土地，也就必然要发生为获得建设用地而支付的费用，这就是建设用地费。建设用地费是指为获得工程项目建设土地的使用权而在建设期内发生的各项费用。包括通过划拨方式取得土地使用权而支付的土地征用及迁移补偿费，或者通过土地使用权出让方式取得土地使用权而支付的土地使用权出让金。

（一）建设用地取得的基本方式

建设用地的取得，实质是依法获取国有土地的使用权。根据《中华人民共和国土地管理法》《中华人民共和国土地管理法实施条例》《中华人民共和国城市房地产管理法》规定，获取国有土地使用权的基本方式有两种：一是出让方式，二是划拨方式。建设土地取得的基本方式还包括租赁和转让方式。

1. 通过出让方式获取国有土地使用权

国有土地使用权出让，是指国家将国有土地使用权在一定年限内出让给土地使用者，由土地使用者向国家支付土地使用权出让金的行为。土地使用权出让最高年限按下列用途确定：

（1）居住用地70年。

（2）工业用地50年。

（3）教育、科技、文化、卫生、体育用地50年。

（4）商业、旅游、娱乐用地40年。

（5）综合或者其他用地50年。

通过出让方式获取土地使用权又可以分成两种具体方式：一是通过招标、拍卖、挂牌等竞争出让方式获取国有土地使用权，二是通过协议出让方式获取国有土地使用权。

通过竞争出让方式获取国有土地使用权。按照国家相关规定，工业（包括仓储用地，但不包括采矿用地）、商业、旅游、娱乐和商品住宅等各类经营性用地，必须以招标、拍卖或者挂牌方式出让；上述规定以外用途的土地的供地计划公布后，同一宗地有两个以上意向用地者的，也应当采用招标、拍卖或者挂牌方式出让。

通过协议出让方式获取国有土地使用权。按照国家相关规定，出让国有土地使用权，除依照法律、法规和规章的规定应当采用招标、拍卖或者挂牌方式外，方可采取协议方式。以协议方式出让国有土地使用权的出让金不得低于按国家规定所确定的最低价。协议出让底价不得低于拟出让地块所在区域的协议出让最低价。

2. 通过划拨方式获取国有土地使用权

国有土地使用权划拨，是指县级以上人民政府依法批准，在土地使用者缴纳补偿、安置等费用后将该幅土地交付其使用。或者将土地使用权无偿交付给土地使用者使用的行为。

国家对划拨用地有着严格的规定，下列建设用地，经县级以上人民政府依法批准，可以以划拨方式取得：

（1）国家机关用地和军事用地。

（2）城市基础设施用地和公益事业用地。

（3）国家重点扶持的能源、交通、水利等基础设施用地。

（4）法律、行政法规规定的其他用地。

依法以划拨方式取得土地使用权的，除法律、行政法规另有规定外，没有使用期限的限制。因企业改制、土地使用权转让或者改变土地用途等不再符合目录要求的，应当实行有偿使用。

（二）建设用地取得的费用

建设用地如通过行政划拨方式取得，则须承担征地补偿费用或对原用地单位或个人的拆迁补偿费用；若通过市场机制取得，则不但承担以上费用，还须向土地所有者支付有偿使用费，即土地出让金。

1. 征地补偿费

建设征用土地费用由以下几个部分构成：

（1）土地补偿费：土地补偿费是对农村集体经济组织因土地被征用而造成的经济损失的一种补偿。征用耕地的补偿费，为该耕地被征用前三年平均年产值的6～10倍。征用其他土地的补偿费标准，由省、自治区、直辖市参照征用耕地的土地补偿费制定。土地补偿费归农村集体经济组织所有。

（2）青苗补偿费和地上附着物补偿费：青苗补偿费是因征地时对其正在生长的农作物受到损害而做出的一种赔偿。在农村实行承包责任制后，农民自行承包土地的青苗补偿费应付给本人，属于集体种植的青苗补偿费可纳入当年集体收益。凡在协商征地方案后抢种的农作物、树木等，一律不予补偿。地上附着物是指房屋、水井、树木、涵洞、桥梁、公路、水利设施、林木等地面建筑物、构筑物、附着物等。视协商征地方案前地上附着物价值与折旧情况确定，应根据“拆什么、补什么；拆多少，补多少，不低于原来水平”的原则确定。如附着物产权属个人，则该项补助费付给个人。地上附着物的补偿标准，由省、自治区、直辖市规定。

（3）安置补助费：安置补助费应支付给被征地单位和安置劳动力的单位，作为劳动力安置与培训的支出，以及作为不能就业人员的生活补助。征收耕地的安置补助费，按照需要安置的农业人口数计算。需要安置的农业人口数，按照被征收的耕地数量除以征地前被征收单位平均每人占有耕地的数量计算。每一个需要安置的农业人口的安置补助费标准，为该耕地被征收前三年平均年产值的4～6倍。但是，每公顷被征收耕地的安置补助费，最高不得超过被征收前三年平均年产值的15倍。土地补偿费和安置补助费，尚不能使需要安置的农民保持原有生活水平的，经省、自治区、直辖市人民政府批准，可以增加安置补助费。但是，土地补偿费和安置补助费的总和不得超过土地被征收前三年平均年产值的30倍。

（4）新菜地开发建设基金：新菜地开发建设基金指征用城市郊区商品菜地时支付的费用。这项费用交给地方财政，作为开发建设新菜地的投资。菜地是指城市郊区为供应城市居民蔬菜，连续3年以上常年种菜地或者养殖鱼、虾等的商品菜地和精养鱼塘。一年只种一茬或因调整茬口安排种植蔬菜的，均不作为需要收取开发基金的菜地。征用尚未开发的规划菜地，不缴纳新菜地开发建设基金。在蔬菜产销放开后，能够满足供应，不再需要开发新菜地的城市，不收取新菜地开发基金。

（5）耕地占用税：耕地占用税是对占用耕地建房或者从事其他非农业建设的单位和个人征收的一种税收，目的是合理利用土地资源、节约用地，保护农用耕地。耕地占用税征收范围，不仅包括占用耕地，还包括占用鱼塘、园地、菜地及其农业用地建房或者从事其他非农业建设，均按实际占用的面积和规定的税额一次性征收。其中，耕地是指用于种植农作物的土地。占用前三年曾用于种植农作物的土地也视为耕地。

（6）土地管理费：土地管理费主要作为征地工作中所发生的办公、会议、培训、宣传、差旅、借用人员工资等必要的费用。土地管理费的收取标准，一般是在土地补偿费、青苗费、地面附着物补偿费、安置补助费四项费用之和的基础上提取2%～4%。如果是征地包干，还应在四项费用之和后再加上粮食价差、副食补贴、不可预见费等费用，在此基础上提取2%～4%作为土地管理费。

2. 拆迁补偿费用

在城市规划区内国有土地上实施房屋拆迁，拆迁人应当对被拆迁人给予补偿、安置。

（1）拆迁补偿：拆迁补偿的方式可以实行货币补偿，也可以实行房屋产权调换。

货币补偿的金额，根据被拆迁房屋的区位、用途、建筑面积等因素，以房地产市场评估价格确定。具体办法由省、自治区、直辖市人民政府制定。

实行房屋产权调换的，拆迁人与被拆迁人按照计算得到的被拆迁房屋的补偿金额和所调换房屋的价格，结清产权调换的差价。

（2）搬迁、安置补助费：拆迁人应当对被拆迁人或者房屋承租人支付搬迁补助费，对于在规定的搬迁期限届满前搬迁的，拆迁人可以付给提前搬家奖励费；在过渡期限内，被拆迁人或者房屋承租人自行安排住处的，拆迁人应当支付临时安置补助费；被拆迁人或者房屋承租人使用拆迁人提供的周转房的，拆迁人不支付临时安置补助费。

搬迁补助费和临时安置补助费的标准，由省、自治区、直辖市人民政府规定。有些地区规定，拆除非住宅房屋，造成停产、停业引起经济损失的，拆迁人可以根据被拆除房屋的区位和使用性质，按照一定标准给予一次性停产停业综合补助费。

3. 出让金、土地转让金

土地使用权出让金为用地单位向国家支付的土地所有权收益，出让金标准一般参考城市基准地价并结合其他因素制定。基准地价由市土地管理局会同市物价局、市国有资产管理局、市房地产管理局等部门综合平衡后报市级人民政府审定通过，它以城市土地综合定级为基础，用某一地价或地价幅度表示某一类别用地在某一土地级别范围的地价，以此作为土地使用权出让价格的基础。

在有偿出让和转让土地时，政府对地价不做统一规定，但应坚持以下原则：即地价对目前的投资环境不产生大的影响；地价与当地的社会经济承受能力相适应；地价要考虑已投入的土地开发费用、土地市场供求关系、土地用途、所在区类、容积率和使用年限等。有偿出让和转让使用权，要向土地受让者征收契税；转让土地如有增值，要向转让者征收土地增值税；土地使用者每年应按规定的标准缴纳土地使用费。土地使用权出让或转让，应先由地价评估机构进行价格评估后，再签订土地使用权出让和转让合同。

土地使用权出让合同约定的使用年限届满，土地使用者需要继续使用土地的，应当至迟于届满前一年申请续期，除根据社会公共利益需要收回该幅土地的，应当予以批准。经批准准予续期的，应当重新签订土地使用权出让合同，依照规定支付土地使用权出让金。

二、与项目建设有关的其他费用

（一）建设管理费

建设管理费是指建设单位为组织完成工程项目建设，在建设期内发生的各类管理性费用。

1. 建设管理费的内容

（1）建设单位管理费：是指建设单位发生的管理性质的开支。包括：工作人员工资、工资性补贴、施工现场津贴、职工福利费、住房基金、基本养老保险费、基本医疗保险费、失业保险费、工伤保险费，办公费、差旅交通费、劳动保护费、工具用具使用费、固定资产使用费、必要的办公及生活用品购置费、必要的通信设备及交通工具购置费、零星固定资产购置费、招募生产工人费、技术图书资料费、业务招待费、设计审查费、工程招标费、合同契约公证费、法律顾问费、工程咨询费、完工清理费、竣工验收费、印花税和其他管理性质开支。

（2）工程监理费：是指建设单位委托工程监理单位实施工程监理的费用。此项费用应按《国家发展改革委关于进一步放开建设项目专业服务价格的通知》（发改价格〔2015〕299号）规定，此项费用实行市场调节价。

（3）工程总承包管理费：如建设管理采用工程总承包方式，其总包管理费由建设单位与总包单位根据总包工作范围在合同中商定，从建设管理费中支出。

2. 建设单位管理费的计算

建设单位管理费按照工程费用之和（包括设备工器具购置费和建筑安装工程费用）乘以建设单位管理费费率计算。

$$建设单位管理费=工程费用\times建设单位管理费费率 \tag{3.4.1}$$

建设单位管理费费率按照建设项目的不同性质、不同规模确定。有的建设项目按照建设工期和规定的金额计算建设单位管理费。如采用监理，建设单位部分管理工作量转移至监理单位。监理费应根据委托的监理工作范围和监理深度在监理合同中商定；如建设单位采用工程总承包方式，其总包管理费由建设单位与总包单位根据总包工作范围在合同中商定，从建设管理费中支出。

（二）可行性研究费

可行性研究费是指在工程项目投资决策阶段，依据调研报告对有关建设方案、技术方案或生产经营方案进行的技术经济论证，以及编制、评审可行性研究报告所需的费用。此项费用应依据前期研究委托合同计列，按照《国家发展改革委关于进一步放开建设项目专业服务价格的通知》（发改价格〔2015〕299号）规定，此项费用实行市场调节价。

（三）研究试验费

研究试验费是指为建设项目提供或验证设计数据、资料等进行必要的研究试验及按照相关规定在建设过程中必须进行试验、验证所需的费用。包括自行或委托其他部门研究试验所需人工费、材料费、试验设备及仪器使用费等。这项费用按照设计单位根据本工程项目的需要提出的研究试验内容和要求计算。在计算时要注意不应包括以下项目：

（1）应由科技三项费用（即新产品试制费、中间试验费和重要科学研究补助费）开支的项目。

（2）应在建筑安装工程费用中列支的施工企业对建筑材料、构件和建筑物进行一般鉴定、检查所发生的费用及技术革新的研究试验费。

（3）应由勘察设计费或工程费用中开支的项目。

（四）勘察设计费

勘察设计费是指对工程项目进行工程水文地质勘察、工程设计所发生的费用。包括：工程勘察费、初步设计费（基础设计费）、施工图设计费（详细设计费）、设计模型制作费。按照《国家发展改革委关于进一步放开建设项目专业服务价格的通知》（发改价格〔2015〕299号）规定，此项费用实行市场调节价。

（五）专项评价及验收费

专项评价及验收费包括环境影响评价费、安全预评价及验收费、职业病危害预评价及控制效果评价费、地震安全性评价费、地质灾害危险性评级费、水土保持评价及验收费、压覆矿产资源评价费、节能评估及评审费、危险与可操作分析及安全完整性评价费以及其他专项评价及验收费。按照《国家发展改革委关于进一步放开建设项目专业服务价格的通知》（发改价格〔2015〕299号）规定，这些专项评价及验收费用均实行市场调节价。

1. 环境影响评价费

环境影响评价费是指在工程项目投资决策过程中，对其进行环境污染或影响评价所需的费用。包括编制与评估环境影响报告书（含大纲）、环境影响报告表等所需的费用，以及建设项目竣工验收阶段环境保护验收调查和环境监测、编制环境保护验收报告的费用。

2. 安全预评价及验收费

安全预评价及验收费是指为预测和分析建设项目存在的危害因素种类和危险危害程度，提出先进、科学、合理可行的安全技术和管理对策，而编制评价大纲、编写安全评价报告书和评估等所需的费用，以及在竣工阶段验收时所发生的费用。

3. 职业病危害预评价及控制效果评价费

职业病危害预评价及控制效果评价费是指建设项目因可能产生职业病危害，而编制职业病危害预评价书、职业病危害控制效果评价书和评估所需的费用。

4. 地震安全性评价费

地震安全性评价费是指通过对建设场地和场地周围的地震活动与地震、地质环境的分析，而进行的地震活动环境评价、地震地质构造评价、地震地质灾害评价，编制地震安全评价报告书和评估所需的费用。

5. 地质灾害危险性评价费

地质灾害危险性评价费是指在灾害易发区对建设项目可能诱发的地质灾害和建设项目本身可能遭受的地质灾害危险程度的预测评价，编制评价报告书和评估所需的费用。

6. 水土保持及验收费

水土保持及验收费是指对建设项目在生产建设过程中可能造成水土流失进行预测，编制水土保持方案和评估所需的费用，以及在施工期间的监测、竣工阶段验收时所发生的费用。

7. 压覆矿产资源评价费

压覆矿产资源评价费是指对需要压覆重要矿产资源的建设项目，编制压覆重要矿床评价和评估所需的费用。

8. 节能评估及评审费

节能评估及评审费是指对建设项目的能源利用是否科学合理进行分析评估，并编制节能评估报告以及评估所发生的费用。

9. 危险与可操作性分析及安全完整性评价费

危险与可操作性分析及安全完整性评价费是指对应用于生产具有流程性工艺特征的新建、改建、扩建项目进行工艺危害分析和对安全仪表系统的设置水平及可靠性进行定量评估所发生的费用。

10. 其他专项评价及验收费

其他专项评价及验收费是指根据国家法律法规，建设项目所在省、直辖市、自治区人民政府有关规定，以及行业规定需进行的其他专项评价、评估、咨询和验收所需的费用。如重大投资项目社会稳定风险评估、防洪评价等。

（六）场地准备及临时设施费

1. 场地准备及临时设施费的内容

（1）建设项目场地准备费是指为使工程项目的建设场地达到开工条件，由建设单位组织进行的场地平整等准备工作而发生的费用。

（2）建设单位临时设施费是指建设单位为满足工程项目建设、生活、办公的需要，用于临时设施建设、维修、租赁、使用所发生或摊销的费用。

2. 场地准备及临时设施费的计算

（1）场地准备及临时设施应尽量与永久性工程统一考虑。建设场地的大型土石方工程应进入工程费用中的总图运输费用中。

（2）新建项目的场地准备和临时设施费应根据实际工程量估算，或按工程费用的比例计算。改扩建项目一般只计拆除清理费。

场地准备和临时设施费＝工程费用×费率＋拆除清理费　　(3.4.2)

（3）发生拆除清理费时可按新建同类工程造价或主材费、设备费的比例计算。凡可回收材料的拆除工程采用以料抵工方式冲抵拆除清理费。

（4）此项费用不包括已列入建筑安装工程费用中的施工单位临时设施费用。

（七）引进技术和引进设备其他费

引进技术和引进设备其他费是指引进技术和设备发生的但未计入设备购置费中的费用。

（1）引进项目图纸资料翻译复制费、备品备件测绘费：可根据引进项目的具体情况计列或按引进货价（FOB）的比例估列；引进项目发生备品备件测绘费时按具体情况估列。

（2）出国人员费用：包括买方人员出国设计联络、出国考察、联合设计、监造、培训等所发生的差旅费、生活费等。依据合同或协议规定的出国人次、期限以及相应的费用标准计算。生活费按照财政部、外交部规定的现行标准计算，差旅费按中国民航公布的票价计算。

（3）来华人员费用：包括卖方来华工程技术人员的现场办公费用、往返现场交通费用、接待费用等。依据引进合同或协议有关条款及来华技术人员派遣计划进行计算。来华人员接待费用可按每人次费用指标计算。引进合同价款中已包括的费用内容不得重复计算。

（4）银行担保及承诺费：指引进项目由国内外金融机构出面承担风险和责任担保所发生的费用，以及支付贷款机构的承诺费用。应按担保或承诺协议计取，投资估算和概算编制时可以担保金额或承诺金额为基数乘以费率计算。

（八）工程保险费

工程保险费是指为转移工程项目建设的意外风险，在建设期内对建筑工程、安装工程、机械设备和人身安全进行投保而发生的费用。包括建筑安装工程一切险、引进设备财产保险和人身意外伤害险等。

根据不同的工程类别，分别以其建筑、安装工程费乘以建筑、安装工程保险费率计算。民用建筑（住宅楼、综合性大楼、商场、旅馆、医院、学校）占建筑工程费的2‰～4‰；其他建筑（工业厂房、仓库、道路、码头、水坝、隧道、桥梁、管道等）占建筑工程费的3‰～6‰；安装工程（农业、工业、机械、电子、电器、纺织、矿山、石油、化学及钢铁工业、钢结构桥梁）占建筑工程费的3‰～6‰。

（九）特殊设备安全监督检验费

特殊设备安全监督检验费是指安全监察部门对在施工现场组装的锅炉及压力容器、压力管道、消防设备、燃气设备、电梯等特殊设备和设施实施安全检验收取的费用。此项费用按照建设项目所在省（市、自治区）安全监察部门的规定标准计算。无具体规定的，在编制投资估算和概算时可按受检设备现场安装费的比例估算。

（十）城市基础设施建设费

城市基础设施建设费是指按城市总体规划要求，为筹集城市市政公用基础设施建设资金所收取的费用，该项费用的征收基数以批准的年度投资计划的建筑面积（包括地下建筑面积）为准，其专项用于城市基础设施和城市公用设施建设，包括城市道路、桥梁、公共交通、供水、燃气、污水处理、集中供热、园林、绿化、路灯、环境卫生等设施的建设。

三、与未来生产经营有关的其他费用

（一）联合试运转费

联合试运转费是指新建或新增加生产能力的工程项目，在交付生产前按照设计文件规定的工程质量标准和技术要求，对整个生产线或装置进行负荷联合试运转所发生的费用净支出（试运转支出大于收入的差额部分费用）。试运转支出包括试运转所需原材料、燃料及动力消耗、低值易耗品、其他物料消耗、工具用具使用费、机械使用费、保险金、施工单位参加试运转人员工资以及专家指导费等；试运转收入包括试运转期间的产品销售收入和其他收入。联合试运转费不包括应由设备安装工程费用开支的调试及试车费用，以及在试运转中暴露出来的因施工原因或设备缺陷等发生的处理费用。

（二）专利及专有技术使用费

专利及专有技术使用费是指在建设期内为取得专利、专有技术、商标权、商誉、特许经营权等发生的费用。

1. 专利及专有技术使用费的主要内容

（1）国外设计及技术资料费、引进有效专利、专有技术使用费和技术保密费。

（2）国内有效专利、专有技术使用费用。

（3）商标权、商誉和特许经营权费等。

2. 专利及专有技术使用费的计算

在专利及专有技术使用费的计算时应注意以下问题：

（1）按专利使用许可协议和专有技术使用合同的规定计列。

（2）专有技术的界定应以省、部级鉴定批准为依据。

（3）项目投资中只计算需在建设期支付的专利及专有技术使用费。协议或合同规定在生产期支付的使用费应在生产成本中核算。

（4）一次性支付的商标权、商誉及特许经营权费按协议或合同规定计列。协议或合同规定在生产期支付的商标权或特许经营权费应在生产成本中核算。

（5）为项目配套的专用设施投资，包括专用铁路线、专用公路、专用通信设施、送变电站、地下管道、专用码头等，如由项目建设单位负责投资但产权不归属本单位的，应做无形资产处理。

（三）生产准备及开办费

1. 生产准备及开办费的内容

在建设期内，建设单位为保证项目正常生产而发生的人员培训费、提前进厂费以及投产使用必备的办公、生活家具用具及工器具等的购置费用。

（1）人员培训费及提前进厂费包括自行组织培训或委托其他单位培训的人员工资、工资性补贴、职工福利费、差旅交通费、劳动保护费、学习资料费等。

（2）为保证初期正常生产（或营业、使用）所必需的生产办公、生活家具用具购置费。

2. 生产准备及开办费的计算

(1) 新建项目按设计定员为基数计算，改扩建项目按新增设计定员为基数计算：

生产准备费=设计定员×生产准备费指标（元/人） (3.4.3)

(2) 可采用综合的生产准备费指标进行计算，也可以按费用内容的分类指标计算。

第五节 预备费和建设期利息

一、预备费

预备费是指在建设期内因各种不可预见因素的变化而预留的可能增加的费用，包括基本预备费和价差预备费。

(一) 基本预备费

1. 基本预备费的内容

基本预备费是指在投资估算或设计概算阶段预留的，由于工程实施中不可预见的工程变更及洽商、一般自然灾害处理、地下障碍物处理、超规超限设备运输等可能增加的费用，亦可称为工程建设不可预见费。费用内容包括：

(1) 工程变更及洽商。在批准的初步设计范围内，技术设计、施工图设计及施工过程中所增加的工程费用；设计变更、材料代用、局部地基处理等增加的费用。

(2) 一般自然灾害处理。一般自然灾害造成的损失和预防自然灾害所采取措施的费用。实行工程保险的工程项目，该费用应适当降低。

(3) 竣工验收时为鉴定工程质量，对隐蔽工程进行必要的挖掘和修复的费用。

(4) 超规超限设备运输过程中可能增加的费用。

2. 基本预备费的计算

基本预备费一般是以建设项目的工程费用和工程建设其他费用之和为计取基础，乘以基本预备费率进行计算。

基本预备费=（工程费用+工程建设其他费用）×基本预备费费率 (3.5.1)

基本预备费率的大小，应根据建设项目的设计阶段和具体的设计深度，以及在估算中所采用的各项估算指标与设计内容的贴近度、项目所属行业主管部门的具体规定确定。

(二) 价差预备费

1. 价差预备费的内容

价差预备费是指为在建设期内利率、汇率或价格等因素的变化而预留的可能增加的费用，亦称为价格变动不可预见费。价差预备费的内容包括：人工、设备、材料、施工机具的价差费，建筑安装工程费及工程建设其他费用调整，利率、汇率调整等增加的费用。

2. 价差预备费的测算方法

价差预备费一般根据国家规定的投资综合价格指数，按估算年份价格水平的投资额为基数，采用复利方法计算。计算公式为：

$$PF = \sum_{t=1}^{n} I_t[(1+f)^m (1+f)^{0.5} (1+f)^{t-1} - 1] \quad (3.5.2)$$

式中　PF——价差预备费；

n——建设期年份数；

I_t——建设期中第 t 年的静态投资计划额，包括工程费用、工程建设其他费用及基本预备费；

f——年涨价率，政府部门有规定的按规定执行，没有规定的由可行性研究人员预测；

m——建设前期年限（从编制估算到开工建设），年。

【例 3.5.1】　某建设项目建安工程费 8000 万元，设备购置费 4500 万元，工程建设其他费用 3000 万元，已知基本预备费率 5%，项目建设前期年限为 1 年，建设期为 3 年，各年投资计划额为：第一年完成投资 30%，第二年 50%，第三年 20%。年均投资价格上涨率为 5%，求建设项目建设期间价差预备费。

解：基本预备费＝（8000＋4500＋3000）×5%＝775（万元）

投资额＝8000＋4500＋3000＋775＝16275（万元）

建设期第一年完成投资＝16275×30%＝4882.5（万元）

第一年价差预备费为＝I_1［$(1+f)(1+f)^{0.5}-1$］＝370.73（万元）

第二年完成投资＝16275×50%＝8137.5（万元）

第二年价差预备费＝I_2［$(1+f)(1+f)^{0.5}(1+f)-1$］＝1055.65（万元）

第三年完成投资＝16275×20%＝3255（万元）

第三年价差预备费为＝I_3［$(1+f)(1+f)^{0.5}(1+f)^2-1$］＝606.12（万元）

所以，建设期的价差预备费为：

PF＝370.73＋1055.65＋606.12＝3032.5（万元）

二、建设期利息

建设期利息是指为工程项目筹措资金时，在建设期内发生并按规定允许在投产后计入固定资产原值的债务资金利息及融资费用，亦称资本化利息，包括向国内银行和其他非银行金融机构贷款、出口信贷、外国政府贷款、国际商业银行贷款以及在境内外发行的债券等在建设期间应计的借款利息及手续费、承诺费、担保费、管理费等。

对于多种借款资金来源，每笔借款的年利率各不相同的项目，既可分别计算每笔借款的利息，也可先计算出各笔借款加权平均的年利率，并以此利率计算全部借款的利息。

建设期利息的计算，根据建设期资金用款计划，在总贷款分年均衡发放前提下，可按当年借款在年中支用考虑，即当年借款按半年计息，上年借款按全年计息。计算公式为：

$$q_j=\left(P_{j-1}+\frac{1}{2}A_j\right)\cdot i \qquad (3.5.3)$$

式中　q_j——建设期第 j 年应计利息；

P_{j-1}——建设期第（$j-1$）年末累计贷款本金与利息之和；

A_j——建设期第 j 年贷款金额；

i——年利率。

利用国外贷款的利息计算中，年利率应综合考虑贷款协议中向贷款方加收的手续费、管理费、承诺费，以及国内代理机构向贷款方收取的转贷费、担保费和管理费等。

【例 3.5.2】 某新建项目建设期为 3 年，分年均衡进行贷款，第一年贷款 600 万元，第二年贷款 900 万元，第三年贷款 500 万元，年利率为 6%，建设期内利息只计息不支付，计算建设期利息。

解： 在建设期，各年利息计算如下：

$$q_1=\frac{1}{2}A_1\cdot i=\frac{1}{2}\times600\times6\%=18\text{（万元）}$$

$$q_2=\left(P_1+\frac{1}{2}A_2\right)\cdot i=\left(600+18+\frac{1}{2}\times900\right)\times6\%=64.08\text{（万元）}$$

$$q_3=\left(P_2+\frac{1}{2}A_3\right)\cdot i=\left(618+900+64.08+\frac{1}{2}\times500\right)\times6\%=109.92\text{（万元）}$$

所以，建设期利息$=q_1+q_2+q_3=18+64.08+109.92=192$（万元）

第四章　工程计价方法及依据

第一节　工程计价方法

一、工程计价的含义及原理

工程计价是指按照法律、法规和标准规定的程序、方法和依据，对工程项目实施建设的各个阶段的工程造价及其构成内容进行预测和确定的行为。工程计价依据是指在工程计价活动中，所要依据的与计价内容、计价方法和价格标准相关的工程计量计价标准，工程计价定额及工程造价信息等。

简单地说，工程计价的基本原理就是工程项目的分解与组合。任何一个建设项目都可以分解为一个或几个单项工程，任何一个单项工程都是由一个或几个单位工程所组成。作为单位工程的各类建筑工程和安装工程仍然是一个比较复杂的综合实体，还需要进一步分解。单位工程可以按照结构部位、路段长度及施工特点或施工任务分解为分部工程。分解成分部工程后，从工程计价的角度，还需要把分部工程按照不同的施工方法、材料、工序及路段长度等，加以更为细致的分解，划分为更为简单细小的部分，即分项工程。这是既能够用较为简单的施工过程生产出来，又可以用适当的计量单位计算并便于测定的建设工程的基本构造要素，也称为“假定的建筑安装产品”，即是基本计价单元。

工程造价计价的主要思路就是将建设项目细分至最基本计价单元，找到了适当的计量单位及当时当地的单价，就可以采取一定的计价方法，对每一个计价单元即分项工程进行计价，然后分别组合成各个分部工程造价，由若干个分部工程造价再组合成各个单位工程造价，进而组合成每个单项工程造价，最终汇总成建设项目总造价。工程计价分解与组合的原理如图 4.1.1 所示。

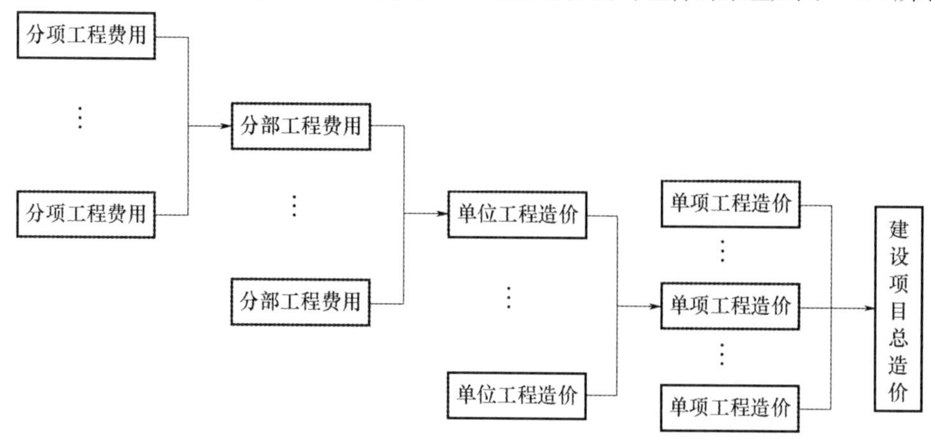

图 4.1.1　工程计价分解与组合原理示意图

二、工程计价的基本方法

工程计价的方法有多种，各有差异，但工程计价的基本过程和原理是相同的。从工程费用计算角度分析，工程造价计价的顺序是：分部分项工程造价→单位工程造价→单项工程造价→建设项目总造价。影响工程造价的主要因素是两个，即分部分项工程（基本计价单元）的实物工程量和工程单价，可用下列基本计算式表达：

$$工程造价=\sum_{i=1}^{n}(工程量\times工程单价)_i \quad (4.1.1)$$

式中 i——第 i 个工程子项；

n——工程结构分解得到的工程子项数。

可见，分部分项工程子目的单位价格高，工程造价就高；分部分项工程子目的实物工程量大，工程造价也就大。

所以工程计价就可分为工程计量和工程计价两个环节。

1. 工程计量

工程计量就是按照建设项目分解的基本计价单元图纸和工程量计算规则，对其实物工程量进行计算。工程计量是工程计价的基础，不同的计价依据有不同的计算规则规定。

2. 工程计价

工程计价就是对工程单价的确定，工程单价是指完成单位基本计价单元的工程量所需要的基本费用。工程单价包括工料机单价和综合单价。

（1）工料机单价：工料机单价主要适用于工程定额计价法。工料机单价仅包括人工、材料、机械台班使用费，是各种人工消耗量、各种材料消耗量、各类施工机械台班消耗量与其相应单价的乘积，即工料单价＝∑（人材机消耗量×人材机单价）。至于人工、材料、机械资源要素消耗量定额，它是工程计价的重要依据，与劳动生产率、社会生产力水平、技术和管理水平密切相关。发包人工程计价的定额反映的是社会平均生产力水平，而承包人进行计价的定额反映的是该企业技术与管理水平。资源要素的价格是影响工程造价的关键因素。在市场经济体制下，工程计价时采用的资源要素的价格是市场价格。

（2）综合单价：综合单价主要适用于工程量清单计价法。综合单价除包括人工、材料、机械台班使用费外，还包括企业管理费、利润和以及一定范围的风险费用，而规费和税金，是在求出单位工程分部分项工程费、措施项目费和其他项目费后再统一计取，最后汇总得出单位工程造价。

三、工程定额计价法

1. 第一阶段：收集资料

（1）设计图纸：要求成套完整，附带说明书以及必需的通用设计图。在计价前要完成设计交底和图纸会审程序。

（2）现行计价依据、材料单价、人工工资标准、施工机械台班使用定额以及有关费用调整的文件等。

（3）工程协议或合同。

（4）施工组织设计（施工方案）或技术组织措施等。

（5）工程计价手册：如各种材料手册、常用计算公式和数据、概算指标等各种资料。

2. 第二阶段：熟悉图纸和现场

（1）熟悉图纸。看图计量是计价的基本工作，只有看懂图纸和熟悉图纸后，才能对工程内容、结构特征、技术要求有清晰的概念，才能在计价时做到项目全、计量准、速度快。因此，在计价之前，应该留有一定时间，专门用来阅读图纸，特别是一些大型复杂民用建筑，如果在没有弄清图纸之前，就急于下手计算，常常会徒劳无益，欲速而不达。阅读图纸重点应了解：

1）对照图纸目录，检查图纸是否齐全。

2）采用的标准图集是否已经具备。

3）对设计说明或附注要仔细阅读。因为，有些分章图纸中不再表示的项目或设计要求，往往在说明和附注中可以找到，稍不注意，容易漏项。

4）设计上有无特殊的施工质量要求，事先列出需要另编补充定额的项目。

5）平面坐标和竖向布置标高的控制点。

6）本工程与总图的关系。

（2）注意施工组织设计有关内容。施工组织设计是由施工单位根据施工特点、现场情况、施工工期等有关条件编制的，用来确定施工方案，布置现场，安排进度计价时应注意施工组织设计中影响工程费用的因素。例如，土方工程中的余土外运或缺土的来源、大宗材料的堆放地点、预制构件的运输、地下工程或高层工程的垂直运输方法、设备构件的吊装方法、特殊构筑物的机具制作、安全防火措施等，单凭图纸和定额是无法提供的，只有按照施工组织设计的要求来具体补充项目和计算。

（3）结合现场实际情况。在图纸和施工组织设计仍不能完全表示时，必须深入现场，进行实际观察，以补充上述的不足。例如，土方工程的土壤类别，现场有无障碍物需要拆除和清理。在新建和扩建工程中，有些项目或工程量，依据图纸无法计算时，必须到现场实际测量。

总之，对各种资料和情况掌握得越全面、越具体，工程计价就越准确、越可靠，并且尽可能地将可能考虑到的因素列入计价范围内，以减少开工以后频繁的现场签证。

3. 第三阶段：计算工程量

计算工程量是一项工作量很大，而又十分细致的工作。工程量是计价的基本数据，计算的精确程度不仅影响到工程造价，而且影响到与之关联的一系列数据，如计划、统计、劳动力、材料等。因此，决不能把工程量看成单纯的技术计算，它对整个企业的经营管理都有重要的意义。

（1）计算工程量一般可按下列具体步骤进行：

1）根据施工图示的工程内容和定额项目，列出需计算工程量的分部分项。

2）根据一定的计算顺序和计算规则，列出计算式。

3）根据施工图示尺寸及有关数据，代入计算式进行数学计算。

4）按照定额中的分部分项的计量单位对相应的计算结果的计量单位进行调整，使之一致。

（2）工程量的计算，要根据图纸所标明的尺寸、数量以及附有的设备明细表、构件明细表来计算。一般应注意下列几点：

1）要严格按照计价依据的规定和工程量计算规则，结合图纸尺寸进行计算，不能随意地加大或缩小各部位的尺寸。

2）为了便于核对，计算工程量一定要注明层次、部位、轴线编号及断面符号。计算式要力求简单明了，按一定程序排列，填入工程量计算表，以便查对。

3）尽量采用图中已经通过计算注明的数量和附表。如门窗表、预制构件表、钢筋表、设备表、安装主材表等，必要时查阅图纸进行核对。因为，设计人员往往是从设计角度来计算材料和构件的数量，除了口径不尽一致外，常常有遗漏和误差现象，要加以改正。

4）计算时要防止重复计算和漏算。在比较复杂的工程或工作经验不足时，最容易发生的是漏项漏算或重项重算。因此，在计价之前先看懂图纸，弄清各页图纸的关系及细部说明。一般也可按照施工次序，由上而下，由外而内，由左而右，事先草列分部分项名称，依次进行计算。在计算中发现有新的项目，随时补充进去。为防止遗忘，也可以采用分页图纸逐张清算的办法，以便先减少一部分图纸数量，集中精力计算较复杂部分的工程量，有条件的尽量分层、分段、分部位来计算，最后将同类项加以合并，编制工程量汇总表。

4. 第四阶段：套定额单价

在计价过程中，如果工程量已经核对无误，项目不漏不重，则余下的问题就是如何正确套价，计算人材机费套价应注意以下事项：

（1）分项工程名称、规格和计算单位必须与定额中所列内容完全一致。即以定额中找出与之相适应的项目编号，查出该项工程的单价。套单价要求准确、适用，否则得出的结果就会偏高或偏低。熟练的专业人员，往往在计算工程量划分项目时，就考虑到如何与定额项目相符合。如混凝土要注明强度等级等，以免在套价时，仍需查找图纸和重新计算。

（2）定额换算。任何定额本身的制定，都是按照一般情况综合考虑的，存在许多缺项和不完全符合图纸要求的地方，因此，必须根据定额进行换算，即以某分项定额为基础进行局部调整。如材料品种改变，混凝土和砂浆强度等级与定额规定不同，使用的施工机具种类型号不同，原定额工日需增加的系数等。有的项目允许换算，有的项目不允许换算，均按定额规定执行。

（3）补充定额编制。当施工图纸的某些设计要求与定额项目特征相差甚远，既不能直接套用，也不能换算、调整时，必须编制补充定额。

5. 第五阶段：编制工料分析表

根据各分部分项工程的实物工程量和相应定额中的项目所列的用工工日及材料数量，计算出各分部分项工程所需的人工及材料数量，相加汇总便得出该单位工程所需要的各类人工和材料的数量。

6. 第六阶段：费用计算

在项目、工程量、单价经复查无误后，将所列项工程实物量全部计算出来后，就可以按所套用的相应定额单价计算人材机费，进而计算企业管理费、利润、规费及税金等各种费用，并汇总得出工程造价。

7. 第七阶段：复核

工程计价完成后，需对工程计价结果进行复核，以便及时发现差错。提高成果质量复核时，应对工程量计算公式和结果、套价、各项费用的取费及计算基础和计算结果、材料和人工价格及其价格调整等方面是否正确进行全面复核。

8. 第八阶段：编制说明

编制说明是说明工程计价的有关情况，包括编制依据、工程性质、内容范围、设计图纸号、所用计价依据、有关部门的调价文件号、套用单价或补充定额子目的情况及其他需要说明的问题。封面填写应写明工程名称、工程编号、工程量（建筑面积）、工程总造价、编制单位名称、法定代表人、编制人及其资格证号和编制日期等。

四、工程量清单计价法

工程量清单计价法的程序和方法与工程量定额计价法的八个阶段基本一致，只是第四、五、六阶段有所不同，具体如下：

1. 第四阶段：工程量清单项目组价

组价的方法和注意事项与工程定额计价法相同，每个工程量清单项目包括一个或几个子目，每个子目相当于一个定额子目。所不同的是，工程量清单项目套价的结果是计算该清单项目的综合单价。

2. 第五阶段：分析综合单价

工程量清单的工程数量，按照《房屋建筑与装饰工程工程量计算规范》（GB 50854—2013）、《通用安装工程工程量计算规范》（GB 50856—2013）等规定的工程量计算规则计算。一个工程量清单项目由一个或几个定额子目组成，将各定额子目的综合单价汇总累加，再除以该清单项目的工程数量，即可求得该清单项目的综合单价。

3. 第六阶段：费用计算

在工程量计算、综合单价分析经复查无误后，即可进行分部分项工程费、措施项目费、其他项目费、规费和税金的计算，从而汇总得出工程造价。

其具体计算原则和方法如下：

$$分部分项工程费=\sum（分部分项工程量\times分部分项工程项目综合单价） \quad (4.1.2)$$

其中，分部分项工程项目综合单价由人工费、材料费、机械费、管理费和利润组成，并考虑风险因素。

措施项目费分为两种，即按国家计量规范规定应予计量措施项目（单价措施项目）和不宜计量的措施项目（总价措施项目）。

$$单价措施项目费=\sum（措施项目工程量\times措施项目综合单价） \quad (4.1.3)$$

$$总价措施项目=\sum（措施项目\times费率） \quad (4.1.4)$$

其中，单价措施项目综合单价的构成与分部分项工程项目综合单价构成类似。

$$单位工程造价=分部分项工程费+措施项目费+其他项目费+规费+税金 \quad (4.1.5)$$

第二节　工程计价依据及作用

一、工程计价依据的概念及作用

（一）工程计价依据的概念

工程计价依据是用以计算和确定工程造价的各类基础资料的总称。由于影响工程造价的因素很多，每一项工程的造价都要根据工程的用途、类别、规模尺寸、结构特征、建设标准、所在地区、建设地点、市场造价信息以及政府的有关政策具体计算。这就需要确定与上述各项因素有关的各种量化的基本资料作为计算和确定工程造价的计价基础。

（二）工程计价依据的作用

依照不同的建设管理主体，计价依据在不同的工程建设阶段，针对不同的管理对象具有不同的作用。

（1）编制计划的基本依据。无论是国家建设计划、业主投资计划、资金使用计划，还是施工企业的施工进度计划、年度计划、月旬作业计划以及下达生产任务单等，都是以计价依据来计算人工、材料、机械、资金等需要数量，合理地平衡和调配人力、物力、财力等各项资源，以保证提高投资效益，落实各种建设计划。

（2）计算和确定工程造价的依据。工程造价的计算和确定必须依赖定额等计价依据。如估算指标用来计算和确定投资估算，概算定额用于计算和确定设计概算，预算定额用于计算和确定施工图预算，施工定额用于计算确定施工项目成本。预算定额、企业定额和人材机市场价格还能够按照清单计价规范组价成为相应清单子目的综合单价，成为清单计价的依据。

（3）企业实行经济核算的依据。经济核算制是企业管理的重要经济制度，它可以促使企业以尽可能少的资源消耗，取得最大的经济效益，定额等计价依据是考核资源消耗的主要标准。如对资源消耗和生产成果进行计算、对比和分析，就可以发现改进的途径，采取措施加以改进。

（4）有利于建筑市场的良好发育。计价依据既是投资决策的依据，又是价格决策的依据。对于投资者来说，可以利用定额等计价依据有效地提高其项目决策的科学性，优化其投资行为；对于施工企业来说，定额等计价依据是施工企业适应市场投标竞争和企业进行科学管理的重要工具。

二、工程计价依据体系

按照我国工程计价依据的编制和管理权限的规定，目前我国已经形成了由国家法律法规、各省（自治区、直辖市）和国务院有关建设主管部门的规章、相关政策文件以及标准、定额等相互支撑、互为补充的工程计价依据体系，如表 4.2.1 所示。

表 4.2.1　工程计价法规文件一览表

分类	序号	法规名称	批准文号	施行时间
规范类	1	建设工程工程量清单计价规范 GB 50500—2013	住建部公告第 1567 号	2013 年 7 月
	2	房屋建筑与装饰工程工程量计算规范 GB 50854—2013	住建部公告第 1568 号	2013 年 7 月
	3	仿古建筑工程工程量计算规程 GB 50855—2013	住建部公告第 1569 号	2013 年 7 月
	4	通用安装工程工程量计算规范 GB 50856—2013	住建部公告第 1570 号	2013 年 7 月
	5	市政工程工程量计算规范 GB 50857—2013	住建部公告第 1571 号	2013 年 7 月
	6	园林绿化工程工程量计算规范 GB 50858—2013	住建部公告第 1572 号	2013 年 7 月
	7	矿山工程工程量计算规范 GB 50859—2013	住建部公告第 1573 号	2013 年 7 月
	8	构筑物工程工程量计算规范 GB 50860—2013	住建部公告第 1574 号	2013 年 7 月
	9	城市轨道交通工程工程量计算规范 GB 50861—2013	住建部公告第 1575 号	2013 年 7 月
	10	爆破工程工程量计算规范 GB 50862—2013	住建部公告第 1576 号	2013 年 7 月
	11	建筑工程建筑面积计算规范 GB/T 50353—2013	住建部公告第 269 号	2014 年 7 月 1 日

续表 4.2.1

分类	序号	法规名称	批准文号	施行时间
中价协规程	12	建设项目投资估算编审规程	CECA/GC1—2007	2007 年 4 月
	13	建设项目设计概算编审规程	CECA/GC2—2007	2007 年 4 月
	14	建设项目工程结算编审规程	CECA/GC3—2007	2010 年 10 月
	15	建设项目全过程造价咨询规程	CECA/GC4—2009	2009 年 8 月
	16	建设项目施工图预算编审规程	CECA/GC5—2010	2010 年 3 月
	17	建设工程招标控制价编审规程	CECA/GC6—2011	2011 年 10 月
	18	建设工程造价咨询成果文件质量标准	CECA/GC7—2012	2012 年 7 月
	19	建设工程造价鉴定规程	CECA/GC8—2012	2012 年 12 月
	20	建设项目工程竣工决算编制规程	CECA/GC9—2013	2013 年 5 月
定额类	21	全国统一建筑工程基础定额 土建（上、下册）（GJD-101-95）		1995 年
	22	全国统一安装工程预算定额	建标〔2000〕60 号	2000 年 3 月
	23	全国统一市政工程预算定额	建标〔1999〕221 号	1999 年 10 月
	24	全国统一建筑安装工程工期定额	建标〔2000〕38 号	2000 年 4 月
	25	全国统一施工机械台班费用编制规则	建标〔2001〕196 号	2001 年 9 月
法律法规类	26	中华人民共和国建筑法（2011 年修正）	主席令第 46 号	2011 年 4 月 22 日
	27	中华人民共和国合同法	主席令第 15 号	1999 年 10 月 1 日
	28	中华人民共和国招标投标法	主席令第 21 号	2000 年 1 月 1 日
	29	中华人民共和国价格法	主席令第 92 号	1998 年 5 月 1 日
	30	中华人民共和国招标投标法实施条例	国务院令第 613 号	2012 年 2 月 1 日
	31	最高人民法院关于审理建设工程施工合同纠纷案件适用法律问题的解释	法释〔2004〕14 号	2004 年 9 月
	32	建设工程价款结算暂行办法	财建〔2004〕369 号	2004 年 10 月
	33	建筑安装工程费用项目组成	建标〔2013〕44 号文	2013 年 7 月 1 日
	34	建设工程施工合同（示范文本）GF-2013-0201	住建部、工商管理总局	2013 年 7 月 1 日
	35	建筑工程施工发包与承包计价管理办法	住建部第 16 号令	2014 年 2 月 1 日

三、工程计价依据的分类

工程计价依据是据以计算造价的各类基础资料的总称。由于影响工程造价的因素很多，每一项工程的造价都要根据工程的用途、类别、结构特征、建设标准、所在地区和坐落地点、市场价格信息，以及政府的产业政策、税收政策和金融政策等做具体计算。因此就需要把确定上述因素相关的各种量化定额或指标等作为计价的基础。计价依据除法律法规规定的以外，一般以合同形式加以确定。

工程造价计价依据必须满足以下要求：①准确可靠，符合实际；②可信度高，具有权威；③数据化表达，便于计算；④定性描述清晰，便于正确利用。

（一）按用途分类

工程造价的计价依据按用途分类，概括起来可以分为 7 大类 18 小类。

1. 规范工程计价的依据

（1）国家标准：《建设工程工程量清单计价规范》《房屋建筑与装饰工程工程量计算规范》《通用安装工程工程量计算规范》（各专业工程工程量计算规范简称为“计量规范”）、《建筑工程建筑面积计算规范》等 。

（2）行业协会推荐性规程：如中国建设工程造价管理协会发布的《建设项目投资估算编审规程》《建设项目设计概算编审规程》《建设项目工程结算编审规程》《建设项目全过程造价咨询规程》等。

2. 计算设备数量和工程量的依据

（1）可行性研究资料。

（2）初步设计、扩大初步设计、施工图设计图纸和资料。

（3）工程变更及施工现场签证。

3. 计算分部分项工程人工、材料、机械台班消耗量及费用的依据

（1）概算指标、概算定额、预算定额。

（2）人工单价。

（3）材料预算单价。

（4）机械台班单价。

（5）工程造价信息。

4. 计算建筑安装工程费用的依据

（1）费用定额。

（2）价格指数。

5. 计算设备费的依据

设备价格、运杂费率等。

6. 计算工程建设其他费用的依据

（1）用地指标。

（2）各项工程建设其他费用定额等。

7. 相关的法规和政策

（1）包含在工程造价内的税种、税率。

（2）与产业政策、能源政策、环境政策、技术政策和土地等资源利用政策有关的取费标准。

（3）利率和汇率。

（4）其他计价依据。

（二）按使用对象分类

（1）规范建设单位（业主）计价行为的依据：可行性研究资料、用地指标、工程建设其他费用定额等。

（2）规范建设单位（业主）和承包商双方计价行为的依据：包括国家标准《建设工程工程量清单计价规范》、“计量规范”和《建筑工程建筑面积计算规范》、中国建设工程造价管理协会发布的建设项目投资估算、设计概算、工程结算、全过程造价咨询等规程；初步设计、扩大初步设计、施工图设计；工程变更及施工现场签证；概算指标、概算定额、预算定额；人工单价；材料预算单价；机械台班单价；工程造价信息；费用定额；设备价格、运杂费率等；包含在工程造价内的税种、税率；利率和汇率；其他计价依据。

四、工程计价定额的分类

定额就是一种规定的额度，或称数量标准。

工程计价定额是指工程定额中直接用于工程计价的定额或指标，包括预算定额、概算定额、概算指标和投资估算指标等。不同的计价定额用于建设项目的不同阶段作为确定和计算工程造价的依据。

在建筑安装施工生产中，根据需要而采用不同的定额。例如用于企业内部管理的企业定额。又如为了计算工程造价，要使用估算指标、概算指标、概算定额、预算定额（包括基础定额）、费用定额等。因此，工程建设定额可以从不同的角度进行分类。

（一）按定额反映的生产要素消耗内容分类

1. 劳动定额

劳动定额是指在正常的施工技术和组织条件下，完成规定计量单位的合格建筑安装产品所需消耗的人工工日数量标准。

2. 材料消耗定额

材料消耗定额是在节约和合理使用材料的条件下，生产单位合格产品所必须消耗的一定品种规格的原材料、半成品、成品或结构构件的数量。

3. 机械台班消耗定额

机械台班消耗定额是在正常施工条件下，利用某种机械，生产单位合格产品所必须消耗的机械工作时间，或是在单位时间内机械完成合格产品的数量。

（二）按定额的不同用途分类

1. 施工定额

施工定额是指完成一定计量单位的某一施工过程，或基本工序所需消耗的人工、材料和施工机械台班数量标准。

2. 预算定额

预算定额是在正常的施工条件下，完成一定计量单位合格分项工程和结构构件所需消耗的人工、材料、施工机械台班数量及其费用标准。预算定额是一种计价性定额，基本反映完成分项工程或结构构件的人、材、机消耗量及其相应费用，以施工定额为基础综合扩大编制而成，主要用于施工图预算的编制，也可用于工程量清单计价中综合单价的计算，是施工发承包阶段工程计价的基础。

3. 概算定额

概算定额是完成单位合格扩大分项工程，或扩大结构构件所需消耗的人工、材料、施工机械台班的数量及其费用标准。概算定额是一种计价定额，基本反映完成扩大分项工程的人、材、机消耗量及其相应费用，一般以预算定额为基础综合扩大编制而成，主要用于设计概算的编制。

4. 概算指标

概算指标是以扩大分项工程为对象，反映完成规定计量单位的建筑安装工程资源消耗的经济指标。概算指标是一种计价定额，主要用于编制初步设计概算，一般以建筑面积、体积或成套设备装置的台或组等为计量单位，基本反映完成扩大分项工程的相应费用，也可以表现其人、材、机的消耗量。

5. 投资估算指标

投资估算指标是以建设项目、单项工程、单位工程为对象，反映其建设总投资及其各项费用构成的经济指标。投资估算指标也是一种计价定额，主要用于编制投资估算，基本反映建设项目、单项工程、单位工程的相应费用指标，也可以反映其人、材、机消耗量，包括建设项目综合估算指标、单项工程估算指标和单位工程估算指标。

（三）按定额的编制单位和执行范围分类

1. 全国统一定额

全国统一定额是由国家建设行政主管部门根据全国各专业工程的生产技术与组织管理情况而编制的、在全国范围内执行的定额。如《全国统一安装工程预算定额》等。

2. 行业定额

行业定额是按照国家定额分工管理的规定，由各行业部门根据本行业情况编制的、只在本行业和相同专业性质使用的定额。如交通部发布的《公路工程预算定额》等。

3. 地区统一定额

地区统一定额是按照国家定额分工管理的规定，由各省、直辖市、自治区建设行政主管部门根据本地区情况编制的、在其管辖的行政区域内执行的定额。如各省、市、自治区的《建筑工程预算定额》等。

4. 企业定额

企业定额是施工单位根据本企业的施工技术、机械装备和管理水平编制的人工、施工机械台班和材料等的消耗标准。

5. 补充定额

当现行定额项目不能满足生产需要时，根据现场实际情况一次性补充定额，并报当地造价管理部门批准或备案。

（四）按投资的费用性质分类

1. 建筑工程定额

建筑工程一般是指房屋和构筑物工程。包括土建工程、电气工程（动力、照明、弱电）、暖通工程（给排水、采暖、通风工程）、工业管道工程、特殊构筑物工程等。广义上被理解为包含其他各类工程，如道路、铁路、桥梁、隧道、运河、堤坝、港口、电站、机场等工程。建筑工程定额在整个工程建设定额中是一种非常重要的定额，在定额管理中占有突出的地位。

2. 设备安装工程定额

设备安装工程是对需要安装的设备进行定位、组合、校正、调试等工作的工程。在工业项目中，机械设备安装和电气设备安装工程占有重要地位。在非生产性的建设项目中，由于社会生活和城市设施的日益现代化，设备安装工程量也在不断增加。

设备安装工程定额和建筑工程定额是两种不同类型的定额。一般都要分别编制，各自独立。但是设备安装工程和建筑工程是单项工程的两个有机组成部分，在施工中有时间连续性，也有作业的搭接和交叉，互相协调，在这个意义上通常把建筑和安装工程作为一个施工过程来看待，即建筑安装工程。所以有时合二而一，称为建筑安装工程定额。

3. 建筑安装工程费用定额

建筑安装工程费用定额是指与建筑安装施工生产的个别产品无关，而为企业生产全部产品所必需，为维持企业的经营管理活动所必须发生的各项费用开支的费用消耗标准。

4. 工程建设其他费用定额

工程建设其他费用定额是独立于建筑安装工程、设备和工器具购置之外的其他费用开支的标准。工程建设的其他费用的发生和整个项目的建设密切相关。

第三节　预算定额、概算定额和估算指标

一、预算定额

（一）预算定额的作用

（1）预算定额是编制施工图预算、确定建筑安装工程造价的基础。施工图设计一经确定，工程预算造价就取决于预算定额水平和人工、材料及机械台班的价格。预算定额起着控制劳动消耗、材料消耗和机械台班使用的作用，进而起着控制建筑产品价格的作用。

（2）预算定额是编制施工组织设计的依据。施工组织设计的重要任务之一，是确定施工中所需人力、物力的供求量，并做出最佳安排。施工单位在缺乏本企业的施工定额的情况下，根据预算定额，亦能够比较精确地计算出施工中各项资源的需要量，为有计划地组织材料采购和预制件加工、劳动力和施工机具的调配，提供了可靠的计算依据。

（3）预算定额是工程结算的依据。工程结算是建设单位和施工单位按照工程进度对已完成的分部分项工程实现货币支付的行为。按进度支付工程款，需要根据预算定额将已完分项工程的造价算出。单位工程验收后，再按竣工工程量、预算定额和施工合同规定进行结算，以保证建设单位建设资金的合理使用和施工单位的经济收入。

（4）预算定额是施工单位进行经济活动分析的依据。预算定额规定的物化劳动和劳动消耗指标，是施工单位在生产经营中允许消耗的最高标准。施工单位必须以预算定额作为评价企业工作的重要标准，作为努力实现的目标。施工单位可根据预算定额对施工中的劳动、材料、机械的消耗情况进行具体的分析，以便找出并克服低功效、高消耗的薄弱环节，提高竞争能力。只有在施工中尽量降低劳动消耗，采用新技术，提高劳动者素质，提高劳动生产率，才能取得较好的经济效益。

（5）预算定额是编制概算定额的基础。概算定额是在预算定额基础上综合扩大编制的。利用预算定额作为编制依据，不但可以节省编制工作的大量人力、物力和时间，收到事半功倍的效果，还可以使概算定额在水平上与预算定额保持一致，以免造成执行中的不一致。

（6）预算定额是合理编制招标控制价、投标报价的基础。在深化改革中，预算定额的指令性作用将日益削弱，而对施工单位按照工程个别成本报价的指导性作用仍然存在，因此预算定额作为编制招标控制价的依据和施工企业报价的基础性作用仍将存在，这也是由于预算定额本身的科学性和指导性决定的。

（二）预算定额的编制原则

1. 社会平均水平原则

预算定额是确定和控制建筑安装工程造价的主要依据。因此它必须遵照价值规律的客观要求，即按生产过程中所消耗的社会必要劳动时间确定定额水平。所以预算定额的平均水平，是在正常的施工条件下，合理的施工组织和工艺条件、平均劳动熟练程度和劳动强度下，完成单位分项工程基本构造要素所需要的劳动时间。

2. 简明适用原则

简明适用：一是指在编制预算定额时，对于那些主要的，常用的、价值量大的项目，分项工程划分宜细；次要的、不常用的、价值量相对较小的项目则可以粗一些。二是指预算定额要项目齐全。要注意补充那些因采用新技术、新结构、新材料而出现的新的定额项目。如果项目不全，缺项多，就会使计价工作缺少充足的可靠的依据。三是要求合理确定预算定额的计量单位，简化工程量的计算，尽可能地避免同一种材料用不同的计量单位和一量多用，尽量减少定额附注和换算系数。

（三）预算定额的编制依据

（1）现行施工定额：预算定额是在现行施工定额的基础上编制的。预算定额中人工、材料、机械台班消耗水平，需要根据劳动定额或施工定额取定；预算定额的计量单位的选择，也要以施工定额为参考，从而保证两者的协调和可比性，减轻预算定额的编制工作量，缩短编制时间。

（2）现行设计规范、施工及验收规范，质量评定标准和安全操作规程。

（3）具有代表性的典型工程施工图及有关标准图：对这些图纸进行仔细分析研究，并计算出工程数量，作为编制定额时选择施工方法确定定额含量的依据。

（4）新技术、新结构、新材料和先进的施工方法等：这类资料是调整定额水平和增加新的定额项目所必需的依据。

（5）有关科学实验、技术测定和统计、经验资料：这类工程是确定定额水平的重要依据。

（6）现行的预算定额、材料单价及有关文件规定等：包括过去定额编制过程中积累的基础资料，也是编制预算定额的依据和参考。

（四）预算定额的编制步骤

预算定额的编制，大致可以分为准备工作、收集资料、编制定额、报批和修改定稿五个阶段。各阶段工作相互有交叉，有些工作还有多次反复。其中预算定额编制阶段的主要工作如下：

（1）确定编制细则。主要包括：统一编制表格及编制方法；统一计算口径、计量单位和小数点位数的要求；有关统一性规定，名称统一，用字统一，专业用语统一，符号代码统一，简化字要规范，文字要简练明确。

预算定额与施工定额计量单位往往不同。施工定额的计量单位一般按照工序或施工过程确定；而预算定额的计量单位主要是根据分部分项工程和结构构件的形体特征及其变化确定。由于工作内容综合，预算定额的计量单位亦具有综合的性质。工程量计算规则的规定应确切反映定额项目所包含的工作内容。预算定额的计量单位关系到预算工作的繁简和准确性。因此，要正确地确定各分部分项工程的计量单位。一般依据建筑结构构件形状的特点确定。

（2）确定定额的项目划分和工程量计算规则。计算工程数量，是为了通过计算出典型设计图纸所包括的施工过程的工程量，以便在编制预算定额时，有可能利用施工定额的人工、材料和机械消耗指标确定预算定额所含工序的消耗量。

（3）定额人工、材料、机械台班耗用量的计算、复核和测算。

（五）预算定额各消耗量的确定

1. 预算定额计量单位的确定

预算定额计量单位的选择，与预算定额的准确性、简明适用性及预算工作的繁简有着密切的关系。

确定预算定额计量单位，首先应考虑该单位能否反映单位产品的工、料消耗量，保证预算定额的准确性。其次，要有利于减少定额项目，保证定额的综合性。最后要有利于简化工程量计算和整个预算定额的编制工作，保证预算定额编制的准确性和及时性。

由于各分项工程的形体不同，预算定额的计量单位应根据上述原则和要求，按照分项工程的形体特征和变化规律来确定。凡物体的长、宽、高三个度量都在变化时，应采用“立方米”为计量单位。当物体有一固定的不同厚度，而它的长和宽两个度量所决定的面积不固定时，宜采用“平方米”为计量单位。如果物体截面形状大小固定，但长度不固定时，应以“延长米”为计量单位。有的分部分项工程体积、面积相同，但质量和价格差异很大（如金属结构的制作、运输、安装等），应当以质量单位“kg”或“t”计算。有的分项工程还可以按“个”“组”“座”“套”等自然计量单位计算。

预算定额单位确定以后，在预算定额项目表中，常采用所取单位的10倍、100倍等倍数的计量单位来编制预算定额。

2. 预算定额中人、材、机消耗量的确定

根据劳动定额、材料消耗定额、机械台班定额来确定消耗量指标。

（1）人工消耗指标的确定：预算定额中的人工消耗指标是指完成该分项工程必须消耗的各种用工。包括基本用工、材料超运距用工、辅助用工和人工幅度差。

1）基本用工：基本用工指完成该分项工程的主要用工。

2）材料超运距用工：预算定额中的材料、半成品的平均运距要比劳动定额的平均运距远，因此超过劳动定额运距的材料要计算超运距用工。

3）辅助用工：辅助用工指施工现场发生的加工材料等的用工。如筛砂子、淋石灰膏的用工。

4）人工幅度差：人工幅度差主要指正常施工条件下，劳动定额中没有包含的用工因素。例如各工种交叉作业配合工作的停歇时间，工程质量检查和工程隐蔽、验收等所占的时间。

（2）材料消耗指标的确定。

（3）机械台班消耗指标的确定：预算定额的机械台班消耗指标的计量单位是台班。按现行规定，每个工作台班按机械工作8 h计算。

预算定额中的机械台班消耗指标应按全国统一劳动定额中各种机械施工项目所规定的台班产量进行计算。

预算定额中以使用机械为主的项目（如机械挖土、空心板吊装等），其工人组织和台班产量应按劳动定额中的机械施工项目综合而成。此外，还要相应增加机械幅度差。

预算定额项目中的施工机械是配合工人班组工作的，所以，施工机械要按工人小组配置使用。例如砌墙是按工人小组配置塔吊、卷扬机、砂浆搅拌机等。配合工人小组施工的机械不增加机械幅度差。

计算公式为：

$$\text{分项定额机械台班使用量}=\frac{\text{分项定额计量单位值}}{\text{小组总人数}\times\sum(\text{分项计算的取定比重}\times\text{劳动定额综合产量})} \tag{4.3.1}$$

或

$$\text{分项定额机械台班使用量}=\frac{\text{分项定额计量单位量}}{\text{小组总产量}} \tag{4.3.2}$$

（六）编制定额项目表

当分项工程的人工、材料和机械台班消耗量指标确定后，就可以着手编制定额项目表。

在项目表中，工程内容可以按编制时即包括的综合分项内容填写；人工消耗量指标可按工种分别填写工日数；材料消耗量指标应列出主要材料名称、单位和实物消耗量；施工机具使用量指标应列出主要施工机具的名称和台班数。

（七）预算定额的编排

定额项目表编制完成后，对分项工程的人工、材料和机械台班消耗量列上单价（基期价格），从而形成量价合一的预算定额。各分部分项工程人工、材料、机械单价所汇总的价称基价。在具体应用中，按工程所在地的市场价格进行价差调整，体现量、价分离的原则，即定额量、市场价原则。预算定额主要包括文字说明、分项定额消耗量指标和附录三部分。

1. 定额文字说明

文字说明包括总说明、分部说明和分节说明。

（1）总说明。

1）编制预算定额各项依据。

2）预算定额的使用范围。

3）预算定额的使用规定及说明。

（2）建筑面积计算规则。

（3）分部说明。

1）分部工程包括的子目内容。

2）有关系数的使用说明。

3）工程量计算规则。

4）特殊问题处理方法的说明。

（4）分节说明。主要包括本节定额的工程内容说明。

2. 分项工程定额消耗指标

各分项定额的消耗指标是预算定额最基本的内容。

3. 附录

附录的主要用途是用于对预算定额的分析、换算和补充。

（1）建筑安装施工机械台班单价表。

（2）砂浆、混凝土配合比表。

（3）材料、半成品、成品损耗率表。

（4）建筑工程材料基价。

二、概算定额、概算指标

（一）概算定额的主要作用

（1）概算定额是扩大初步设计阶段编制设计概算和技术设计阶段编制修正概算的依据。

（2）概算定额是对设计项目进行技术经济分析和比较的基础资料之一。

（3）概算定额是编制建设项目主要材料计划的参考依据。

（4）概算定额是编制概算指标的依据。

（5）概算定额是编制招标控制价和投标报价的依据。

（二）概算定额的编制依据

（1）现行的预算定额。

（2）选择的典型工程施工图和其他有关资料。

（3）人工工资标准、材料预算价格和机械台班预算价格。

（三）概算定额的编制步骤

1. 准备工作阶段

该阶段的主要工作是确定编制机构和人员组成，进行调查研究，了解现行概算定额的执行情况和存在的问题，明确编制定额的项目。在此基础上，制定出编制方案和确定概算定额项目。

2. 编制初稿阶段

该阶段根据制定的编制方案和确定的定额项目，收集和整理各种数据，对各种资料进行深入细致的测算和分析，确定各项目的消耗指标，最后编制出定额初稿。

该阶段要测算概算定额水平。内容包括两个方面：新编概算定额与原概算定额的水平测算；概算定额与预算定额的水平测算。

3. 审查定稿阶段

该阶段要组织有关部门讨论定额初稿，在听取合理意见的基础上进行修改。最后将修改稿报请上级主管部门审批。

（四）概算指标

概算指标是以整个建筑物或构筑物为对象，以“m^2”“m^3”或“座”等为计量单位，规定了人工、材料、机械台班的消耗指标的标准。

1. 概算指标的主要作用

（1）是基本建设管理部门编制投资估算和基本建设计划，估算主要材料用量计划的依据。

（2）是设计单位编制初步设计概算、选择设计方案的依据。

（3）是考核基本建设投资效果的依据。

2. 概算指标的主要内容和形式

概算指标的内容和形式没有统一的格式。一般包括以下内容：

（1）工程概况：包括建筑面积、建筑层数、建筑地点、时间、工程各部位的结构及做法等。

（2）工程造价及费用组成。

（3）每平方米建筑面积的工程量指标。

（4）每平方米建筑面积的工料消耗指标。

（五）概算指标的编制依据

（1）标准设计图纸和各类工程典型设计。

（2）国家颁发的建筑标准、设计规范、施工规范等。

（3）各类工程造价资料。

（4）现行的概算定额和预算定额及补充定额。

（5）人工工资标准、材料预算价格、机械台班预算价格及其他价格资料。

（六）概算指标的编制步骤

以房屋建筑工程为例，概算指标可按以下步骤进行编制：

（1）首先成立编制小组，拟订工作方案，明确编制原则和方法，确定指标的内容及表现形式，确定基价所依据的人工工资单价、材料单价、机械台班单价。

（2）收集整理编制指标所必需的标准设计、典型设计以及有代表性的工程设计图纸，设计预算等资料，充分利用有使用价值的已经积累的工程造价资料。

（3）编制阶段。主要是选定图纸，并根据图纸资料计算工程量和编制单位工程预算书，以及按编制方案确定的指标项目对人工及主要材料消耗指标，填写概算指标的表格。

（4）最后经过核对审核、平衡分析、水平测算、审查定稿。

三、投资估算指标

（一）投资估算指标的作用

工程建设投资估算指标是编制项目建议书、可行性研究报告等前期工作阶段投资估算的依据，也可以作为编制固定资产长远规划投资额的参考。投资估算指标为完成项目建设的投资估算提供依据和手段，它在固定资产的形成过程中起着投资预测、投资控制、投资效益分析的作用，是合理确定项目投资的基础。估算指标中的主要材料消耗量也是一种扩大材料消耗量的指标，可以作为计算建设项目主要材料消耗量的基础。估算指标的正确制定对于提高投资估算的准确度，对建设项目的合理评估、正确决策具有重要意义。

（二）投资估算指标的内容

投资估算指标是确定和控制建设项目全过程各项投资支出的技术经济指标，其范围涉及建设前期、建设实施期和竣工验收交付使用期等各个阶段的费用支出，内容因行业不同各异，一般可分为建设项目综合指标、单项工程指标和单位工程指标三个层次。

1. 建设项目综合指标

指按规定应列入建设项目总投资的从立项筹建开始至竣工验收交付使用的全部投资额，包括单项工程投资、工程建设其他费用和预备费等。

建设项目综合指标一般以项目的综合生产能力单位投资表示，如“元/t”“元/kW”或以使用功能表示，如医院床位“元/床”。

2. 单项工程指标

指按规定应列入能独立发挥生产能力或使用效益的单项工程内的全部投资额，包括建筑工程费、安装工程费、设备、工器具及生产家具购置费和可能包含的其他费用。

单项工程指标一般以单项工程生产能力单位投资，如"元/t"或其他单位表示。如：变电站"元/（kV · A）"、锅炉房"元/蒸汽吨"、供水站"元/m³"；办公室、仓库、宿舍、住宅等房屋建筑工程则区别不同结构形式，以"元/m²"表示。

3. 单位工程指标

按规定应列入能独立设计、施工的工程项目的费用，即建筑安装工程费用。

单位工程指标一般以如下方式表示：房屋区别不同结构形式以"元/m²"表示；道路区别不同结构层、面层以"元/ m²"表示；水塔区别不同结构层、容积以"元/座"表示；管道区别不同材质、管径以"元/m"表示。

（三）投资估算指标的编制步骤

投资估算指标的编制工作，涉及建设项目的产品规模、产品方案、工艺流程、设备选型、工程设计和技术经济等各个方面。既要考虑到现阶段技术状况，又要展望未来技术发展趋势和设计动向，从而可以指导以后建设项目的实践。编制一般分为三个阶段进行。

1. 收集整理资料阶段

收集整理已建成或正在建设的、符合现行技术政策和技术发展方向、有可能重复采用的、有代表性的工程设计施工图、标准设计以及相应的竣工决算或施工图预算资料等。将整理后的数据资料按项目划分栏目加以归类，按照编制年度的现行定额、费用标准和价格，调整成编制年度的造价水平及相互比例。

2. 平衡调整阶段

由于调查收集的资料来源不同，虽然经过一定的分析整理，但难免会由于设计方案、建设条件和建设时间上的差异带来的某些影响，使数据失准或漏项等。必须对有关资料进行综合平衡调整。

3. 测算审查阶段

测算是将新编的指标和选定工程的概预算，在同一价格条件下进行比较，检验其"量差"的偏离程度是否在允许偏差的范围以内，如偏差过大，则要查找原因，进行修正，以保证指标的确切、实用。

第四节　人工、材料、机具台班消耗量定额

人工、材料、机具台班消耗量以劳动定额、材料消耗量定额、机具台班消耗量定额的形式来表现，它是工程计价最基础的定额，是地方和行业部门编制预算定额的基础，也是个别企业依据其自身的消耗水平编制企业定额的基础。

一、劳动定额

（一）劳动定额的分类及其关系

1. 劳动定额的分类

劳动定额分为时间定额和产量定额。

（1）时间定额：时间定额是指某工种某一等级的工人或工人小组在合理的劳动组织等施

工条件下，完成单位合格产品所必须消耗的工作时间。

（2）产量定额：产量定额是指某工种某等级工人或工人小组在合理的劳动组织等施工条件下，在单位时间内完成合格产品的数量。

2. 时间定额与产量定额的关系

时间定额与产量定额是互为倒数的关系，即：

$$时间定额=\frac{1}{产量定额} \tag{4.4.1}$$

（二）工作时间

完成任何施工过程，都必须消耗一定的工作时间。要研究施工过程中的工时消耗量，就必须对工作时间进行分析。

工作时间是指工作班的延续时间。建筑安装企业工作班的延续时间为8h（每个工日）。

工作时间的研究，是将劳动者整个生产过程中所消耗的工作时间，根据其性质、范围和具体情况进行科学划分、归类，明确规定哪些属于定额时间，哪些属于非定额时间，找出非定额时间损失的原因，以便拟定技术组织措施，消除产生非定额时间的因素，以充分利用工作时间，提高劳动生产率。

对工作时间消耗的研究，可以分为两个系统进行，即工人工作时间的消耗和工人所使用的机器工作时间消耗。

1. 工人工作时间

工人工作时间可以划分为必须消耗的时间和损失时间两大类。

（1）必须消耗的时间：必须消耗的时间是指工人在正常施工条件下，为完成一定数量的产品或任务所必须消耗的工作时间。包括：

1）有效工作时间：是从生产效果来看与产品生产直接有关的时间消耗，包括基本工作时间、辅助工作时间、准备与结束工作时间的消耗。

① 基本工作时间：工人完成与产品生产直接有关的工作时间。如砌砖施工过程的挂线、铺灰浆、砌砖等工作时间。基本工作时间一般与工作量的大小成正比。

② 辅助工作时间：是指为了保证基本工作顺利完成而同技术操作无直接关系的辅助性工作时间。例如，修磨校验工具、移动工作梯、工人转移工作地点等所需时间。

③ 准备与结束工作时间：工人在执行任务前的准备工作（包括工作地点、劳动工具、劳动对象的准备）和完成任务后的整理工作时间。

2）休息时间：工人为恢复体力所必需的休息时间。

3）不可避免的中断时间：由于施工工艺特点所引起的工作中断时间。如汽车司机等候装货的时间、安装工人等候构件起吊的时间等。

（2）损失时间：损失时间是与产品生产无关，而与施工组织和技术上的缺点有关，与工人在施工过程中的个人过失或某些偶然因素有关的时间消耗。包括：

1）多余和偶然工作时间：指在正常施工条件下不应发生的时间消耗。例如拆除超过图示高度的多余墙体的时间。

2）停工时间：分为施工本身造成的停工时间和非施工本身造成的停工时间，如材料供应不及时，由于气候变化和水、电源中断而引起的停工时间。

3）违反劳动纪律的损失时间：在工作班内工人迟到、早退、闲谈、办私事等原因造成的工时损失。

2. 机械工作时间

机械工作时间的分类与工人工作时间的分类相比，有一些不同点，如在必须消耗的时间中所包含的有效工作时间的内容不同。通过分析可以看到，两种时间的不同点是由机械本身的特点所决定的。

（1）必须消耗的时间：

1）有效工作时间：包括正常负荷下的工作时间、有根据的降低负荷下的工作时间。

2）不可避免的无负荷工作时间：由施工过程的特点所造成的无负荷工作时间。如推土机到达工作段终端后倒车时间、起重机吊完构件后返回构件堆放地点的时间等。

3）不可避免的中断时间：是与工艺过程的特点、机械使用中的保养、工人休息等有关的中断时间。如汽车装卸货物的停车时间、给机械加油的时间、工人休息时的停机时间。

（2）损失时间：

1）机械多余的工作时间：指机械完成任务时无须包括的工作占用时间。例如灰浆搅拌机搅拌时多运转的时间、工人没有及时供料而使机械空运转的延续时间。

2）机械停工时间：是指由于施工组织不好及由于气候条件影响所引起的停工时间。例如未及时给机械加水、加油而引起的停工时间。

3）违反劳动纪律的停工时间：由于工人迟到、早退等原因引起的机械停工时间。

4）低负荷下工作时间：是由于工人或技术人员的过错所造成的施工机械在降低负荷的情况下工作的时间。

（三）劳动定额的编制方法

1. 经验估计法

经验估计法是根据定额员、技术员、生产管理人员和老工人的实际工作经验，对生产某一产品或完成某项工作所需的人工、施工机具、材料数量进行分析、讨论和估算，并最终确定定额耗用量的一种方法。

经验估工法的主要特点是方法简单，工作量小，便于及时制定和修订定额。但制定的定额准确性较差，难以保证质量。经验估工法一般适用于多品种生产或单件、小批量生产的企业，以及新产品试制和临时性生产。

2. 统计分析法

统计分析法就是根据过去生产同类型产品、零件的实作工时或统计资料，经过整理和分析，考虑今后企业生产技术组织条件的可能变化来制定定额的方法。

统计分析法具体又可细分为简单平均法和加权平均法等多种。统计分析法的主要特点是方法简便易行，工作量也比较小，由于有一定的资料做依据，制定定额的质量较之估工定额要准确。但如果原始记录和统计资料不准确，将会直接影响定额的质量。统计分析法适用于大量生产或成批生产的企业。一般生产条件比较正常、产品较固定、原始记录和统计工作比较健全的企业均可采用统计分析法。

3. 技术测定法

技术测定法是通过对施工过程的具体活动进行实地观察，详细记录工人和机械的工作时间消耗、完成产品数量及有关影响因素，并将记录结果予以研究、分析，去伪存真，整理出可靠的原始数据资料，为制定定额提供科学依据的一种方法。

技术测定法是一种较为先进和科学的方法。它的主要优点是，重视现场调查研究和技术分析，有一定的科学技术依据，制定定额的准确性较好，定额水平易达到平衡，可发现和揭露生产中的实际问题；缺点是费时费力，工作量较大，没有一定的文化和专业技术水平难以胜任此项工作。

4. 比较类推法

比较类推法也叫典型定额法。比较类推法是在相同类型的项目中，选择有代表性的典型项目，然后根据测定的定额用比较类推的方法编制其他相关定额的一种方法。

比较类推法应具备的条件是：结构上的相似性、工艺上的同类性、条件上的可比性、变化的规律性。比较类推法制定定额因有一定的依据和标准，其准确性和平衡性较好。缺点是制定典型零件或典型工序的定额标准时，工作量较大。同时，如果典型代表件选择不准，就会影响工时定额的可靠性。

二、材料消耗定额

（一）材料消耗定额的概念

材料消耗定额是指正常的施工条件和合理使用材料的情况下，生产质量合格的单位产品所必须消耗的建筑安装材料的数量标准。

（二）净用量定额和损耗量定额

材料消耗定额包括：

（1）直接用于建筑安装工程上的材料。

（2）不可避免产生的施工废料。

（3）不可避免的施工操作损耗。

其中直接构成建筑安装工程实体的材料称为材料消耗净用量定额，不可避免的施工废料和施工操作损耗量称为材料损耗量定额。

材料消耗净用量定额与损耗量定额之间具有下列关系：

$$\text{材料消耗定额（材料总消耗量）}=\text{材料消耗净用量}+\text{材料损耗量} \tag{4.4.2}$$

$$\text{材料损耗率}=\frac{\text{材料损耗量}}{\text{材料净用量}}\times 100\%\text{（即：材料损耗量}=\text{材料净用量}\times\text{损耗率）} \tag{4.4.3}$$

$$\text{材料消耗定额}=\text{材料消耗净用量}\times(1+\text{损耗率}) \tag{4.4.4}$$

（三）编制材料消耗定额的基本方法

1. 现场技术测定法

用该方法主要是为了取得编制材料损耗定额的资料。材料消耗中的净用量比较容易确定，但材料消耗中的损耗量不能随意确定，需通过现场技术测定来区分哪些属于难于避免的损耗，哪些属于可以避免的损耗，从而确定出较准确的材料损耗量。

2. 试验法

试验法是在实验室内采用专用的仪器设备，通过试验的方法来确定材料消耗定额的一种方法。用这种方法提供的数据，虽然精确度高，但容易脱离现场实际情况。

3. 统计法

统计法是通过对现场用料的大量统计资料进行分析计算的一种方法。用该方法可获得材料消耗的各项数据，用以编制材料消耗定额。

4. 理论计算法

理论计算法是运用一定的计算公式计算材料消耗量，确定消耗定额的一种方法。这种方法较适合计算块状、板状、卷状等材料的消耗量。

（1）砖砌体材料用量计算：

标准砖砌体中，标准砖、砂浆用量计算公式为：

$$\text{每立方米砌体标准砖净用量(块)}=\frac{2\times\text{墙厚的砖数}}{\text{墙厚}\times(\text{砖长}+\text{灰缝})\times(\text{砖厚}+\text{灰缝})} \tag{4.4.5}$$

（2）各种块料面层的材料用量计算：

$$\text{每 }100\text{m}^2\text{ 块料面层中块料净用量(块)}=\frac{100}{(\text{块料长}+\text{灰缝})\times(\text{块料宽}+\text{灰缝})} \tag{4.4.6}$$

$$\text{每 }100\text{m}^2\text{ 块料面层中灰缝砂浆净用量(m}^3\text{)}=(100-\text{块料净用量块料长}\times\text{块料宽})\times\text{块料厚} \tag{4.4.7}$$

$$\text{每 }100\text{m}^2\text{ 块料面层中结合层砂浆净用量(m}^3\text{)}=100\times\text{结合层厚} \tag{4.4.8}$$

$$\text{各种材料总耗量}=\text{净用量}\times(1+\text{损耗率}) \tag{4.4.9}$$

（3）周转性材料消耗量计算：建筑安装施工中除了耗用直接构成工程实体的各种材料、成品、半成品外，还需要耗用一些工具性的材料，如挡土板、脚手架及模板等。这类材料在施工中不是一次消耗完，而是随着使用次数逐渐消耗的，故称为周转性材料。

周转性材料在定额中是按照多次使用、多次摊销的方法计算。定额表中规定的数量是使用一次摊销的实物量。

1）考虑模板周转使用补充和回收的计算公式。

$$\text{摊销量}=\text{周转使用量}-\text{回收量} \tag{4.4.10}$$

$$\text{周转使用量}=\frac{\text{一次使用量}+\text{一次使用量}\times(\text{周转次数}-1)\times\text{损耗率}}{\text{周转次数}} \tag{4.4.11}$$

$$\text{回收量}=\frac{\text{一次使用量}\times(1-\text{损耗率})\times\text{回收折价率}}{\text{周转次数}} \tag{4.4.12}$$

2）不考虑周转使用补充和回收量的计算公式。

$$\text{摊销量}=\frac{\text{一次使用量}}{\text{周转次数}} \tag{4.4.13}$$

三、机具台班定额

机具台班定额是施工机械生产率的反映，编制高质量的机具台班定额是合理组织机械化施工，有效地利用施工机械，进一步提高机械生产率的必备条件。机具台班定额消耗量包括机械台班定额消耗量和仪器仪表台班定额消耗量，二者的确定方法大体相同，本部分主要介绍机械台班定额消耗量的确定。

（一）确定施工机械纯工作 1h 的正常生产率

施工机械纯工作时间，就是指施工机械必须消耗的时间，它包括正常工作负荷下、有根据降低负荷下、不可避免的无负荷时间和不可避免的中断时间。施工机械纯工作 1h 的正常生产率，就是在正常施工组织条件下，具有必需的知识和技能的技术工人操作施工机械 1h 的劳动生产率。

根据机械工作特点的不同，机械 1h 纯工作正常生产率的确定方法，也有所不同。

（1）对于循环动作机械，确定机械纯工作 1h 正常生产率的计算公式如下：

$$\text{机械一次循环的正常延续时间} = \sum(\text{循环各组成部分正常延续时间}) - \text{交叠时间} \tag{4.4.14}$$

$$\text{机械纯工作 1h 循环次数} = \frac{60 \times 60\ (s)}{\text{一次循环的正常延续时间}} \tag{4.4.15}$$

$$\text{机械纯工作 1h 正常生产率} = \text{机械纯工作 1h 正常循环次数} \times \text{一次循环生产的产品数量} \tag{4.4.16}$$

（2）对于连续动作机械，确定机械纯工作 1h 正常生产率要根据机械的类型和结构特征，以及工作过程的特点来进行。计算公式如下：

$$\text{连续动作机械纯工作 1h 正常生产率} = \frac{\text{工作时间内生产的产品数量}}{\text{工作时间 (h)}} \tag{4.4.17}$$

工作时间内的产品数量和工作时间的消耗，要通过多次现场观察和机械说明书来取得数据。

（二）确定施工机械的时间利用系数

机械的时间利用系数，是指机械在工作班内工作时间的利用率。机械时间利用系数与机械在工作班内的工作状况有着密切的关系。所以，要确定机械的时间利用系数，首先要拟定机械工作班的正常工作状况，保证合理利用工时。机械时间利用系数的计算公式如下：

$$\text{机械时间利用系数} = \frac{\text{机械在一个工作班内纯工作时间}}{\text{一个工作班延续时间(8h)}} \tag{4.4.18}$$

（三）计算施工机械台班定额

计算施工机械台班定额是编制机械台班定额的最后一步。在确定了机械工作正常条件、机械 1h 纯工作时间正常生产率和机械时间利用系数后，就可以确定机械台班的定额指标了。

$$\text{施工机械台班产量定额} = \text{机械 1h 纯工作正常生产率} \times \text{工作班纯工作时间} \tag{4.4.19}$$

或

$$\text{施工机械台班产量定额} = \text{机械 1h 纯工作正常生产率} \times \text{工作班延续时间} \times \text{机械时间利用系数} \tag{4.4.20}$$

$$\text{施工机械时间定额} = \frac{1}{\text{机械台班产量定额指标}} \tag{4.4.21}$$

第五节　人工、材料、机具台班单价及定额基价

一、人工单价

人工单价是指施工企业平均技术熟练程度的生产工人在每工作日（国家法定工作时间内）按规定从事施工作业应得的日工资总额。合理确定人工工日单价是正确计算人工费和工程造价的前提和基础。

（一）人工日工资单价组成内容

人工单价由计时工资或计件工资、奖金、津贴补贴以及特殊情况下支付的工资组成。

（1）计时工资或计件工资：是指按计时工资标准和工作时间或对已做工作按计件单价支付给个人的劳动报酬。

（2）奖金：是指对超额劳动和增收节支支付给个人的劳动报酬。如节约奖、劳动竞赛奖等。

（3）津贴补贴：是指为了补偿职工特殊或额外的劳动消耗和因其他原因支付给个人的津贴，以及为了保证职工工资水平不受物价影响支付给个人的物价补贴。

（4）特殊情况下支付的工资：是指根据国家法律、法规和政策规定，因病、工伤、产假、计划生育假、婚丧假、事假、探亲假、定期休假、停工学习、执行国家或社会义务等原因按计时工资标准或计时工资标准的一定比例支付的工资。

（二）人工日工资单价确定方法

（1）年平均每月法定工作日：由于人工日工资单价是每一个法定工作日的工资总额，因此需要对年平均每月法定工作日进行计算。计算公式如下：

$$\text{年平均每月法定工作日}=\frac{\text{全年日历日}-\text{法定假日}}{12} \tag{4.5.1}$$

式中，法定假日为双休日和法定节日。

（2）日工资单价的计算：确定了年平均每月法定工作日后，将上述工资总额进行分摊，即形成了人工日工资单价。计算公式如下：

$$\text{日工资单价}=\frac{\begin{matrix}\text{生产工人平均月工资}\\\text{（计时、计件）}\end{matrix}+\text{平均月（奖金}+\text{津贴补贴}+\text{特殊情况下支付的工资）}}{\text{年平均每月法定工作日}} \tag{4.5.2}$$

（3）日工资单价的管理：虽然施工企业投标报价时可以自主确定人工费，但由于人工日工资单价在我国具有一定的政策性，因此工程造价管理确定日工资单价应通过市场调查、根据工程项目的技术要求，参考实物工程量人工单价综合分析确定，发布的最低日工资单价不得低于工程所在地人力资源和社会保障部门说发布的最低工资标准的：普工 1.3 倍，一般技工 2 倍，高级技工 3 倍。

二、材料单价

（一）材料单价的概念及其组成

1. 材料单价的概念

材料单价是建筑材料从其来源地运到施工工地仓库，直至出库形成的综合平均单价。

2. 材料单价的组成

材料单价由下列费用组成：

（1）材料原价（或供应价格）。

（2）材料运杂费。

（3）运输损耗费。

（4）采购及保管费。

（二）材料单价中各项费用的确定

1. 材料原价（或供应价格）

材料原价是指材料、工程设备的出厂价格或商家供应价格。

在确定材料原价时，如同一种材料，因来源地、供应单位或生产厂家不同，有几种价格时，要根据不同来源地的供应数量比例，采取加权平均的方法计算其材料的原价。

2. 运杂费

运杂费是指材料、工程设备自来源地运至工地仓库或指定堆放地点所发生的全部费用。

3. 运输损耗费

材料运输损耗是指材料在运输和装卸过程中不可避免的损耗。

一般通过损耗率来规定损耗标准。

材料运输损耗＝(材料原价＋材料运杂费)×运输损耗率　　(4.5.3)

4. 采购及保管费

材料采购及保管费是指为组织采购、供应和保管材料、工程设备的过程中所需要的各项费用。包括采购费、仓储费、工地保管费、仓储损耗。

材料采购及保管费＝(材料原价＋运杂费＋运输损耗费)×采购及保管费率　(4.5.4)

上述费用的计算可以综合成一个计算式：

材料单价＝[(材料原价＋运杂费)×(1＋运输损耗率)]×(1＋采购及保管费率)　(4.5.5)

由于我国幅员广大，建筑材料产地与使用地点的距离，各地差异很大，同时采购、保管、运输方式也不尽相同，因此材料单价原则上按地区范围编制。

【例 4.5.1】 某工地水泥从两个地方采购，其采购量及有关费用如表 4.5.1 所示，求该工地水泥的基价。

表 4.5.1　某工地水泥采购量及有关费用

采购处	采购量	原价	运杂费	运输损耗率	采购及保管费费率
来源一	300t	240 元/t	20 元/t	0.5%	3%
来源二	200t	250 元/t	15 元/t	0.4%	

解： 加权平均原价$=\dfrac{300\times240+200\times250}{300+200}=244$(元/t)

加权平均运杂费$=\dfrac{300\times20+200\times15}{300+200}=18$(元/t)

来源一的运输损耗费＝(240＋20)×0.5%＝1.3(元/t)

来源二的运输损耗费＝(250＋15)×0.4%＝1.06(元/t)

加权平均运输损耗费$=\dfrac{300\times1.3+200\times1.06}{300+200}=1.204$(元/t)

水泥基价＝(244＋18＋1.204)×(1＋3%)＝271.1(元/t)

三、施工机械台班单价

施工机械使用费是根据施工中耗用的机械台班数量和机械台班单价确定的。施工机械台班耗用量按有关定额规定计算；施工机械台班单价是指一台施工机械，在正常运转条件下一个工作班中所发生的全部费用，每台班按8h工作制计算。正确制定施工机械台班单价是合理确定和控制工程造价的重要方面。

根据《建设工程施工机械台班费用编制规则》的规定，施工机械划分为十二个类别：土石方及筑路机械、桩工机械、起重机械、水平运输机械、垂直运输机械、混凝土及砂浆机械、加工机械、泵类机械、焊接机械、动力机械、地下工程机械和其他机械。

施工机械台班单价由七项费用组成，包括折旧费、检修费、维护费、安拆费及场外运费、人工费、燃料动力费和其他费用。

（一）折旧费的组成及确定

折旧费是指施工机械在规定的使用期限（即耐用总台班）内，陆续收回其原值的费用。计算公式如下：

$$台班折旧费=\frac{机械预算价格\times(1-残值率)}{耐用总台班} \tag{4.5.6}$$

1. 机械预算价格

（1）国产施工机械的预算价格：国产施工机械预算价格按照机械原值、相关手续费和一次运杂费以及车辆购置税之和计算。

1）机械原值应按下列途径询价、采集：

① 编制期施工企业购进施工机械的成交价格。

② 编制期施工机械展销会发布的参考价格。

③ 编制期施工机械生产厂、经销商的销售价格。

④ 其他能反映编制期施工机械价格水平的市场价格。

2）相关手续费和一次运杂费应按实际费用综合取定，也可按其占施工机械原值的百分率确定。

3）车辆购置税应按下列公式计算：

$$车辆购置税=计取基数\times车辆购置税率(\%) \tag{4.5.7}$$

其中　　$计取基数=机械原值+相关手续费和一次运杂费$

车辆购置税率应按编制期间国家有关规定计算。

（2）进口施工机械的预算价格：进口施工机械的预算价格按照到岸价格、关税、消费税、相关手续费和国内一次运杂费、银行财务费、车辆购置税之和计算。

1）进口施工机械原值应按下列方法取定：

① 进口施工机械原值应按“到岸价格＋关税”取定，到岸价格应按编制期施工企业签订的采购合同、外贸与海关等部门的有关规定及相应的外汇汇率计算取定。

② 进口施工机械原值应按不含标准配置以外的附件及备用零配件的价格取定。

2）关税、消费费及银行财务费应执行编制期国家有关规定，并参照实际发生的费用计算。也可按占施工机械原值的百分率取定。

3）相关手续费和国内一次运杂费应按实际费用综合取定，也可按其占施工机械原值的百分率确定。

4）车辆购置税应按下列公式计算：

$$车辆购置税=计税价格\times车辆购置税率 \tag{4.5.8}$$

其中 计税价格＝到岸价格＋关税＋消费税

车辆购置税率应按编制期间国家有关规定计算。

2. 残值率

残值率是指机械报废时回收其残余价值占施工机械预算价格的百分数。残值率应按编制期国家有关规定确定：目前各类施工机械均按5％计算。

3. 耐用总台班

耐用总台班是指施工机械从开始投入使用至报废前使用的总台班数，应按相关技术指标取定。

年工作台班是指施工机械在一个年度内使用的台班数量。年工作台班应在编制期制度工作日基础上扣除检修、维护天数及考虑机械利用率等因素综合取定。

机械耐用总台班的计算公式为：

$$\text{耐用总台班}=\text{折旧年限}\times\text{年工作台班}=\text{检修间隔台班}\times\text{检修周期} \quad (4.5.9)$$

检修间隔台班是指机械自投入使用起至第一次检修止或自上一次检修后投入使用起至下一次检修止，应达到的使用台班数。

检修周期是指机械正常的施工作业条件下，将其寿命期（即耐用总台班）按规定的检修次数划分为若干个周期。其计算公式为：

$$\text{检修周期}=\text{检修次数}+1 \quad (4.5.10)$$

（二）检修费的组成及确定

检修费是指施工机械在规定的耐用总台班内，按规定的检修间隔进行必要的检修，以恢复其正常功能所需的费用。检修费是机械使用期限内全部检修费之和在台班费用中的分摊额，它取决于一次检修费、检修次数和耐用总台班的数量。其计算公式为：

$$\text{台班检修费}=\frac{\text{一次检修费}\times\text{检修次数}}{\text{耐用总台班}}\times\text{除税系数} \quad (4.5.11)$$

（1）一次检修费指施工机械一次检修发生的工时费、配件费、辅料费、油燃料费等。一次检修费应以施工机械的相关技术指标和参数为基础，结合编制期市场价格综合确定。可按其占预算价格的百分率取定。

（2）检修次数是指施工机械在其耐用总台班内的检修次数。检修次数应按施工机械的相关技术指标取定。

（3）除税系数的计算公式为：

$$\text{除税系数}=\text{自行检修比例}+\frac{\text{委外检修比例}}{1+\text{税率}} \quad (4.5.12)$$

自行检修比例、委外检修比例是指施工机械自行检修费用、委托专业修理修配部门检修费用占检修费比例。具体比值应结合本地区（部门）施工机械检修实际综合取定。

（三）维护费的组成及确定

维护费是指施工机械在规定的耐用总台班内，按规定的维护间隔进行各级维护和临时故障排除所需的费用。保障机械正常运转所需替换与随机配备工具附具的摊销和维护费用、机械运转及日常保养维护所需润滑与擦拭的材料费用及机械停滞期间的维护费用等。各项费用分摊到台班中，即为维护费。其计算公式为：

$$台班维护费=\frac{\sum(各级维护一次费用\times除税系数\times各级维护次数)+临时故障排除费}{耐用总台班}\tag{4.5.13}$$

当维护费计算公式中各项数值难以确定时，也可按下列公式计算：

$$台班维护费=台班检修费\times K\tag{4.5.14}$$

式中 K——维护费系数，指维护费占检修费的百分数。

(1) 各级维护一次费用应按施工机械的相关技术指标，结合编制期市场价格综合取定。

(2) 各级维护次数应按施工机械的相关技术指标取定。

(3) 临时故障排除费可按各级维护费用之和的百分数取定。

(4) 替换设备及工具附具台班摊销费应按施工机械的相关技术指标，结合编制期市场价格综合取定。

(5) 除税系数。除税系数是指施工机械维护存在购买服务方式时，为扣除增值税进项税额而乘的系数，如式（4.5.12）所示。

(四) 安拆费及场外运费的组成及确定

安拆费是指施工机械在现场进行安装与拆卸所需的人工、材料、机械和试运转费用以及机械辅助设施的折旧、搭设、拆除等费用。

场外运费是指施工机械整体或分体自停放地点运至施工现场或由一施工地点运至另一施工地点的运输、装卸、辅助材料以及架线等费用。

安拆费及场外运费根据施工机械不同分为计入台班单价、单独计算和不需计算三种类型。

(1) 安拆简单、移动需要起重及运输机械的轻型施工机械，其安拆费及场外运费计入台班单价。安拆费及场外运费应按下列公式计算：

$$台班安拆费及场外运费=\frac{一次安拆费及场外运费\times年平均安拆次数}{年工作台班}\tag{4.5.15}$$

1）一次安拆费应包括施工现场机械安装和拆卸一次所需的人工费、材料费、机械费、安全监测部门的检测费及试运转费。

2）一次场外运费应包括运输、装卸、辅助材料和回程等费用。

3）年平均安拆次数按施工机械的相关技术指标，结合具体情况综合确定。

4）运输距离均按平均 30km 计算。

(2) 单独计算的情况包括：

1）安拆复杂、移动需要起重及运输机械的重型施工机械，其安拆及场外运费单独计算。

2）利用辅助设施移动的施工机械，其辅助设施（包括轨道和枕木）等的折旧、搭设和拆除等费用可单独计算。

(3) 不需计算的情况包括：

1）不需安拆的施工机械，不需计算一次安拆费。

2）不需相关机械辅助运输的自行移动机械，不计算场外运费。

3）固定在车间的施工机械，不需计算安拆费及场外运费。

(4) 自升式塔式起重机、施工电梯安拆费的超高起点及其增加费，各地区、部门可根据具体情况确定。

（五）人工费的组成及确定

人工费指机上司机（司炉）和其他操作人员的人工费。按下列公式计算：

$$台班人工费=人工消耗量\times\left(1+\frac{年制度工作日-年工作台班}{年工作台班}\right)\times人工单价 \quad (4.5.16)$$

（1）人工消耗量指机上司机（司炉）和其他操作人员工日消耗量。

（2）年制度工作日应执行编制期国家有关规定。

（3）人工单价应执行编制期工程造价管理机构发布的信息价格。

（六）燃料动力费的组成及确定

燃料动力费是指施工机械在运转作业中所耗用的燃料及水、电等费用。计算公式如下：

$$台班燃料动力费=\sum(台班燃料动力消耗量\times燃料动力单价) \quad (4.5.17)$$

（1）台班燃料动力消耗量应根据施工机械技术指标等参数及实测资料综合确定。可采用下列公式：

$$台班燃料动力消耗量=\frac{实测数\times4+定额平均值+调查平均值}{6} \quad (4.5.18)$$

（2）燃料动力单价应执行编制期工程造价管理机构发布的不含税信息价格。

【例4.5.2】 某载重汽车配司机1人，当年制度工作日为250天，年工作台班为230台班，人工日工资单价为50元。求该载重汽车的台班人工费为多少？

解：台班人工费$=1\times\left(1+\frac{250-230}{230}\right)\times50=54.35$（元/台班）

（七）其他费用的组成及确定

其他费用是指施工机械按照国家规定应缴纳的车船税、保险费及检测费等。其计算公式为：

$$台班其他费=\frac{年车船税+年保险费+年检测费}{年工作台班} \quad (4.5.19)$$

（1）年车船税、年检测费应执行编制期国家及地方政府有关部门的规定。

（2）年保险费应执行编制期国家及地方政府有关部门强制性保险的规定，非强制性保险不应计算在内。

四、施工仪器仪表台班单价

根据《建设工程施工仪器仪表台班费用编制规则》的规定，施工仪器仪表划分为七个类别：自动化仪表及系统、电工仪器仪表、光学仪器、分析仪表、试验机、电子和通信测量仪器仪表、专用仪器仪表。

施工仪器仪表台班单价由四项费用组成，包括折旧费、维护费、校验费、动力费。施工仪器仪表台班单价中的费用组成不包括检测软件的相关费用。

（一）折旧费的组成及确定

施工仪器仪表台班折旧费是指施工仪器仪表在耐用总台班内，陆续收其原值的费用。计算公式如下：

$$台班折旧费=\frac{施工仪器仪表原值\times(1-残值率)}{耐用总台班} \quad (4.5.20)$$

（1）施工仪器仪表原值应按以下方法取定。

1）对从施工企业采集的成交价格，各地区、部门可结合本地区、部门实际情况，综合确定施工仪器仪表原值。

2）对从施工仪器仪表展销会采集的参考价格或从施工仪器仪表生产厂、经销商采集的销价价格，各地区、部门可结合本地区、部门实际情况，测算价格调整系数取定施工仪器仪表原值。

3）对类别、名称、性能规格相同而生产厂家不同的施工仪器仪表，各地区、部门可根据施工企业实际购进情况，综合取定施工仪器仪表原值。

4）对进口与国产施工仪器仪表性能规格相同的，应以国产为准取定施工仪器仪表原值。

5）进口施工仪器仪表原值应按编制期国内市场价格取定。

6）施工仪器仪表原值应按不含一次运杂费和采购保管费的价格取定。

（2）残值率是指施工仪器仪表报废时收回其残余价值占施工仪器仪表原值的百分比。残值率应按国家有关规定取定。

（3）耐用总台班是指施工仪器仪表从开始投入使用至报废前所积累的工作总台班数量。耐用总台班应按相关技术指标取定。

$$耐用总台班=年工作台班\times折旧年限 \quad (4.5.21)$$

1）年工作台班是指施工仪器仪表在一个年度内使用的台班数量。

$$年工作台班=年制度工作日\times年使用率 \quad (4.5.22)$$

年制度工作日应按国家规定制度工作日执行，年使用率应按实际使用情况综合取定。

2）折旧年限是指施工仪器仪表逐年计提折旧费的年限。折旧年限应按国家有关规定取定。

（二）维护费的组成及确定

施工仪器仪表台班维护费是指施工仪器仪表各级维护、临时故障排除所需的费用及为保证仪器仪表正常使用所需备件（备品）的维护费用。计算公式如下：

$$台班维护费=\frac{年维护费}{年工作台班} \quad (4.5.23)$$

（三）校验费的组成及确定

施工仪器仪表台班校验费是指按国家与地方政府规定的标定与检验的费用。计算公式如下：

$$台班校验费=\frac{年校验费}{年工作台班} \quad (4.5.24)$$

年校验费是指施工仪器仪表一个年度内发生的校验费用。年校验费应按相关技术指标取定。

（四）动力费的组成及确定

施工仪器仪表台班动力费是指施工仪器仪表在施工过程中所耗用的电费。计算公式如下：

$$台班动力费=台班耗电量\times电价 \quad (4.5.25)$$

（1）台班耗电量应根据施工仪器仪表不同类别，按相关技术指标综合取定。

（2）电价应执行编制期工程造价管理机构发布的信息价格。

五、定额基价

定额基价，是指反映完成定额项目规定的单位建筑安装产品，在定额编制基期所需的人工费、材料费、施工机械使用费或其总和。

定额基价相对比较稳定，有利于简化概（预）算的编制工作。之所以是不完全价格，因为只包含了人工、材料、机械台班的费用。

《建设工程工程量清单计价规范》（GB 50500—2013）的综合单价也是不完全费用单价，这种单价虽然包括了人工、材料、机械台班、管理费、利润等费用，但规费和税金等不可竞争的费用仍未被包含其中。目前，我国已有不少省、市编制了工程量清单项目的综合单价的基价，为发承包双方组成工程量清单项目综合单价构建了平台，取得了成效。

（一）基价的构成

定额基价是由人材机单价构成的，计算公式为：

定额项目基价＝人工费＋材料费＋机械费　（4.5.26）

人工费＝定额项目工日数×人工单价　（4.5.27）

材料费＝$\sum$（定额项目材料用量×材料单价）　（4.5.28）

机械费＝$\sum$（定额项目台班量×台班单价）　（4.5.29）

（二）定额基价的套用

当施工图的设计要求与预算定额的项目内容一致时，可直接套用预算定额。

在编制单位工程施工图预算的过程中，大多数项目可以直接套用预算定额。套用时应注意以下几点：

（1）根据施工图纸、设计说明和做法说明选择定额项目。

（2）要从工程内容、技术特征和施工方法上仔细核对，才能准确地确定相对应的定额项目。

（3）分项工程项目名称和计量单位要与预算定额相一致。

（三）定额基价的换算

当施工图中的分项工程项目不能直接套用预算定额时，就产生了定额的换算。

1. 换算类型

预算定额的换算类型有以下三种：

（1）当设计要求与定额项目配合比、材料不同时的换算。

（2）按定额说明规定对定额中的人工费、材料费、机械费乘以各种系数的换算。

（3）其他换算。

2. 换算的基本思路

根据某一相关定额，按定额规定换入增加的费用，扣除减少的费用。这一思路用公式表示为：

换算后的定额基价＝原定额基价＋换入的费用－换出的费用　（4.5.30）

3. 适用范围

适用于砂浆强度等级、混凝土强度等级、抹灰砂浆及其他配合比材料与定额不同时的换算。

第六节　工程造价信息

一、工程造价信息的含义

工程造价信息是指工程造价管理机构发布的建设工程人工、材料、工程设备、施工机械台班的价格信息，以及各类工程的造价指数、指标等。

在工程发承包市场和工程建设过程中，工程造价总是在不停地变化之中，并呈现出种种不同特征。人们对工程发承包市场和工程建设过程中工程造价运动的变化，是通过工程造价信息来认识和掌握的。

在工程发承包市场和工程建设中，工程造价是最灵敏的调节器和指示器。无论是工程造价主管部门还是工程发承包双方，都要通过接收、加工、传递和利用工程造价信息来了解工程建设市场动态，预测工程造价发展，制定工程造价政策和确定工程发承包价格。特别是工程量清单计价，且工程造价主要由市场定价的过程中，工程造价信息起着举足轻重的作用。

二、工程造价信息的管理

为便于对工程造价信息的管理，有必要按一定的原则和方法进行区分和归集，并做到及时发布。因此应该对工程造价信息进行分类。

从广义上说，所有对工程造价的确定和控制过程起作用的资料都可以称为工程造价信息。例如各种定额资料、标准规范、政策文件等。但最能体现工程造价信息变化特征，并且在工程价格的市场机制中起重要作用的工程造价信息主要包括以下几类：

（1）人工价格：包括各类技术工人、普工的月工资、日工资、时工资标准，各工程实物量人工单价等。

（2）材料、设备价格：包括各种建筑材料、装修材料、安装材料和设备等市场价格。

（3）机械台班价格：包括各种施工机械台班价格或其租赁价格。

（4）综合单价：包括各种分部分项工程量清单和措施项目清单评标后中标的综合单价。

（5）其他：包括各种脚手架、模板等周转性材料的租赁价格等。

工程造价信息是当前工程造价最为重要的计价依据之一。因此，及时的、准确的收集、整理、发布工程造价信息，已成为工程造价管理机构最重要的日常工作之一。

三、工程造价资料的分类

工程造价资料是指已建成和在建的有使用价值的、有代表性的工程设计概算、施工图预算、工程竣工结算、工程决算、单位工程施工成本，以及新材料、新工艺、新设备、新技术等建筑安装分部分项工程的单价分析等资料。

1. 不同工程类型

工程造价资料按照其不同工程类型（如厂房、铁路、住宅、公建、市政工程等）进行划分，并分别列出其包含的单项工程和单位工程。

2. 不同阶段

工程造价资料按照其不同阶段，一般分为项目可行性研究投资估算、初步设计概算、施工图预算、竣工结算、工程决算等。

3. 不同范围

工程造价资料按照其组成特点，一般分为建设项目、单项工程和单位工程造价资料，同时也包括有关新材料、新工艺、新设备、新技术的分部分项工程造价资料。

四、工程造价资料积累的内容

工程造价资料积累的内容应包括“量”（如主要工程量、材料及设备数量等）和“价”，还要包括对造价确定有重要影响的技术经济条件，如工程概况、建设条件等。

1. 建设项目和单项工程造价资料

（1）对造价有主要影响的技术经济条件。如项目建设标准、建设工期、建设地点等。

（2）主要的工程量、主要的材料量和主要设备的名称、型号、规格、数量等。

（3）投资估算、概算、预算、竣工决算及造价指数等。

2. 单位工程造价资料

单位工程造价资料包括工程的内容、建筑结构特征、主要工程量、主要材料用量和单价、人工工日和人工费以及相应的造价。

3. 其他

有关新材料、新工艺、新设备、新技术分部分项工程的人工工日用量、主要材料用量、机械台班用量。

五、工程造价资料的管理

1. 建立造价资料积累制度

1991 年 11 月，原建设部印发了关于《建立工程造价资料积累制度的几点意见》的文件，标志着我国的工程造价资料积累制度正式建立起来，工程造价资料积累工作正式开展。建立工程造价资料积累制度是工程造价计价依据极其重要的基础性工作。全面系统地积累和利用工程造价资料，建立稳定的造价资料积累制度，对于我国加强工程造价管理，合理确定和有效控制工程造价具有十分重要的意义。

工程造价资料积累的工作量大，牵涉面也很广，主要依靠国务院各有关部门和各省、自治区、直辖市建设、发展改革、财政部门组织进行。

2. 资料数据库的建立和网络化管理

积极推广使用计算机建立工程造价资料的资料数据库，开发通用的工程造价资料管理程序，可以提高工程造价资料的适用性和可靠性。要建立造价资料数据库，首要的问题是工程的分类与编码。由于不同的工程在技术参数和工程造价组成方面有较大的差异，必须把同类型工程合并在一个数据库文件中，而把另一类型工程合并到另一数据库文件中去。为了便于进行数据的统一管理和信息交流，必须设计出一套科学、系统的编码体系。

有了统一的工程分类与相应的编码之后，就可以由各部门、各省、市自治区工程造价管理部门负责数据的搜集、整理和输入工作，从而得到不同层次的造价资料数据库。数据库必须严格遵守统一的标准和规范。按规定格式积累工程造价资料，建立工程造价资料数据库。

（1）工程造价资料数据库的主要作用。

1）编制概算指标、投资估算指标的重要基础资料。

2）编制类似工程投资估算、设计概算的资料。

3）审查施工图预算的基础资料。

4）研究分析工程造价变化规律的基础。

5）编制固定资产投资计划的参考依据。

6）编制招标控制价和投标报价的参考依据。

7）编制预算定额、概算定额的基础资料。

（2）工程造价资料数据库网络化管理的优越性。

1）便于对价格进行宏观上的科学管理，减少各地重复搜集同样的造价资料的工作。

2）便于对不同地区的造价水平进行比较，从而为投资决策提供必要的信息。

3）便于各地工程造价管理部门的相互协作、信息资料的相互交流。

4）便于原始价格数据的搜集，可以大大减少工作量。

5）便于对价格的变化进行预测，使造价资料使用可以通过网络尽早了解工程造价的变化趋势。

六、工程造价指数的编制和动态管理

（一）工程造价指数及其特性分析

1. 工程造价指数的概念及其编制的意义

工程造价指数是指反映一定时期的工程造价相对于某一固定时期或上一时期工程造价的变化方向、趋势和程度的比值或比率。

工程造价指数反映了价格变动趋势，利用它来研究实际工作中的下列问题很有意义：

（1）可以利用工程造价指数分析价格变动趋势及其原因。

（2）可以利用工程造价指数预计宏观经济变化对工程造价的影响。

（3）工程造价指数是工程承发包双方进行工程估价和结算的重要依据。

2. 工程造价指数的内容及其特征

工程造价指数是调整工程造价价差的依据。按照构成内容不同，可以分为单项价格指数信息和综合价格指数信息。按照使用范围和对象不同，可以分为建设项目或单项工程造价指数信息、设备工器具价格指数信息、建筑安装工程造价指数、人工价格指数信息、材料价格指数信息、施工机械使用费指数信息等。

（1）建设项目或单项工程造价指数：该指数是由设备、工器具指数、建筑安装工程造价指数、工程建设其他费用指数综合得到的。它也属于总指数，并且与建筑安装工程造价指数类似，一般也用平均数指数的形式来表示。

（2）设备、工器具价格指数：设备、工器具的种类、品种和规格很多。设备、工器具费用的变动通常是由两个因素引起的，即设备、工器具单件采购价格的变化和采购数量的变化，并且工程所采购的设备、工器具是由不同规格、不同品种组成的，因此，设备、工器具价格指数属于总指数。由于采购价格与采购数量的数据无论是基期还是报告期都比较容易获得，因此设备、工器具价格指数可以用综合指数的形式来表示。

（3）建筑安装工程造价指数：建筑安装工程造价指数也是一种综合指数，其中包括了人工费指数、材料费指数、施工机械使用费指数以及企业管理费等各项个体指数的综合影响。由于建筑安装工程造价指数相对比较复杂，涉及的方面较广，利用综合指数来进行计算分析难度较大。因此可以通过对各项个体指数的加权平均，用平均数指数的形式来表示。

(4) 各种单项价格指数：这其中包括了反映各类工程的人工费、材料费、施工机械使用费报告期价格对基期价格的变化程度的指标。可利用它研究主要单项价格变化的情况及其发展变化的趋势。其计算过程可以简单表示为报告期价格与基期价格之比。依此类推，可以把各种费率指数也归于其中，例如企业管理费指数，甚至工程建设其他费用指数等。这些费率指数的编制可以直接用报告期费率与基期费率之比求得。很明显，这些单项价格指数都属于个体指数。其编制过程相对比较简单。

当然，根据造价资料的期限长短来分类，也可以把工程造价指数分为时点造价指数、月指数、季指数和年指数等。

（二）工程造价指数的编制

1. 各种单项价格指数的编制

(1) 人工费、材料费、施工机械使用费等价格指数的编制：这种价格指数的编制可以直接用报告期价格与基期价格相比后得到。

$$人工费（材料费、施工机械使用费）价格指数=P_1/P_0 \tag{4.6.1}$$

式中 P_0——基期人工日工资单价（材料价格、机械台班单价）；

P_1——报告期人工日工资单价（材料价格、机械台班单价）。

(2) 企业管理费及工程建设其他费等费率指数的编制：

$$企业管理费（工程建设其他费）费率指数=P_1/P_0 \tag{4.6.2}$$

式中 P_0——基期企业管理费（工程建设其他费）费率；

P_1——报告期企业管理费（工程建设其他费）费率。

2. 设备、工器具价格指数的编制

如前所述，设备工器具价格指数是用综合指数形式表示的总指数。运用综合指数计算总指数时，一般要涉及两个因素，一个是指数所要研究的对象，叫指数化因素；另一个是将不能同度量现象过渡为可以同度量现象的因素，叫同度量因素。当指数化因素是数量指标时，这时计算的指数称为数量指标指数；当指数化因素是质量指标时，这时的指数称为质量指标指数。很明显，在设备、工器具价格指数中，指数化因素是设备、工器具的采购价格，同度量因素是设备工器具的采购数量。因此设备、工器具价格指数是一种质量指标指数。

(1) 同度量因素的选择：既然已经明确了设备、工器具价格指数是一种质量指标指数，那么同度量因素应该是数量指标，即设备、工器具的采购数量。因此就会面临一个新的问题，就是应该选择基期计划采购数量为同度量因素，还是选择报告期实际采购数量为同度量因素。因同度量因素选择的不同，可分为拉斯贝尔体系和派许体系。拉斯贝尔体系主张采用基期指标作为同度量因素，而派许体系主张采用报告期指标作为同度量因素。

(2) 设备、工器具价格指数的编制：考虑到设备、工器具的采购品种很多，为简化起见，计算价格指数时可选择其中用量大、价格高、变动多的主要设备工器具的购置数量和单价进行计算。

3. 建筑安装工程价格指数

与设备、工器具价格指数类似，建筑安装工程价格指数也属于质量指标指数，所以也应用派氏公式计算。但考虑到建筑安装工程价格指数的特点，所以用综合指数的变形即平均数指数的形式表示。

（1）平均数指数：从理论上说，综合指数是计算总指数的比较理想的形式，因为它不仅可以反映事物变动的方向与程度，而且可以用分子与分母的差额直接反映事物变动的实际经济效果。

（2）建筑安装工程造价指数的编制：根据加权调和平均数指数的推导公式，可得建筑安装工程造价指数的编制如下（由于利润率、税率和规费费率通常不会变化，可以认为其单项价格指数为 1）。

$$\text{建筑安装工程造价指数}=\frac{\text{报告期建筑安装工程费}}{\dfrac{\text{报告期人工费}}{\text{人工费指数}}+\dfrac{\text{报告期材料费}}{\text{材料费指数}}+\dfrac{\text{报告期施工机械使用费}}{\text{施工机械使用费指数}}+\dfrac{\text{报告期企业管理费}}{\text{企业管理费指数}}+\text{利润}+\text{规费}+\text{税金}} \tag{4.6.3}$$

4. 建设项目或单项工程造价指数的编制

建设项目或单项工程造价指数是由建筑安装工程造价指数，设备、工器具价格指数和工程建设其他费用指数综合而成的。与建筑安装工程造价指数相类似，其计算也应采用加权调和平均数指数的推导公式，具体的计算过程如下：

$$\text{建设项目或单项工程指数}=\frac{\text{报告期建设项目或单项工程造价}}{\dfrac{\text{报告期建筑安装工程费}}{\text{建筑安装工程造价指数}}+\dfrac{\text{报告期设备、工器具费}}{\text{设备、工器具价格指数}}+\dfrac{\text{报告期工程建设其他费用}}{\text{工程建设其他费用指数}}} \tag{4.6.4}$$

（三）工程造价信息的动态管理

1. 工程造价信息管理的基本原则

工程造价的信息管理是指对信息的收集、加工整理、储存、传递与应用等一系列工作的总称。其目的就是通过有组织的信息流通，使决策者能及时、准确地获得相应的信息。为了达到工程造价信息动态管理的目的，在工程造价信息管理中应遵循以下基本原则。

（1）标准化原则：要求在项目的实施过程中对有关信息的分类进行统一，对信息流程进行规范，力求做到格式化和标准化，从组织上保证信息生产过程的效率。

（2）有效性原则：工程造价信息应针对不同层次管理者的要求进行适当加工，针对不同管理层提供不同要求和浓缩程度的信息。这一原则是为了保证信息产品对于决策支持的有效性。

（3）定量化原则：工程造价信息不应是项目实施过程中产生数据的简单记录，应该是经过信息处理人员的比较与分析。采用定量工具对有关数据进行分析和比较是十分必要的。

（4）时效性原则：考虑到工程造价计价过程的时效性，工程造价信息也应具有相应的时效性，以保证信息产品能够及时服务于决策。

（5）高效处理原则：通过采用高性能的信息处理工具（如工程造价信息管理系统），尽量缩短信息在处理过程中的延迟。

2. 我国目前工程造价信息管理的现状及问题

（1）我国工程造价信息管理的现状：在市场经济中，由于市场机制的作用和多方面的影响，工程造价的运动变化更快、更复杂。在这种情况下，工程承发包者单独、分散地进行工程造价信息的收集、加工，不但工作困难，而且成本很高。工程造价信息是一种具有共享性的社会资源。因此，政府工程造价主管部门利用自己信息系统的优势，对工程造价提供信息服务，其社会和经济效益是显而易见的。我国目前的工程造价信息管理主要以国家和地方政府主管部门为主，通过各种渠道进行工程造价信息的搜集、处理和发布，随着我国的建设市场越来越成熟，企业规模不断扩大，一些工程咨询公司和工程造价软件公司也加入了工程造价信息管理的行列。

1）全国工程造价信息系统的建立和完善：随着工程造价管理的不断发展，国家对工程造价的管理逐渐由直接管理转变为间接管理。国家制定统一的清单工程量计算规则，编制全国统一工程项目编码和定期公布人工、材料、机械等价格的信息。随着计算机网络技术的广泛应用，国家也已建立工程造价信息网，定期发布价格信息及其产业政策，为各地方主管部门、各咨询机构、其他造价编制和审定等单位提供基础数据。同时，通过工程造价信息网，采集各地、各企业的工程实际数据和价格信息。主管部门及时依据实际情况，制定新的政策法规，颁布新的价格指数等。各企业、地方主管部门可以通过该造价信息网，及时获得相关的信息。

2）地区和行业工程造价信息系统的建立和完善：由于各个地区的生产力发展水平不一致，经济发展不平衡，各地价格差异较大。因此，各地区和行业造价管理部门通过建立地区性和行业性造价信息系统，定期发布反映市场价格水平的价格信息和调整指数；依据本地区的经济、行业发展情况制定相应的政策措施。通过造价信息系统，地区及行业主管部门可以及时发布价格信息、政策规定等。同时，通过选择本地区或行业多个具有代表性的固定信息采集点或通过吸收各企业作为基本信息网员，收集本地区或行业的价格信息、实际工程信息，作为本地区或行业造价政策制定价格信息的数据和依据，使地区或行业主管部门发布的信息更具有实用性、市场性、指导性。目前，全国各地区和行业基本建立了工程造价信息网。

3）随着工程量清单计价方法的推广和完善，使得企业对工程造价信息的需求更趋时效性。施工企业迫切需要建立自己的造价资料数据库，但由于大多数施工企业在规模和能力上都达不到这一要求，因此这些工作在很大程度上委托给工程造价咨询公司或工程造价软件公司去完成，这是《建设工程工程量清单计价规范》（GB 50500—2013）颁布实施后工程造价信息管理出现的新的趋势。

（2）我国工程造价信息管理目前存在的问题：

1）对信息的采集、加工和传播缺乏统一规划，统一编码，系统分类，信息系统开发与资源拥有处于分散状态，无法达到信息资源共享和优势互补，更多的管理者满足于目前的表面信息，忽略信息深加工。

2）信息网建设有待完善。现有工程造价网多为造价站或咨询公司所建，网站内容主要为定额颁布、价格信息、相关文件转发、招投标信息发布、企业或公司介绍等；网站只是将已有的造价信息在网站上显示出来，缺乏对这些信息的整理与分析；信息维护更新速度慢，不能满足信息市场的需要。

3）定额计价方法下积累的信息资料与清单计价方法标准不符，不能完全实现和工程量清单计价方法的接轨。由于目前项目前期造价资料以定额计价方法为主，定额项目的划分与清单项目的划分口径不统一，信息的分类、采集、加工处理等的标准不一致，没有统一的范式和标准，数据格式与存取方式不一致，造成了前期造价资料不能直接应用于清单应用阶段，需要根据要求进行不断地调整，不能满足清单计价方法的要求。

3. 工程造价信息的管理

(1）发展造价信息咨询业，建立不同层次的造价信息动态管理体系。目前我国造价信息的提供仍以政府主管部门为主导，造价信息咨询行业的发展相对滞后。国外工程造价行业一直十分重视工程造价信息的收集和积累，他们设有专门的机构收集、整理各种工程造价信息，分析、测算各种工程造价指数，并通过工程造价信息平台提供给业界参考使用。国外在工程造价信息管理方面有比较成熟的方法及管理体系，我国可借鉴国外工程造价信息管理的理论研究及实践经验，并结合我国的实际情况建立自身的工程造价信息动态管理体系。

(2）工程造价管理信息化。工程造价管理信息化指的是工程造价信息资源的开发和应用，以及信息技术在工程造价管理中的开发和应用。在工程项目建设中，面对种类繁多的材料名称和品种，瞬息万变的材料价格显然依靠传统的信息获取、加工、处理方式和纸上信息远远不能满足要求。随着我国计算机和网络技术的发展，信息传播网络为工程造价信息化管理提供了一个非常好的环境和基础，同时也培训锻炼了一批专业人才；互联网技术使远程工程造价咨询活动成为可能，也使全面推行工程造价管理信息化成为可能。针对我国目前正在大力推广的工程量清单计价制度，工程造价管理应适应建设市场的新形势，围绕为工程建设市场服务，为工程造价管理改革服务这条主线，加快信息化建设，形成对工程造价信息的动态管理。

(3）工程造价信息化建设。

1）制定工程造价信息化管理发展规划。根据住房和城乡建设部《2011—2015年建筑业信息化发展纲要》，进一步加强工程造价信息化建设，不断提高信息技术应用水平，促进建筑业技术进步和管理水平提升。完善建筑行业与企业信息化标准体系和相关的信息化标准，推动信息资源整合，提高信息综合利用水平。制定出一整套目标明确、可操作性强的信息化发展规划方案，指定专人负责，做好相关资料收集、信息化技术培训等基础工作。

2）加快有关工程造价软件和网络的发展。工程造价信息网包括：建设工程人工、材料、机械、工程设备价格信息系统；建设工程造价指标信息系统及有关建设工程政策、工程定额、造价工程师和工程造价咨询和机构等信息。

3）发展工程造价信息化，推进造价信息的标准化工作。工程造价信息标准化工作，包括组织编制建设工程人工、材料、机械、设备的分类及标准代码，工程项目分类标准代码，各类信息采集及传输标准格式等工作，造价信息的标准化工作为全国工程造价信息化的发展提供基础。

4）加快培养工程造价管理信息化人才。随着信息系统专业化程度的提高，信息系统的运行维护和使用都需要配备专业的人员。培养可以适应工程造价管理信息化发展的人才，建立一支强大的信息技术开发与应用专业队伍，从而满足工程造价管理信息化建设的需要。

第五章 工程决策和设计阶段造价管理

第一节 决策和设计阶段造价管理工作程序和内容

一、决策和设计阶段工程造价确定与控制的意义

项目投资决策是选择和决定投资行动方案的过程，是对拟建项目的必要性和可行性进行技术经济论证，对不同建设方案进行技术经济比较及做出判断和决定的过程。正确的项目投资行动来源于正确的项目投资决策。项目决策正确与否，直接关系到项目建设的成败，关系到工程造价的高低及投资效果的好坏。正确决策是合理确定与有效控制工程造价的前提。项目决策阶段的产出是决策结果，是对投资活动的成果目标（使用功能）、基本实施方案和主要投入要素做出总体策划。这个阶段的产出对总投资影响，一般工业建设项目的经验数据为60%～70%，估计产出对项目使用功能的影响在70%～80%。这表明项目决策阶段对项目投资和使用功能具有决定性的影响。

工程设计是指在工程开始施工之前，设计者根据已批准的设计任务书，为具体实现拟建项目的技术、经济要求，拟定建筑、安装及设备制造等所需的规划、图纸、数据等技术文件的工作。设计是建设项目由计划变为现实具有决定意义的工作阶段。设计文件是建筑安装施工的依据。拟建工程在建设过程中能否保证质量、进度和节约投资，在很大程度上取决于设计质量的优劣。工程建成后，能否获得满意的经济效果，除了项目决策之外，设计工作起着决定性的作用。项目设计阶段的产出，一般是用图纸表示的具体设计方案。在这个阶段项目成果的功能、基本实施方案和主要投入要素就基本确定了。这个阶段的产出对总投资影响，一般工业建设项目的经验数据为20%～30%，对项目使用功能的影响在10%～20%。这表明项目设计阶段对项目投资和使用功能具有重要性影响。

决策和设计阶段工程造价确定与控制的意义主要有：

（1）提高资金利用效率和投资控制效率。决策和设计阶段工程造价的表现形式是投资估算和设计概、预算，通过编制与审核投资估算和设计概、预算，可以了解工程造价的构成，分析资金分配的合理性。在投资决策阶段，进行多方案的技术经济分析比较，选出最佳方案，为合理确定和有效控制工程造价提供良好的前提条件；在项目设计阶段，利用价值工程理论分析项目各个组成部分功能与成本的匹配程度，调整项目功能与成本，使工程造价构成更趋于合理，提高资金利用效率。此外，通过对投资估算和设计概、预算的分析，可以了解工程各组成部分的投资比例，进而将投资比例比较大的部分作为投资控制的重点，提高投资控制效率。

（2）使工程造价确定与控制工作更主动。项目决策阶段确定工程造价，是设定项目投资的一个期望值；项目设计阶段确定工程造价，是实现设定项目投资期望值方案的具体表现；

项目施工建设阶段确定工程造价，是实现设定项目投资期望值的具体操作。长期以来，人们把控制理解为目标值与实际值的比较，以及当实际值偏离目标值时分析产生差异的原因，确定下一步对策。这对于批量性生产的制造业而言，是一种有效的管理方法。但是对于建筑业而言，由于建筑产品具有单件性的特点，这种管理方法只能发现差异，不能消除差异，也不能预防差异的发生，而且差异一旦发生，损失往往很大，因此是一种被动的控制方法。在项目决策和设计阶段进行工程造价确定与控制，是为了使投资造价管理工作具有预见性和前瞻性，如在设计阶段，可以先按一定的质量标准，提出新建建筑物每一部分或分项的计划支出费用的报表，即造价计划，然后当详细设计制定出来以后，对工程的每一部分或分项的估算造价，对照造价计划中所列的指标进行审核，预先发现差异，主动采取一些控制方法消除差异，使设计更经济。由此，做好项目决策和设计阶段工程造价确定与控制会使整个投资造价管理工作更加主动。

（3）便于技术与经济相结合。由于体制和传统习惯原因，我国的项目建议书、可行性研究报告、初步设计文件、施工图设计等都由技术人员牵头完成，很容易造成他们在这期间往往更关注的是项目规模大、技术先进、建设标准高等，而忽视了经济因素。如果在项目决策和设计阶段吸收造价人员参与，使项目决策和设计从一开始就建立在投资造价合理、效益最佳的基础之上，进行充分的方案比选和设计优化，会使投资发挥更大的效益，项目建设取得最佳效果。在方案比选和设计优化过程中技术人员和造价人员经过探讨与论证选择最佳方案，既体现技术先进性，又体现经济合理性，做到技术与经济相结合。

（4）在决策和设计阶段控制工程造价效果最显著。工程造价确定与控制贯穿于项目建设全过程，图 5.1.1 反映了各阶段影响工程项目投资的一般规律。从图 5.1.1 可以看出，决策与设计阶段是整个工程造价确定与控制的龙头与关键。

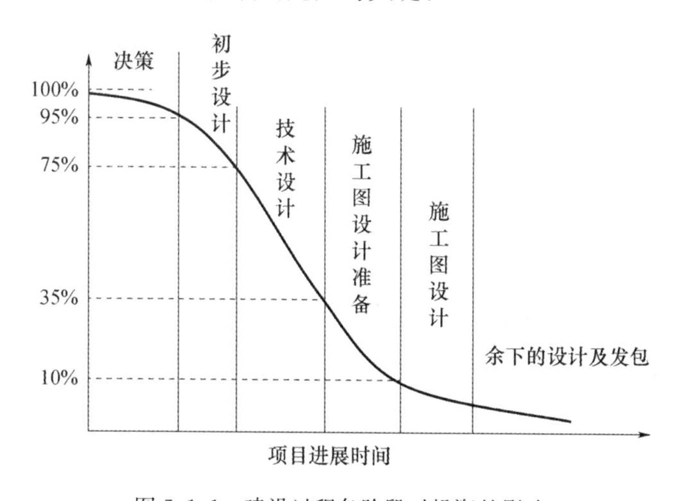

图 5.1.1　建设过程各阶段对投资的影响

二、决策和设计阶段影响工程造价的主要因素

（一）决策阶段影响工程造价的主要因素

建设项目决策阶段影响工程造价的主要因素有：项目建设规模、建设地区及建设地点（厂址）、技术方案、设备方案、工程方案和环境保护措施等。

1. 项目建设规模

项目建设规模也称项目生产规模，是指项目在其设定的正常生产营运年份可能达到的生产能力或者使用效益。项目规模的合理选择关系着项目的成败，决定着工程造价合理与否，其制约因素有：市场因素、技术因素、环境因素。

(1) 市场因素：市场因素是确定项目建设规模需考虑的首要因素。首先，项目产品的市场需求状况是确定项目生产规模的前提。通过市场分析与预测，确定市场需求量、了解竞争对手情况，最终确定项目建成时的最佳生产规模，使所建项目在未来能够保持合理的盈利水平和可持续发展的能力。其次，原材料市场、资金市场、劳动力市场等对项目规模的选择起着程度不同的制约作用。如项目规模过大可能导致材料供应紧张和价格上涨，造成项目所需投资资金的筹集困难和资金成本上升等，将制约项目的规模。

(2) 技术因素：先进实用的生产技术及技术装备是项目规模效益赖以存在的基础，而相应的管理技术水平则是实现规模效益的保证。若与经济规模生产相适应的先进技术及其装备的来源没有保障，或获取技术的成本过高，或管理水平跟不上，则不仅预期的规模效益难以实现，还会给项目的生存和发展带来危机，导致项目投资效益低下，工程支出浪费严重。

(3) 环境因素：项目的建设、生产和经营都是在特定的社会经济环境下进行的，项目规模确定中需考虑的主要环境因素有：政策因素、燃料动力供应、协作及土地条件、运输及通信条件。其中，政策因素包括产业政策、投资政策、技术经济政策以及国家、地区及行业经济发展规划等。特别是，为了取得较好的规模效益，国家对部分行业的新建项目规模做了下限规定，选择项目规模时应予以遵照执行。

此外，对于不同行业、不同项目确定建设规模时，还应考虑各行业特定的制约因素：

(1) 对于煤炭、金属与非金属矿山、石油、天然气等矿产资源开发项目，应根据资源合理开发利用要求和资源可采储量、赋存条件等确定建设规模。

(2) 对于水利水电项目，应根据水的资源量、可开发利用量、地质条件、建设条件、库区生态影响、占用土地，以及移民安置等确定建设规模。

(3) 对于铁路、公路项目，应根据建设项目影响区域内一定时期运输量的需求预测，以及该项目在综合运输系统和本系统中的作用确定线路等级、线路长度和运输能力。

(4) 对于技术改造项目，应充分研究建设项目生产规模与企业现有生产规模的关系；新建生产规模属于外延型还是外延内涵复合型，以及利用现有场地、公用工程和辅助设施的可能性等因素，确定项目建设规模。

在对以上三方面进行充分考核的基础上，应确定相应的产品方案、产品组合方案和项目建设规模。可行性研究报告应根据经济合理性、市场容量、环境容量以及资金、原材料和主要外部协作条件等方面的研究，对项目建设规模进行充分论证，必要时进行多方案技术经济比较。大型、复杂项目的建设规模论证应研究合理、优化的工程分期，明确初期规模和远景规模。不同行业、不同类型项目在研究确定其建设规模时还应充分考虑其自身特点。项目合理建设规模的确定方法包括：

(1) 盈亏平衡产量分析法：通过分析项目产量与项目费用和收入的变化关系，找出项目的盈亏平衡点，以探求项目合理建设规模。当产量提高到一定程度，如果继续扩大规模，项目就出现亏损，此点称为项目的最大规模盈亏平衡点。当规模处于这两点之间时，项目盈利，所以这两点是合理建设规模的下限和上限，可作为确定合理经济规模的依据之一。

（2）平均成本法：成本最低，利润最大；成本最大，利润最低。因此，有人通过以争取达到项目最低平均成本，来确定项目的合理建设规模。

（3）生产能力平衡法：在技改项目中，可采用生产能力平衡法来确定合理生产规模。最大工序生产能力法是以现有最大生产能力的工序为标准，逐步填平补齐，成龙配套，使之满足最大生产能力的设备要求。最小公倍数法是以项目各工序生产能力或现有标准设备的生产能力为基础，并以各工序生产能力的最小公倍数为准，通过填平补齐，成龙配套，形成最佳的生产规模。

（4）政府或行业规定：为了防止投资项目效率低下和资源浪费，国家对某些行业的建设项目规定了规模界限。投资项目的规模，必须满足这些规定。

经过多方案比较，在初步可行性研究（或项目建议书）阶段，应提出项目建设（或生产）规模的倾向意见，报上级机构审批。

2. 建设地区及建设地点（厂址）

一般情况下，确定某个建设项目的具体地址（或厂址），需要经过建设地区选择和建设地点选择（厂址选择）这样两个不同层次的、既相互联系又相互区别的工作阶段。这两个阶段是一种递进关系。其中，建设地区选择是指在几个不同地区之间对拟建项目适宜配置在哪个区域范围的选择，建设地点选择是指对项目具体坐落位置的选择。

（1）建设地区的选择：建设地区选择得合理与否，在很大程度上决定着拟建项目的命运，影响着工程造价的高低、建设工期的长短、建设质量的好坏，还影响到项目建成后的运营状况。因此，建设地区的选择要充分考虑各种因素的制约，具体要考虑以下因素：

1）要符合国民经济发展战略规划、国家工业布局总体规划和地区经济发展规划的要求。

2）要根据项目的特点和需要，充分考虑原材料条件、能源条件、水源条件、各地区对项目产品需求及运输条件等。

3）要综合考虑气象、地质、水文等建厂的自然条件。

4）要充分考虑劳动力来源、生活环境、协作、施工力量、风俗文化等社会环境因素的影响。

因此，建设地区的选择要遵循以下两个基本原则：第一，靠近原料、燃料提供地和产品消费地的原则；第二，工业项目适当聚集的原则。

（2）建设地点（厂址）的选择：建设地点的选择是一项极为复杂的技术经济综合性很强的系统工程，它不仅涉及项目建设条件、产品生产要素、生态环境和未来产品销售等重要问题，受社会、政治、经济、国防等多因素的制约；而且还直接影响到项目建设投资、建设速度和施工条件，以及未来企业的经营管理及所在地点的城乡建设规划与发展。因此，必须从国民经济和社会发展的全局出发，运用系统观点和方法分析决策。

3. 技术方案

生产技术方案指产品生产所采用的工艺流程和生产方法。技术方案不仅影响项目的建设成本，也影响项目建成后的运营成本。因此，技术方案的选择直接影响项目的工程造价，必须认真选择和确定。

4. 设备方案

在确定生产工艺流程和生产技术后，应根据工厂生产规模和工艺过程的要求，选择设备的型号和数量。设备的选择与技术密切相关，二者必须匹配。没有先进的技术，再好的设备也没用，没有先进的设备，技术的先进性也无法体现。

5. 工程方案

工程方案选择是在已选定项目建设规模、技术方案和设备方案的基础上，研究论证主要建筑物、构筑物的建造方案，包括对于建筑标准的确定。一般工业项目的厂房、工业窑炉、生产装置等建筑物、构筑物的工程方案，主要研究其建筑特征（面积、层数、高度、跨度），建筑物、构筑物的结构形式，以及特殊建筑要求（防火、防爆、防腐蚀、隔声、隔热等）、基础工程方案、抗震设防等。工程方案应在满足使用功能、确保质量的前提下，力求降低造价、节约资金。

6. 环境保护措施

建设项目一般会引起项目所在地自然环境、社会环境和生态环境的变化，对环境状况、环境质量产生不同程度的影响。因此，需要在确定场址方案和技术方案中，调查研究环境条件，识别和分析拟建项目影响环境的因素，提出治理和保护环境的措施，比选和优化环境保护方案。在研究环境保护治理措施时，应从环境效益、经济效益相统一的角度进行分析论证，力求环境保护治理方案技术可行和经济合理。

（二）设计阶段影响工程造价的主要因素

国内外相关资料研究表明，设计阶段的费用只占工程全部费用不到1%，但在项目决策正确的前提下，它对工程造价影响程度高达75%以上。根据工程项目类别的不同，在设计阶段需要考虑的影响工程造价的因素也有所不同，以下就工业建设项目和民用建设项目分别介绍影响工程造价的因素。

1. 影响工业建设项目工程造价的主要因素

（1）总平面设计：总平面设计中影响工程造价的因素有占地面积、功能分区和运输方式的选择。

1）占地面积：占地面积的大小一方面影响征地费用的高低，另一方面也会影响管线布置成本及项目建成运营的运输成本。

2）功能分区：无论是工业建筑还是民用建筑都有许多功能，这些功能之间相互联系、相互制约。合理的功能分区既可以使建筑物的各项功能充分发挥，又可以使总平面布置紧凑、安全。合理的功能分区还可以使生产工艺流程顺畅，从生命周期造价管理考虑还可以使运输简便，降低项目建成后的运营成本。

3）运输方式：不同的运输方式其运输效率及成本不同，有轨运输的运量大，运输安全，但是需要一次性投入大量资金；无轨运输无需一次性大规模资金，但运量小、安全性较差。因此，要综合考虑建设项目生产工艺流程和功能区的要求以及建设场地等具体情况，选择经济合理的运输方式。

（2）工艺设计：工艺设计是工程设计的核心，是根据工业企业生产的特点、生产性质和功能来确定的。工艺设计一般包括工艺流程设计、生产设备的选择、工艺定额的制定和生产方法的确定。工艺设计标准高低，不仅直接影响工程建设投资的大小和建设进度，而且还决定着未来企业的产品质量、数量和经营费用。在工艺设计过程中影响工程造价的因素主要包括工艺流程、设备选型和生产方法。在工业建筑中，设备及安装工程投资占有很大的比例，设备的选型不仅影响着工程造价，而且对生产方法及产品质量也有着决定作用。

（3）建筑设计：在建筑设计阶段影响工程造价的主要因素有平面形状、流通空间、建筑物层高、建筑物层数、柱网布置、建筑物的体积与面积、建筑结构。

1）平面形状：一般地说，建筑物平面形状越简单，它的单位面积造价就越低。通常情况下，建筑物周长与建筑面积比 $K_{周}$（单位建筑面积所占外墙长度）越低，设计越经济。圆形、正方形、矩形、T 形、L 形建筑的 $K_{周}$ 依次增大，但是圆形建筑物施工复杂，施工费用一般比矩形建筑增加 20%～30%，所以其墙体工程量所节约的费用并不能使建筑工程造价降低。

2）流通空间：建筑物的经济平面布置的主要目标之一，是在满足建筑物使用要求的前提下，应将流通空间减少到最小，如门厅、过道、走廊、楼梯及电梯井等空间。

3）建筑物层高：在建筑面积不变的情况下，建筑层高增加会引起各项费用的增加。如墙与隔墙及其有关粉刷、装饰费用的提高；楼梯造价和电梯设备费用的增加；供暖空间体积的增加；卫生设备、上下水管道长度的增加等。另外，由于施工垂直运输量增加，可能增加屋面造价；由于层高增加而导致建筑物总高度增加很多时，还可能增加基础造价。

4）建筑物层数：建筑工程总造价是随着建筑物的层数增加而提高的。但是当建筑层数增加时，单位建筑面积所分摊的土地费用及外部流通空间费用将有所降低，从而使建筑物单位面积造价发生变化。建筑物层数对造价的影响，因建筑类型、形式和结构不同而不同。如果增加一个楼层不影响建筑物的结构形式，单位建筑面积的造价可能会降低。但是当建筑物超过一定层数时，结构形式就要改变，单位造价通常会增加。建筑物越高，电梯及楼梯的造价有提高趋势，建筑物的维修费用也将增加，但是采暖费用有可能下降。

5）柱网布置：柱网布置是确定柱子的行距（跨度）和间距（每行柱子中相邻两个柱子间的距离）的依据。柱网布置是否合理，对工程造价和厂房面积的利用效率都有较大的影响。柱网的选择与厂房中有无吊车、吊车的类型及吨位、屋顶的承重结构以及厂房的高度等因素有关。对于单跨厂房，当柱间距不变时，跨度越大，单位面积造价越低。对于多跨厂房，当跨度不变时，中跨数量越多越经济。

6）建筑物的体积与面积：随着建筑物体积和面积的增加，工程总造价会提高。对于工业建筑，在不影响生产能力的条件下，厂房、设备布置力求紧凑合理；要采用先进工艺和高效能的设备，节省厂房面积；要采用大跨度、大柱距的大厂房平面设计形式，提高平面利用系数。

7）建筑结构：建筑结构是指建筑工程中由基础、梁、板、柱、墙、屋架等构件所组成的起骨架作用的、能承受直接和间接荷载的空间受力体系。建筑结构因所用的建筑材料不同，可分为砌体结构、钢筋混凝土结构、钢结构、轻型钢结构、木结构和组合结构等。

建筑结构的选择既要满足力学要求，又要考虑其经济性。对于五层以下的建筑物，一般选用砌体结构；对于大中型工业厂房，一般选用钢筋混凝土结构；对于多层房屋或大跨度建筑，选用钢结构明显优于钢筋混凝土结构；对于高层或者超高层建筑，框架结构和剪力墙结构比较经济。由于各种建筑体系的结构各有利弊，在选用结构类型时应结合实际，因地制宜，就地取材，采用经济合理的结构形式。

（4）材料选用：建筑材料的选择是否合理，不仅直接影响到工程质量、使用寿命、耐火抗震性能，而且对施工费用、工程造价有很大的影响。建筑材料一般占直接费的 70%，降低材料费用，不仅可以降低直接费，而且也可以降低间接费。因此，设计阶段合理选择建筑材料，控制材料单价或工程量，是控制工程造价的有效途径。

（5）设备选用：现代建筑越来越依赖于设备。对于住宅来说，楼层越多，设备系统越庞大，如高层建筑物内部空间的交通工具电梯，室内环境的调节设备如空调、通风、采暖等，各个系统的分布占用空间都在考虑之列，既有面积、高度的限额，又有位置的优选和规范的要求。因此，设备配置是否得当，直接影响建筑产品整个寿命周期的成本。

设备选用的重点因设计形式的不同而不同，应选择能满足生产工艺和生产能力要求的最适用的设备和机械。此外，根据工程造价资料的分析，设备安装工程造价约占工程总投资的20%～50%，由此可见设备方案设计对工程造价的影响。设备的选用应充分考虑自然环境对能源节约的有利条件，如果能从建筑产品的整个寿命周期分析，能源节约是一笔不可忽略的费用。

2. 影响民用建设项目工程造价的主要因素

民用建筑设计包括住宅设计、公共建筑设计以及住宅小区设计。住宅建筑是民用建筑中最大量、最主要的建筑形式。

（1）住宅小区建设规划中影响工程造价的主要因素：我国城市居民点的总体规划一般分为居住区、小区和住宅组三级布置，即由几个住宅组组成小区，由几个小区组成居住区。在进行住宅小区建设规划时，要根据小区的基本功能和要求，确定各构成部分的合理层次与关系，据此安排住宅建筑、公共建筑、管网、道路及绿地的布局，确定合理人口与建筑密度、房屋间距和建筑层数，布置公共设施项目、规模及服务半径，以及水、电、热、燃气的供应等，并划分包括土地开发在内的上述各部分的投资比例。小区规划设计的核心问题是提高土地利用率。

1）占地面积：居住小区的占地面积不仅直接决定着土地费的高低，而且影响着小区内道路、工程管线长度和公共设备的多少，而这些费用对小区建设投资的影响通常很大。因而，用地面积指标在很大程度上影响小区建设的总造价。

2）建筑群体的布置形式：建筑群体的布置形式对用地的影响也不容忽视，通过采取高低搭配、点条结合、前后错列以及局部东西向布置、斜向布置或拐角单元等手法节省用地。在保证小区居住功能的前提下，适当集中公共设施，合理布置道路，充分利用小区内的边角用地，有利于提高建筑密度，降低小区的总造价。

（2）民用住宅建筑设计中影响工程造价的主要因素：

1）建筑物平面形状和周长系数：与工业项目建筑设计类似，虽然圆形建筑 $K_{周}$ 最小，但由于施工复杂，施工费用较矩形建筑增加20%～30%，故其墙体工程量的减少不能使建筑工程造价降低，而且使用面积有效利用率不高和用户使用不便。因此，一般都建造矩形和正方形住宅，既有利于施工，又能降低造价和使用方便。在矩形住宅建筑中，又以长∶宽＝2∶1为佳。一般住宅单元以3～4个住宅单元、房屋长度60～80m较为经济。

2）住宅的层高和净高：住宅的层高和净高直接影响工程造价。根据不同性质的工程综合测算，住宅层高每降低10cm，可降低造价1.2%～1.5%。层高降低还可提高住宅区的建筑密度，节约土地成本及市政设施费。但是，层高设计中还需考虑采光与通风问题，层高过低不利于采光及通风，因此，民用住宅的层高一般不宜超过2.8m。

3）住宅的层数：在民用建筑中，住宅层数的增加具有降低造价和使用费用及节约用地的优点。表5.1.1分析了砖混结构的住宅单方造价与层数之间的关系。

表 5.1.1　砖混结构多层住宅层数与造价的关系

住宅层数	一	二	三	四	五	六
单方造价系数（%）	138.05	116.95	108.38	103.51	101.68	100
边际造价系数（%）		−21.1	−8.57	−4.87	−1.83	−1.68

由表 5.1.1 可知，随着住宅层数的增加，单方造价系数在逐渐降低，即层数越多越经济。但是边际造价系数也在逐渐减小，说明随着层数的增加，单方造价系数下降幅度减缓，当住宅超过 7 层，就要增加电梯费用，需要较多的交通面积（过道、走廊要加宽）和补充设备（供水设备和供电设备等）。特别是高层住宅，要经受较强的风力荷载，需要提高结构强度，改变结构形式，使工程造价大幅度上升。因此，中小城市以建造多层住宅较为经济，大城市可沿主要街道建设一部分高层住宅，以合理利用空间，美化市容。对于土地特别昂贵的地区，为了降低土地费用，中、高层住宅是比较经济的选择。

4）住宅单元组成、户型和住户面积：据统计，三居室住宅的设计比两居室的设计降低 1.5%左右的工程造价。四居室的设计又比三居室的设计降低 3.5%的工程造价。

衡量单元组成、户型设计的指标是结构面积系数（住宅结构面积与建筑面积之比），系数越小，设计方案越经济。结构面积系数除与房屋结构有关外，还与房屋外形及其长度和宽度有关，同时也与房间平均面积大小和户型组成有关。房屋平均面积越大，内墙、隔墙在建筑面积所占比重就越小。

5）住宅建筑结构的选择：随着我国工业化水平的提高，住宅工业化建筑体系的结构形式多种多样，考虑工程造价时应根据实际情况，因地制宜、就地取材，采用适合本地区经济合理的结构形式。

三、建设项目可行性研究与工程造价确定和控制

（一）可行性研究的概念

建设项目可行性研究是在投资决策前，对项目有关的社会、经济和技术等方面情况进行深入细致的调查研究，对各种可能拟定的建设方案和技术方案进行认真的技术经济分析与比较论证，对项目建成后的经济效益进行科学的预测和评价，并在此基础上综合研究、论证建设项目的技术先进性、适用性、可靠性，经济合理性和有利性，以及建设可能性和可行性，由此确定该项目是否投资和如何投资，使之进入项目开发建设的下一阶段等结论性意见。可行性研究是一项十分重要的工作，加强可行性研究，是对国家经济资源进行优化配置的最直接、最重要的手段，是提高项目决策水平的关键。

（二）可行性研究报告的内容

可行性研究报告是项目可行性研究工作的成果文件，按照原国家发展计划委员会审定发行的《投资项目可行性研究指南》（计办投资〔2002〕15 号）的规定，项目可行性研究报告一般包括如下基本内容：

（1）项目兴建理由与目标：包括项目兴建理由、项目预测目标、项目建设基本条件。

（2）市场分析与预测：包括市场预测内容、市场现状调查、产品供需预测、价格预测、竞争力分析、市场风险分析、市场调查与预测方法。

（3）资源条件评价：包括资源开发利用的基本要求、资源评价。

（4）建设规模与产品方案：包括建设规模方案选择、产品方案选择、建设规模与产品方案比选。

（5）场（厂）址选择：包括场址选择的基本要求、场址选择研究内容、场址方案比选。

（6）技术方案、设备方案和工程方案：包括技术方案选择、主要设备方案选择、工程方案选择、节能措施、节水措施。

（7）原材料燃料供应：包括主要原材料供应方案、燃料供应方案、主要原材料燃料供应方案比选。

（8）总图运输与公用辅助工程：包括总图布置方案、场内外运输方案、公用工程与辅助工程方案。

（9）环境影响评价：包括环境影响评价基本要求、环境条件调查、影响环境因素分析、环境保护措施。

（10）劳动安全卫生与消防：包括劳动安全卫生、消防设施。

（11）组织机构与人力资源配置：包括组织机构设置及其适应性分析、人力资源配置、员工培训。

（12）项目实施进度：包括建设工期、实施进度安排。

（13）投资估算：包括建设投资估算内容、建设投资估算方法、流动资金估算、项目投入总资金及分年投入计划。

（14）融资方案：包括融资组织形式选择、资金来源选择、资本金筹措、债务资金筹措、融资方案分析。

（15）财务分析：包括财务分析内容与步骤、财务评价基础数据与参数选取、销售收入与成本费用估算、新设项目法人项目财务分析、既有项目法人项目财务分析、不确定性分析、非盈利性项目财务分析。

（16）经济效果评价：包括经济效果评价范围和内容、效益与费用识别、影子价格的选取与计算、经济效果评价报表编制、经济效果评价指标计算、经济效果评价参数。

（17）社会评价：包括社会评价作用与范围、社会评价主要内容、社会评价步骤与方法。

（18）风险分析：包括风险因素识别、风险评估方法、风险防范对策。

（19）研究结论与建议：包括推荐方案总体描述、主要比选方案描述、结论与建议。

（20）附件。

（三）可行性研究报告的作用

可行性研究报告在项目筹建和实施的各个环节中，可以起到如下几个方面的作用：

（1）作为投资主体投资决策的依据。

（2）作为向当地政府或城市规划部门申请建设执照的依据。

（3）作为环保部门审查建设项目对环境影响的依据。

（4）作为编制设计任务书的依据。

（5）作为安排项目计划和实施方案的依据。

（6）作为筹集资金和向银行申请贷款的依据。

（7）作为编制科研实验计划和新技术、新设备需用计划及大型专用设备生产预安排的依据。

（8）作为从国外引进技术、设备以及与国外厂商谈判签约的依据。

(9) 作为与项目协作单位签订经济合同的依据。

(10) 作为项目后评价的依据。

(四) 可行性研究对工程造价确定与控制的影响

从项目可行性研究报告的内容与作用可以看出，项目可行性研究与工程造价的合理确定与控制有着密不可分的联系：

(1) 项目可行性研究结论的正确性是工程造价合理性的前提。项目可行性研究结论正确，意味着对项目建设做出科学的决断，优选出最佳投资行动方案，达到资源的合理配置。这样才能合理地确定工程造价，并且在实施最优投资方案过程中，有效地控制工程造价。

(2) 项目可行性研究的内容是决定工程造价的基础。工程造价的确定与控制贯穿于项目建设全过程，但依据可行性研究所确定的各项技术经济决策，对该项目的工程造价有重大影响，特别是建设规模与产品方案、场（厂）址、技术方案、设备方案和工程方案的选择直接关系到工程造价的高低。据有关资料统计，在项目建设各阶段中，投资决策阶段影响工程造价的程度最高，达到70%～90%。因此，决策阶段是决定工程造价的基础阶段，直接影响着决策阶段之后的各个建设阶段工程造价的确定与控制是否科学、合理。

(3) 工程造价高低、投资多少也影响可行性研究结论。可行性研究的重要工作内容及成果——投资估算是进行投资方案选择的重要依据之一，同时也是决定项目是否可行及主管部门进行项目审批的参考依据。

(4) 可行性研究的深度影响投资估算的精确度，也影响工程造价的控制效果。投资决策过程，是一个由浅入深、不断深化的过程，依次分为若干工作阶段，不同阶段决策的深度不同，投资估算的精确度也不同。如投资机会及项目建议书阶段，是初步决策的阶段，投资估算的误差率在±30%左右；而详细可行性研究阶段，是最终决策阶段，投资估算误差率在±10%以内。另外，由于在项目建设各阶段中，即决策阶段、初步设计阶段、技术设计阶段、施工图设计阶段、工程招投标及发承包阶段、施工阶段、竣工验收阶段，通过工程造价的确定与控制，相应形成投资估算、设计概算、修正概算、施工图预算、承包合同价、结算价及竣工决算。这些造价形式之间存在着前者控制后者，后者补充前者的相互作用关系。按照“前者控制后者”的制约关系，意味着投资估算对其后面的各种形式的造价起着制约作用，作为限额目标。由此可见，只有加强可行性研究的深度，采用科学的估算方法和可靠的数据资料，合理地计算投资估算，保证投资估算打足，才能保证其他阶段的造价被控制在合理范围，使投资控制目标能够实现。

四、设计方案的评价、比选与工程造价确定和控制

(一) 建设项目经济评价的作用及内容

建设项目经济评价是项目前期工作的重要内容，对于加强固定资产投资宏观调控，提高投资决策的科学化水平，引导和促进各类资源合理配置，优化投资结构，减少和规避投资风险，充分发挥投资效益，具有重要作用。

国家发展改革委、建设部2006年发布的《建设项目经济评价方法与参数（第三版）》规定：建设项目经济评价包括财务评价（也称财务分析）和经济效果评价（也称

经济分析）。财务评价是在国家现行财税制度和价格体系的前提下，从项目的角度出发，计算项目范围内的财务效益和费用，分析项目的盈利能力和清偿能力，评价项目在财务上的可行性。经济效果评价是在合理配置社会资源的前提下，从国家经济整体利益的角度出发，计算项目对国民经济的贡献，分析项目的经济效率、效果和对社会的影响，评价项目在宏观经济上的合理性。建设项目经济评价内容的选择，应根据项目性质、项目目标、项目投资者、项目财务主体以及项目对经济与社会的影响程度等具体情况确定。对于费用效益计算比较简单，建设期和运营期比较短，不涉及进出口平衡等一般项目，如果财务评价的结论能够满足投资决策需要，可不进行经济效果评价；对于关系公共利益、国家安全和市场不能有效配置资源的经济和社会发展的项目，除应进行财务评价外，还应进行经济效果评价；对于特别重大的建设项目，尚应辅以区域经济与宏观经济影响分析方法进行经济效果评价。

（二）设计方案评价、比选的原则与内容

1. 设计方案评价、比选的原则

《建设项目经济评价方法与参数（第三版）》要求：建设项目可行性研究阶段的经济评价，应系统分析、计算项目的效益和费用，通过多方案经济比选推荐最佳方案，对项目建设的必要性、财务可行性、经济合理性、投资风险等进行全面的评价。由此，作为寻求合理的经济和技术方案的必要手段——设计方案评价、比选应遵循如下原则：

（1）建设项目设计方案评价、比选要协调好技术先进性和经济合理性的关系。即在满足设计功能和采用合理先进技术的条件下，尽可能降低投入。

（2）建设项目设计方案评价、比选除考虑一次性建设投资的比选，还应考虑项目运营过程中的费用比选，即项目寿命期的总费用比选。

（3）建设项目设计方案评价、比选要兼顾近期与远期的要求。即建设项目的功能和规模应根据国家和地区远景发展规划，适当留有发展余地。

2. 设计方案评价、比选的内容

建设项目设计方案比选的内容在宏观方面有建设规模、建设场址、产品方案等；对于建设项目本身有厂区（或居住小区）总平面布置、主题工艺流程选择、主要设备选型等；小的方面有工程设计标准、工业与民用建筑的结构形式、建筑安装材料的选择等。一般在设计方案评价、比选时，应以单位或分部分项工程为对象，通过主要技术经济指标的对比，确定合理的设计方案。

（三）设计方案评价、比选的方法

在建设项目多方案整体宏观方面的评价、比选，一般采用投资回收期法、计算费用法、净现值法、净年值法、内部收益率法，以及上述几种方法同时使用等。在建设项目本身局部多方案的评价、比选，除了可用上述宏观方案比较方法外，一般采用价值工程原理或多指标综合评分法（对参与评价、比选的设计方案设定若干评价指标，并按其各自在方案中的重要程度给定各评价指标的权重和评分标准，计算各设计方案的加权得分的方法）比选。

在建设项目设计阶段，多方案比选若属于本身局部方案比选，或者是更具体的、小的方案比选，一般采用造价额度、运行费用、净现值、净年值法进行比选，极特殊的、

复杂的方案比选采用综合的财务评价方法。下面简单地介绍造价额度、运行费用、净现值比选法。

(1) 造价额度法：甲方案工程造价为 A，乙方案工程造价为 B；如果 $A<B$，则选择甲方案；如果 $A>B$，则选择乙方案。

(2) 运行费用法：甲方案年运行费用为 A，乙方案年运行费用为 B；如果 $A<B$，则选择甲方案；如果 $A>B$，则选择乙方案。

(3) 净现值法：甲方案工程造价为 A，年运营费用为 N，年销售收入为 P，乙方案工程造价为 B，年运营费用为 M，年销售收入为 Q，计算期为 10 年。

$$\text{甲方案净现值}=-A\times I_1+\sum(P-N)\times I_n$$

$$\text{乙方案净现值}=-B\times I_1+\sum(Q-M)\times I_n \tag{5.1.1}$$

式中　I_1——第 1 年折现率；

I_n——第 n 年折现率，n 为 2～10。

如果乙方案净现值<甲方案净现值，则选择甲方案；如果乙方案净现值>甲方案净现值，则选择乙方案。

(四) 设计方案评价、比选应注意的问题

对设计方案进行评价、比选时需注意以下几点：

(1) 工期的比较：工程施工工期的长短涉及管理水平、投入劳动力的多少和施工机械的配备情况，故应在相似的施工资源条件下进行工期比较，并应考虑施工的季节性。由于工期缩短而工程提前竣工交付使用所带来的经济效益，应纳入分析评价范围。

(2) 采用新技术的分析：设计方案采用某项新技术，往往在项目的早期经济效益较差，因为生产率的提高和生产成本的降低需要有一段时间来掌握和熟悉新技术后方可实现。故此进行设计方案技术经济分析评价时应预测其预期的经济效果，不能仅由于当前的经济效益指标较差而限制新技术的采用和发展。

(3) 对产品功能的分析评价：对产品功能的分析评价是技术经济评价内容不能缺少而又常常被忽视的一个指标。必须明确评比对象应在相同功能条件下才有可比性。当参与对比的设计方案功能项目和水平不同时，应对之进行可比性换算，使之满足以下几方面的可比条件：①需要可比；②费用消耗可比；③价格可比；④时间可比。

(五) 设计方案评价、比选对工程造价确定和控制的影响

工程建设项目由于受资源、市场、建设条件等因素的限制，拟建项目可能存在建设场址、建设规模、产品方案、所选用的工艺流程等不同的多个整体设计方案，而在一个整体设计方案中亦可存在全厂总平面布置、建筑结构形式等不同的多个设计方案。显然，不同的设计方案工程造价各不相同，必须对多个不同设计方案进行全面的技术经济评价分析，为建设项目投资决策者提供方案比选意见，帮助他们选择最合理的设计方案，才能确保建设项目在经济合理的前提下做到技术先进，从而为合理确定和有效控制工程造价提供前提和条件，最终达到提高工程建设投资效果的目的。此外，对于已经确定的设计方案，造价工作人员也可依据有关技术经济资料对设计方案进行评价，提出优化设计的建议与意见，通过优化设计和深化设计使技术方案更加经济合理，使工程造价能得到合理的确定和有效的控制。

第二节　投资估算编制

一、投资估算的概念和作用

（一）投资估算的概念

投资估算是指在项目投资决策阶段，按照规定的程序、办法和依据，对拟建项目所需投资，通过编制估算文件预先测算和估计的过程。在项目建议书、预可行性研究、可行性研究、方案设计阶段（包括概念方案设计和报批方案设计）应编制投资估算。投资估算是项目建设前期编制项目建议书和可行性研究报告的重要组成部分，是进行建设项目技术经济评价和投资决策的基础。投资估算的准确与否不仅影响到项目建议书和可行性研究工作的质量和经济评价结果，而且也直接关系到下一阶段设计概算和施工图预算的编制，以及建设项目的资金筹措方案。因此，全面准确地估算建设项目的工程造价，是可行性研究乃至整个决策阶段造价管理的重要任务。

（二）投资估算的作用

（1）项目建议书阶段的投资估算，是项目主管部门审批项目建议书的依据之一，并对项目的规划、规模起参考作用。

（2）项目可行性研究阶段的投资估算，是项目投资决策的重要依据，也是研究、分析、计算项目投资经济效果的重要条件。

（3）项目投资估算是设计阶段造价控制的依据，投资估算一经确定，即成为限额设计的依据，用以对各设计专业实行投资切块分配，作为控制和指导设计的尺度。

（4）项目投资估算可作为项目资金筹措及制订建设贷款计划的依据，建设单位可根据批准的项目投资估算额，进行资金筹措和向银行申请贷款。

（5）项目投资估算是核算建设项目固定资产投资需要额和编制固定资产投资计划的重要依据。

（6）项目投资估算是建设工程设计招标、优选设计单位和设计方案的重要依据。在工程设计招标阶段，投标单位报送的投标书中包括项目设计方案、项目的投资估算和经济性分析，招标单位根据投资估算对各项设计方案的经济合理性进行分析、衡量、比较，在此基础上，择优确定设计单位和设计方案。

二、投资估算的编制内容和依据

（一）投资估算的编制内容

建设项目投资的估算包括建设投资、建设期利息和流动资金的估算。

建设投资估算的内容按照费用的性质划分，包括工程费用、工程建设其他费用和预备费用三部分。其中，工程费用包括建筑工程费、设备及工器具购置费、安装工程费；预备费用包括基本预备费和价差预备费。在按形成资产法估算建设投资时，工程费用形成固定资产；工程建设其他费用可分别形成固定资产、无形资产及其他资产；预备费为简化计算，一并计入固定资产。

建设期利息是为工程建设筹措债务资金而发生的融资费用及在建设期内发生并应计入固定资产原值的利息，包括支付金融机构的贷款利息和为筹集资金而发生的融资费用。建设期利息单独估算以便对建设项目进行融资前和融资后财务分析。

流动资金是指生产经营性项目投产后，用于购买原材料、燃料、支付工资及其他经营费用等所需的周转资金。它是伴随着建设投资而发生的长期占用的流动资产投资，流动资金＝流动资产－流动负债。其中，流动资产主要考虑现金、应收账款、预付账款和存货；流动负债主要考虑应付账款和预收账款。因此，流动资金的概念，实际上就是财务中的营运资金。

建设项目投资估算的基本步骤如下：

（1）分别估算各单项工程所需的建筑工程费、设备及工器具购置费、安装工程费。

（2）在汇总各单项工程费用的基础上，估算工程建设其他费用和基本预备费。

（3）估算价差预备费。

（4）估算建设期利息。

（5）估算流动资金。

（6）汇总出建设项目总投资。

（二）投资估算的编制依据

建设项目投资估算编制依据是指在编制投资估算时所遵循的计量规则、市场价格、费用标准及工程计价有关参数、率值等基础资料，主要有以下几个方面：

（1）国家、行业和地方政府的有关法律、法规或规定；政府有关部门、金融机构等部门发布的价格指数、利率、汇率、税率等有关参数。

（2）拟建项目建设方案确定的各项工程建设内容。

（3）与项目建设相关的工程地质资料、设计文件、图纸或有关专业提供的主要工程量和主要设备清单等。

（4）行业部门、项目所在地工程造价管理机构或行业协会等编制的投资估算指标、概算指标（定额）、工程建设其他费用定额（规定）、综合单价、价格指数和有关造价文件等。

（5）工程所在地的同期的工、料、机市场价格，建筑、工艺及附属设备的市场价格和有关费用。

（6）类似工程的各种技术经济指标和参数。

（7）其他技术经济资料。

三、静态投资部分的估算方法

建设项目投资估算要根据主体专业设计的阶段和深度，结合各自行业的特点，所采用生产工艺流程的成熟性，以及编制者所掌握的国家及地区、行业或部门相关投资估算基础资料和数据的合理、可靠、完整程度（包括造价咨询机构自身统计和积累的可靠的相关造价基础资料），采用的编制方法都是不同的。项目建议书阶段，投资估算的精度低，可采取简单的匡算法，如生产能力指数法、系数估算法、比例估算法、混合法、指标估算法等。在可行性研究阶段，投资估算精度要求高，需采用相对详细的投资估算方法，即指标估算法。

（一）项目建议书阶段投资估算

由于项目建议书阶段，是初步决策的阶段，对项目还处在概念性的理解，因此，投资估算只能在总体框架内进行，投资估算对项目决策只是概念性的参考，投资估算只起指导性作用。针对这个阶段的投资估算方法，是在大的指标框架下研究的，虽然有一些更为精确的估算方法，但是其应用具有很大的局限性。

1. 生产能力指数法

单位生产能力指数法是根据已建成的类似项目生产能力和投资额估算拟建建设项目投资的一种投资估算方法。本办法主要应用于设计深度不足，拟建建设项目与类似建设项目的规模不同，设计定型并系列化，行业内相关指数和系数等基础资料完备的情况。其计算公式为：

$$C=C_1\left(\frac{Q}{Q_1}\right)^x f \tag{5.2.1}$$

式中 C_1——已建成类似项目的投资额；

C——拟建建设项目投资额；

Q_1——已建类似项目的生产能力；

Q——拟建项目的生产能力；

f——不同建设时期、不同的建设地点而产生的定额水平、设备购置和建筑安装材料价格、费用变更和调整等的综合调整系数；

x——生产能力指数（$0\leqslant x\leqslant 1$）。

式（5.2.1）表明造价与规模（或容量）呈非线性关系，且单位造价随工程规模（或容量）的增大而减小。在正常情况下，$0\leqslant x\leqslant 1$。不同生产率水平的国家和不同性质的项目中，x 的取值是不相同的。若已建类似项目的生产规模与拟建项目生产规模相差不大，Q 与 Q_1 的比值在 0.5～2 之间，则指数 x 的取值近似为 1。若已建类似项目的生产规模与拟建项目生产规模相差不大于 50 倍，且拟建项目生产规模的扩大仅靠增大设备规模来达到时，则 x 的取值在 0.6～0.7 之间；若是靠增加相同规格设备的数量达到时，x 的取值在 0.8～0.9 之间。

【例 5.2.1】 2014 年在某地兴建一座 30 万吨合成氨的化肥厂，总投资为 280000 万元，假如 2018 年在该地开工兴建 45 万吨合成氨的工厂，合成氨的生产能力指数为 0.81，则所需静态投资多少？（假定从 2014 年至 2018 年每年平均指数为 1.05）

解： $C_2=C_1\times\left(\frac{Q_2}{Q_1}\right)^x\times f=280000\times\left(\frac{45}{30}\right)^{0.81}\times(1.05)^4=472660$（万元）

生产能力指数法误差可控制在±20%以内，尽管估价误差仍较大，但有它独特的好处：即这种估价方法不需要详细的工程设计资料，只知道工艺流程及规模就可以，在总承包工程报价时，承包商大多采用这种方法估价。

2. 系数估算法

系数估算法也称为因子估算法，它是以拟建项目的主体工程费或主要设备购置费为基数，以其他工程费与主体工程费或设备购置费的百分比为系数，依此估算拟建项目总投资的方法。这种方法简单易行，但是精度较低，一般应用于设计深度不足，拟建建设项目与类似建设项目的主体工程费或主要生产工艺设备投资比重较大，行业内相关系数等基础资料完备的情况。其计算公式为：

$$C=E\left(1+f_1P_1+f_2P_2+f_3P_3+\cdots\right)+I \tag{5.2.2}$$

式中 C——拟建建设项目的静态投资；

E——拟建项目根据当时当地价格计算的主体工程费或主要生产工艺设备费；

P_1、P_2、P_3…——已建成类似建设项目的辅助或配套工程费占主体工程费或主要生产工艺设备费的的比重；

f_1、f_2、f_3…——由于建设时间、地点而产生的定额水平、建筑安装材料价格、费用变更和调整等综合调整系数；

I——根据具体情况计算的拟建建设项目各项其他基本建设费用。

3. 比例估算法

比例估算法是依据已有同类建设项目主要设备购置费占项目总投资的比例和拟建项目主要设备投资，估算拟建项目投资的方法。该办法主要应用于设计深度不足，拟建建设项目与类似建设项目的主要生产工艺设备购置费比重较大，行业内相关系数等基础资料完备的情况。其计算公式为：

$$C=\frac{1}{K}\sum_{i=1}^{n}Q_iP_i \tag{5.2.3}$$

式中　C——拟建建设项目的静态投资；

K——主要生产工艺设备购置费占已建建设项目投资的比例；

n——主要生产工艺设备种类数；

Q_i——第 i 种主要生产工艺设备的数量；

P_i——第 i 种主要生产工艺设备的购置费（到厂价格）。

4. 混合方法

混合法是根据主体专业设计的阶段和深度，投资估算编制者所掌握的国家及地区、行业或部门相关投资估算基础资料和数据（包括造价咨询机构自身统计和积累的相关造价基础资料），对一个拟建建设项目采用生产能力指数法与比例估算法或系数估算法与比例估算法混合进行估算其相关投资额的方法。

5. 指标估算法

指标估算法是依据投资估算指标，对各单位工程或单项工程费用进行估算，进而估算建设项目总投资的方法。再按相关规定估算工程建设其他费用、基本预备费等，形成拟建项目静态投资。在可行性研究阶段的投资估算中详细介绍。

（二）可行性研究阶段的投资估算

可行性研究阶段建设项目投资估算原则上应采用指标估算法。对于对投资有重大影响的主体工程应估算出分部分项工程量，参考相关定额（概算指标）或概算定额编制主要单项工程的投资估算。对于子项单一的大型民用公共建筑，主要单项工程估算应细化到单位工程估算书。可行性研究投资估算应满足项目的可行性研究与评估，并最终满足国家和地方相关部门批复或备案的要求。预可行性研究阶段、方案设计阶段项目建设投资估算视设计深度，宜参照可行性研究阶段的编制办法进行。

1. 建筑工程费用估算

建筑工程费用是指为建造永久性建筑物和构筑物所需要的费用，一般采用单位建筑工程投资估算法、单位实物工程量投资估算法、概算指标投资估算法等进行估算。

（1）单位建筑工程投资估算法：以单位建筑工程量投资乘以建筑工程总量计算。一般工业与民用建筑以单位建筑面积（m^2）的投资，工业窑炉砌筑以单位容积（m^3）的投资，水库以水坝单位长度（m）的投资，铁路路基以单位长度（km）的投资，矿上掘进以单位长度（m）的投资，乘以相应的建筑工程量计算建筑工程费。这种方法可以进一步分为单位长度价格法、单位面积价格法、单位容积价格法和单位功能价格法。

1）单位长度价格法：此方法是利用每单位长度的成本价格进行估算，首先要用已完项目建筑工程费用除以该项目的长度，得到单位长度价格，然后将结果应用到未来的项目中，以估算拟建项目的建筑工程费。

2）单位面积价格法：此方法首先要用已完项目建筑工程费用除以该项目的房屋总面积，即为单位面积价格，然后将结果应用到未来的项目中，以估算拟建项目的建筑工程费。

3）单位容积价格法：在一些项目中，楼层高度是影响成本的重要因素。例如，仓库、工业窑炉砌筑的高度根据需要会有很大的变化，显然这时不再适用单位面积价格，而单位容积价格则成为确定初步估算的好方法。将已完工程总的建筑工程费用除以建筑容积，即可得到单位容积价格。

4）单位功能价格法：此方法是利用每功能单位的成本价格估算，将选出所有此类项目中共有的单位，并计算每个项目中该单位的数量。例如，可以用医院里的病床数量为功能单位，新建一所医院的成本被细分为其所提供的病床数量。这种计算方法首先给出每张床的单价，然后乘以该医院所有病床的数量，从而确定该医院项目的建筑工程费。

（2）单位实物工程量投资估算法：此方法以单位实物工程量的投资乘以实物工程总量计算。土石方工程按每立方米投资，矿井巷道衬砌工程按每延长米投资，路面铺设工程按每平方米投资，乘以相应的实物工程总量计算建筑工程费。

（3）概算指标投资估算法：对于没有上述估算指标且建筑工程费占总投资比例较大的项目，可采用概算指标估算法。采用此种方法，通常需要较为详细的工程资料、建筑材料价格和工程费用指标，投入的时间和工作量大。

2. 安装工程费估算

安装工程费通常按行业或专门机构发布的安装工程定额、取费标准和指标估算投资。工艺设备、金属结构、管道、工业炉窑砌筑、保温工程、绝热、变配电、自控仪表等安装工程估算均以单项工程为单元，根据设计选用的材质、规格或专业设计的具体内容，套用技术标准、材质和规格、施工方法相适应的投资估算指标或类似工程造价资料进行估算。具体可按安装费率、每吨设备安装费或单位安装实物工程量的费用估算，即：

$$安装工程费=设备原价\times安装费率 \quad (5.2.4)$$

$$安装工程费=设备吨重\times每吨安装费 \quad (5.2.5)$$

$$安装工程费=安装工程实物量\times安装费用指标 \quad (5.2.6)$$

3. 设备及工器具购置费估算

设备购置费根据项目主要设备表及价格、费用资料编制，工器具购置费按设备费的一定比例计取。对于价值高的设备应按单台（套）估算购置费，价值较小的设备可按类估算，国内设备和进口设备应分别估算。具体估算方法见本书第三章第三节。

4. 工程建设其他费用估算

工程建设其他费用的计算应结合拟建项目的具体情况，有合同或协议明确的费用按合同或协议列入。无合同或协议明确的费用，根据国家和各行业部门、工程所在地地方政府的有关工程建设其他费用定额和计算办法估算。

工程建设其他费用主要包括建设管理费（含建设单位管理费、工程监理费）、建设用地费

（含征地补偿费、拆迁补偿费、土地使用权出让金）、可行性研究费、研究试验费、勘察设计费、专项评价及验收费、场地准备及临时设施费（含建设场地准备费和建设单位临时设施费）、引进技术和引进设备其他费（含引进项目图纸资料翻译复制费、备品备件测绘费、出国人员费用、来华人员费用、银行担保及承诺费）、工程保险费、特殊设备安全监督检验费、市政公用设施费（城市基础设施建设费）、联合试运转费、专利及专有技术使用费、生产准备费。

5. 基本预备费估算

基本预备费的估算一般是以建设项目的工程费用和工程建设其他费用之和为基础，乘以基本预备费率进行计算。基本预备费率的大小，应根据建设项目的设计阶段和具体的设计深度，以及在估算中所采用的各项估算指标与设计内容的贴近度、项目所属行业主管部门的具体规定确定。

基本预备费＝(工程费用＋工程建设其他费用)×基本预备费费率　　(5.2.7)

四、动态投资部分的估算方法

动态投资部分包括价差预备费和建设期利息两部分。

1. 价差预备费

价差预备费估算详见第三章第五节。除此之外，如果是涉外项目，还应考虑汇率的影响。汇率是两种不同货币之间的兑换比率，汇率的变化意味着一种货币相对于另一种货币的升值或贬值。由于涉外项目的投资中包含人民币以外的币种，需要按照相应的汇率把外币投资额换算为人民币投资额，所以汇率变化就会对涉外项目的投资额产生影响。

(1) 外币对人民币升值：项目从国外市场购买设备材料所支付的外币金额不变，但换算成人民币的金额增加；从国外借款，本息所支付的外币金额不变，但换算成人民币的金额增加。

(2) 外币对人民币贬值：项目从国外市场购买设备材料所支付的外币金额不变，但换算成人民币的金额减少；从国外借款，本息所支付的外币金额不变，但换算成人民币的金额减少。

估计汇率变化对建设项目投资的影响，是通过预测汇率在项目建设期内的变动程度，以估算年份的投资额为基数，相乘计算求得。

2. 建设期利息估算

建设期利息估算可详见第三章第五节。

五、流动资金的估算

项目运营需要流动资产投资，是指生产经营性项目投产后，为进行正常生产运营，用于购买原材料、燃料，支付工资及其他经营费用等所需的周转资金。流动资金估算一般可采用分项详细估算法和扩大指标估算法。

(一) 分项详细估算法

分项详细估算法是根据项目的流动资产和流动负债，估算项目所占用流动资金的方法。可行性研究阶段的流动资金估算应采用分项详细估算法。流动资产的构成要素一般包括存货、现金、应收账款和预付账款；流动负债的构成要素一般包括应付账款和预收账款。流动资金等于流动资产和流动负债的差额，计算公式为：

流动资金＝流动资产－流动负债　　(5.2.8)

流动资产＝应收账款＋存货＋现金＋预付账款　　(5.2.9)

流动负债＝应付账款＋预收账款　　(5.2.10)

$$流动资金本年增加额=本年流动资金-上年流动资金 \tag{5.2.11}$$

流动资金估算首先确定各分项最低周转天数，计算出周转次数，然后进行分项估算。

1. 周转次数的计算

$$周转次数=\frac{360天}{最低周转天数} \tag{5.2.12}$$

各类流动资产和流动负债的最低周转天数参照同类企业的平均周转天数并结合项目特点确定，或按部门（行业）规定，在确定最低周转天数时应考虑储存天数、在途天数，并考虑适当的保险系数。

2. 流动资产估算

（1）应收账款估算：应收账款是指企业对外赊销商品、提供劳务尚未收回的资金。计算公式为：

$$应收账款=\frac{年经营成本}{应收账款周转次数} \tag{5.2.13}$$

（2）存货的估算：存货是指企业在日常生产经营过程中持有以备出售，或者仍然处在生产过程，或者在生产或提供劳务过程中将消耗的材料或物料等，包括各类材料、商品、在产品、半成品和产成品等。为简化计算，投资估算中仅考虑外购原材料、燃料、其他材料、在产品和产成品，并分项进行计算，其计算公式为：

$$存货=外购原材料+外购燃料+其他材料+在产品+产成品 \tag{5.2.14}$$

$$外购原材料、燃料=\frac{年外购原材料、燃料费用}{分项周转次数} \tag{5.2.15}$$

注意：对外购原材料、燃料应按各类分项确定最低周转天数进行估算。

$$其他材料=\frac{年其他材料费用}{其他材料周转次数} \tag{5.2.16}$$

$$在产品=\frac{年外购原材料、燃料费+年工资及福利费+年修理费+年其他制造费}{在产品周转次数} \tag{5.2.17}$$

$$产成品=\frac{年经营成本-年其他营业费用}{产成品周转次数} \tag{5.2.18}$$

（3）现金估算：项目流动资产中的现金指为维持正常生产运营必须预留的货币资金。计算公式为：

$$现金=\frac{年工资及福利费+年其他费用}{现金周转次数} \tag{5.2.19}$$

$$\begin{aligned}年其他费用=&制造费用+管理费用+营业费用-\\&以上三项费用中所含的工资及福利费、折旧费、维简费、摊销费、修理费\end{aligned} \tag{5.2.20}$$

（4）预付账款估算：预付账款指企业为购买各类材料、半成品或服务所预先支付的款项。计算公式为：

$$预付账款=\frac{外购商品或服务年费用金额}{预付账款周转次数} \tag{5.2.21}$$

3. 流动负债估算

流动负债是指在一年或者超过一年一个营业周期内，需要偿还的各种债务。需要偿还的各种债务，包括短期借款、应付票据、应付账款、预收账款、应付工资、应付福利费、应付股利、应交税金、其他暂收应付款、预提费用和一年内到期的长期借款等。在项目投资估算中，流动负债的估算可以只考虑应付账款和预收账款两项。计算公式为：

$$\text{应付账款}=\frac{\text{年外购原材料}+\text{年外购燃料}+\text{其他材料费}}{\text{应付账款周转次数}} \tag{5.2.22}$$

$$\text{预收账款}=\frac{\text{预收的营业收入年金额}}{\text{预收账款周转次数}} \tag{5.2.23}$$

（二）扩大指标估算法

扩大指标估算法是参照同类企业流动资金占营业收入或经营成本的比例，或者单位产量占用营运资金的数额估算流动资金的方法。

扩大指标估算法简便易行，但准确度不高，适用于项目建议书阶段的估算。其具体的估算方法有以下四种。

（1）按建设投资的一定比例估算。例如，国外化工企业的流动资金，一般是按建设投资的15%～20%计算。

（2）按经营成本的一定比例估算。

（3）按年销售收入的一定比例估算。

（4）按单位产量占用流动资金的比例估算。

（三）估算流动资金应注意的问题

（1）在采用分项详细估算法时，应根据项目实际情况分别确定现金、应收账款、预付账款、存货和应付账款的最低周转天数，并考虑一定的保险系数。因为最低周转天数减少，将增加周转次数，从而减少流动资金需用量，因此，必须切合实际地选用最低周转天数。对于存货中的外购原材料和燃料，要分品种和来源，考虑运输方式和运输距离，以及占用流动资金的比重大小等因素确定。

（2）流动资金属于长期性（永久性）流动资产，流动资金的筹措可通过流动负债和资本金的方式解决。流动资金一般要求在投产前一年开始筹措，为简化计算，可规定在投产的第一年开始按生产负荷安排流动资金需用量。其借款部分按全年计算利息，流动资金利息应计入生产期间财务费用，项目计算期末收回全部流动资金（不含利息）。

（3）用详细估算法计算流动资金，需以经营成本及其中的某些科目为基数，因此实际上流动资金估算应能够在经营成本估算之后进行。

（4）对铺底流动资金有要求的建设项目，应按国家或行业的有关规定计算铺底流动资金。非生产经营性建设项目不列铺底流动资金。

（5）在不同生产负荷下的流动资金，应按不同生产负荷所需的各项费用金额，根据上述公式分别估算，而不能直接按照100%负荷下的流动资金乘以生产负荷百分比求得。

（6）当投入物和产出物采用不含税价格时，估算中应注意将销项税额和进项税额分别包括在相应的年费用金额中。

六、投资估算文件的编制

投资估算文件一般由封面、签署页、编制说明、投资估算分析、单项工程投资估算汇总表、建设投资估算表、建设期利息估算表、流动资金估算表、总投资估算表、项目分年投资计划表等内容组成。

（一）编制说明

投资估算编制说明一般应阐述以下内容：

（1）工程概况。

（2）编制范围。

（3）编制方法。

（4）编制依据。

（5）主要技术经济指标。

（6）有关参数、率值选定的说明。

（7）特殊问题的说明（包括采用新技术、新材料、新设备、新工艺时，必须说明的价格的确定；进口材料、设备、技术费用的构成与计算参数；采用巨型结构、异形结构的费用估算方法；环保（不限于）投资占总投资的比重；未包括项目或费用的必要说明等）。

（8）采用限额设计的工程还应对投资限额和投资分解做进一步说明。

（9）采用方案比选的工程还应对方案比选的估算和经济指标做进一步说明。

（二）投资估算分析

投资分析应包括以下内容：

（1）工程投资比例分析：一般建筑工程要分析土建、装饰、给排水、电气、暖通、空调、动力等主体工程和道路、广场、围墙、大门、室外管线、绿化等室外附属工程占总投资的比例；一般工业项目要分析主要生产项目（列出各生产装置）、辅助生产项目、公用工程项目（给排水、供电和通信、供气、总图运输及外管）、服务性工程、生活福利设施、厂外工程占建设总投资的比例。

（2）分析设备购置费、建筑工程费、安装工程费、工程建设其他费用、预备费占建设总投资的比例；分析引进设备费用占全部设备费用的比例等。

（3）分析影响投资的主要因素。

（4）与国内类似工程项目的比较，分析说明投资高低原因。

（三）单项工程投资估算汇总表

单项工程投资估算应按建设项目划分的各个单项工程分别计算组成工程费用的建筑工程费、设备及工器具购置费、安装工程费，如表 5.2.1 所示。

表 5.2.1　单项工程投资估算汇总表

工程名称：

序号	工程和费用名称	估算价值（万元）					技术经济指标			
		建筑工程费	设备及工器具购置费	安装工程费	其他费用	合计	单位	数量	单位价值	%
一	工程费用									
（一）	主要生产系统									
1	××车间									
	一般土建及装修									

续表 5.2.1

序号	工程和费用名称	估算价值（万元）					技术经济指标			
		建筑工程费	设备及工器具购置费	安装工程费	其他费用	合计	单位	数量	单位价值	%
	给排水									
	采暖									
	通风空调									
	照明									
	工艺设备及安装									
	工艺金属结构									
	工艺管道									
	工艺筑炉及保温									
	变配电设备及安装									
	仪表设备及安装									
	…									
	小计									
	…									
2	×××									
	…									
编制人：			审核人：				审定人：			

（四）建设投资估算表

建设投资是项目投资的重要组成部分，也是项目财务分析的基础数据。当估算出建设投资后需编制建设投资估算表，按照费用归集形式，建设投资可按概算法或形成资产法分类。

1. 概算法

按照概算法分类，建设投资由工程费用、工程建设其他费用和预备费三部分构成。按照概算法编制的建设投资估算表如表 5.2.2 所示。

表 5.2.2　建设投资估算表（概算法）

人民币单位：万元　　　外币单位：

序号	工程和费用名称	估算价值（万元）					技术经济指标	
		建筑工程费	设备及工器具购置费	安装工程费	工程建设其他费用	合计	其中：外币	比例（%）
1	工程费用							
1.1	主体工程							
1.1.1	×××							
	…							
1.2	辅助工程							
1.2.1	×××							

续表 5.2.2

序号	工程和费用名称	估算价值（万元）					技术经济指标	
		建筑工程费	设备及工器具购置费	安装工程费	工程建设其他费用	合计	其中：外币	比例（%）
	…							
1.3	公用工程							
	×××							
	…							
1.4	服务性工程							
1.4.1	×××							
	…							
1.5	厂外工程							
1.5.1	×××							
	…							
1.6	×××							
2	工程建设其他费用							
2.1	×××							
	…							
3	预备费							
3.1	基本预备费							
3.2	价差预备费							
4	建设投资合计							
	比例（%）							
编制人：		审核人：					审定人：	

2. 形成资产法

按照形成资产法分类，建设投资由形成固定资产的费用、形成无形资产的费用、形成其他资产的费用和预备费四部分组成。固定资产费用是指项目投产时将直接形成固定资产的建设投资，包括工程费用和工程建设其他费用中按规定将形成固定资产的费用，后者被称为固定资产其他费用，主要包括建设管理费、可行性研究费、研究试验费、勘察设计费、专项评价及验收费、场地准备及临时设施费、引进技术和引进设备其他费、工程保险费、联合试运转费、特殊设备安全监督检验费和市政公用设施建设及绿化费等；无形资产费用是指将直接形成无形资产的建设投资，主要是专利权、非专利技术、商标权、土地使用权和商誉等；其他资产费用是指建设投资中除形成固定资产和无形资产以外的部分，如生产准备及开办费等。

对于土地使用权的特殊处理：按照有关规定，在尚未开发或建设自用项目前，土地使用权作为无形资产核算，房地产开发企业开发商品房时，将其账面价值转入开发成本；企业建造自用项目时将其账面价值转入在建工程成本。因此，为了与以后的折旧和摊销计算相协调，在建设投资估算表中通常可将土地使用权直接列入固定资产其他费用中。按形成资产法编制的建设投资估算表如表 5.2.3 所示。

表 5.2.3　建设投资估算表（形成资产法）

人民币单位：万元　　　外币单位：

序号	工程和费用名称	估算价值（万元）					技术经济指标	
		建筑工程费	设备及工器具购置费	安装工程费	工程建设其他费用	合计	其中：外币	比例（%）
1	固定资产费用							
1.1	工程费用							
1.1.1	×××							
1.1.2	×××							
1.1.3	×××							
	…							
1.2	固定资产其他费用							
1.2.1	×××							
	…							
2	无形资产费用							
2.1	×××							
	…							
3	其他资产费用							
3.1	×××							
	…							
4	预备费							
4.1	基本预备费							
4.2	价差预备费							
5	建设投资合计							
	比例（%）							
编制人：		审核人：					审定人：	

（五）建设期利息估算表

在估算建设期利息时，需要编制建设期利息估算表，如表 5.2.4 所示。建设期利息估算表主要包括建设期发生的各项贷款及其债券等项目，期初借款余额等于上年借款本金和应计利息之和，即上年期末借款余额；其他融资费用主要指融资中发生的手续费、承诺费、管理费、信贷保险费等融资费用。

表 5.2.4　建设期利息估算表　　　（人民币单位：万元）

序号	项目	合计	建设期					
			1	2	3	4	…	n
1	借款							
1.1	建设期利息							
1.1.1	期初借款余额							

续表 5.2.4

序号	项目	合计	建设期					
			1	2	3	4	…	n
1.1.2	当期借款							
1.1.3	当期应计利息							
1.1.4	期末借款余额							
1.2	其他融资费用							
1.3	小计（1.1+1.2）							
2	债券							
2.1	建设期利息							
2.1.1	期初债务余额							
2.1.2	当期债务金额							
2.1.3	当期应计利息							
2.1.4	期末债务余额							
2.2	其他融资费用							
2.3	小计（2.1+2.2）							
3	合计（1.3+2.3）							
3.1	建设期利息合计（1.1+2.1）							
3.2	其他融资费用合计（1.2+2.2）							

（六）流动资金估算表

可行性研究阶段，根据分项详细估算法估算的各项流动资金估算的结果，编制流动资金估算表，如表 5.2.5 所示。

表 5.2.5　流动资金估算表　（人民币单位：万元）

序号	项目	最低周转天数	周转次数	计算期					
				1	2	3	4	…	n
1	流动资产								
1.1	应收账款								
1.2	存货								
1.2.1	原材料								
1.2.2	×××								
	…								
1.2.3	燃料								
1.2.4	×××								
	…								
1.2.5	在产品								
1.2.6	产成品								
1.3	现金								

续表 5.2.5

序号	项 目	最低周转天数	周转次数	计算期					
				1	2	3	4	…	n
1.4	预付账款								
2	流动负债								
2.1	应付账款								
2.2	预收账款								
3	流动资金（1-2）								
4	流动资金当期增加额								

（七）项目总投资估算汇总表

将上述投资估算内容和估算方法所估算的各类投资进行汇总，编制项目总投资估算汇总表，如表 5.2.6 所示。

表 5.2.6　项目总投资估算汇总表

工程名称：

序号	费用名称	估算价值（万元）					技术经济指标			
		建筑工程费	设备及工器具购置费	安装工程费	其他费用	合计	单位	数量	单位价值	%
一	工程费用									
（一）	主要生产系统									
1	××车间									
2	××车间									
3	…									
（二）	辅助生产系统									
1	××车间									
2	××仓库									
3	…									
（三）	公用设施									
1	变电所									
2	锅炉房									
3	…									
（四）	外部工程									
1	××工程									
2	…									
二	工程建设其他费用									
1	…									
	小计									
三	预备费									

续表 5.2.6

序号	费用名称	估算价值（万元）					技术经济指标			
		建筑工程费	设备及工器具购置费	安装工程费	其他费用	合计	单位	数量	单位价值	%
1	基本预备费									
2	价差预备费									
	小计									
四	建设期利息									
五	流动资金									
	投资估算合计（万元）									
	比例（%）									
编制人：		审核人：			审定人：					

（八）项目分年投资计划表

估算出项目总投资后，应根据项目计划进度的安排，编制分年投资计划表，如表 5.2.7 所示。该表中的分年建设投资可以作为安排融资计划、估算建设期利息的基础。

表 5.2.7　分年投资计划表

人民币单位：万元　　　外币单位：

序号	项　目	人民币			外币		
		第 1 年	第 2 年	…	第 1 年	第 2 年	…
	分年计划（%）						
1	建设投资						
2	建设期利息						
3	流动资金						
4	项目投入总资金（1+2+3）						

第三节　设计概算编制

一、设计概算的概念和作用

（一）设计概算的概念

建设项目设计概算是初步设计文件的重要组成部分，它是在投资估算的控制下由设计单位根据初步设计或扩大初步设计的图纸及说明，利用国家或地区颁发的概算指标、概算定额或综合指标预算定额、各项费用定额或取费标准、设备材料预算价格等资料，按照设计要求，概略地计算建筑物或构筑物造价的文件。设计概算的成果文件称作设计概算书，也简称设计概算。采用两阶段设计的建设项目，初步设计阶段必须编制设计概算；采用三阶段设计的建设项目，扩大初步设计阶段必须编制修正概算。

（二）设计概算的作用

（1）设计概算是编制固定资产投资计划，确定和控制建设项目投资的依据。按照国家有关规定，编制年度固定资产投资计划，确定计划投资总额及其构成数额，要以批准的初步设计概算为依据，没有批准的初步设计文件及其概算，建设工程不能列入年度固定资产投资计划。

（2）设计概算是签订建设工程施工合同和贷款合同的依据。合同法中明确规定，建设工程合同价款是以设计概、预算价为依据，且总承包合同不得超过设计总概算的投资额。银行贷款或各单项工程的拨款累计总额不能超过设计概算。如果项目投资计划所列支投资额与贷款突破设计概算时，必须查明原因，之后由建设单位报请上级主管部门调整或追加设计概算总投资。凡未批准之前，银行对其超支部分拒不拨付。

（3）设计概算是控制施工图设计和施工图预算的依据。经批准的设计概算是建设工程项目投资的最高限额。设计单位必须按批准的初步设计和总概算进行施工图设计，施工图预算不得突破设计概算，设计概算批准后不得任意修改和调整；如由于设计变更等原因确实需要突破总概算时，须经原批准部门重新审批。

（4）设计概算是编制招标控制价（招标标底）和投标报价的依据。以设计概算进行招投标的工程，招标单位以设计概算作为编制招标控制价（标底）及评标定标的依据。承包单位也必须以设计概算为依据，编制投标报价，以合适的投标报价在投标竞争中取胜。

（5）设计概算是衡量设计方案技术经济合理性和选择最佳设计方案的依据。设计部门在初步设计阶段要选择最佳设计方案，设计概算是从经济角度衡量设计方案经济合理性的重要依据。因此，设计概算是衡量设计方案技术经济合理性和选择最佳设计方案的依据。

（6）设计概算是考核建设项目投资效果的依据。通过设计概算与竣工决算对比，可以分析和考核建设工程项目投资效果的好坏，同时还可以验证设计概算的准确性，有利于加强设计概算管理和建设项目的造价管理工作。

二、设计概算的编制内容和依据

（一）设计概算的编制内容

设计概算可分单位工程概算、单项工程综合概算和建设项目总概算三级。各级概算之间的相互关系如图5.3.1所示。

1. 单位工程概算

单位工程概算是以初步设计文件为依据，按照规定的程序和方法，计算单位工程费用的成果文件，是编制单项工程综合概算（或项目总概算）的依据，是单项工程综合概算的组成部分。单位工程概算分为建筑工程概算和设备及安装工程概算两大类。

建筑工程概算包括土建工程概算，给排水、采暖工程概算，通风、空调工程概算，电气照明工程概算，弱电工程概算，特殊构筑物工程概算等；设备及安装工程概算包括机械设备及安装工程概算，电气设备及安装工程概算，热力设备及安装工程概算，工具、器具及生产家具购置费概算等。

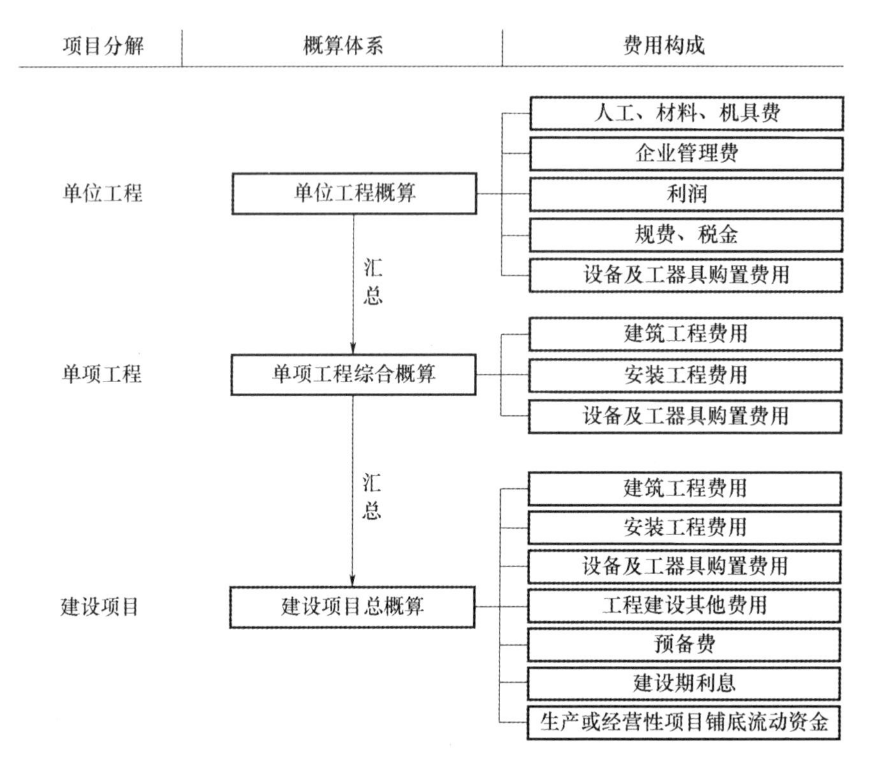

图 5.3.1　三级概算之间的相互关系和费用构成

2. 单项工程综合概算

单项工程是一个复杂的综合体，是具有独立存在意义的一个完整工程，如输水工程、净水厂工程、配水工程等。单项工程概算是确定一个单项工程所需要建设费用的文件，它是由单项工程中各单位工程概算汇总编制而成的，是建设项目总概算的组成部分。单项工程综合概算的组成内容如图 5.3.2 所示。

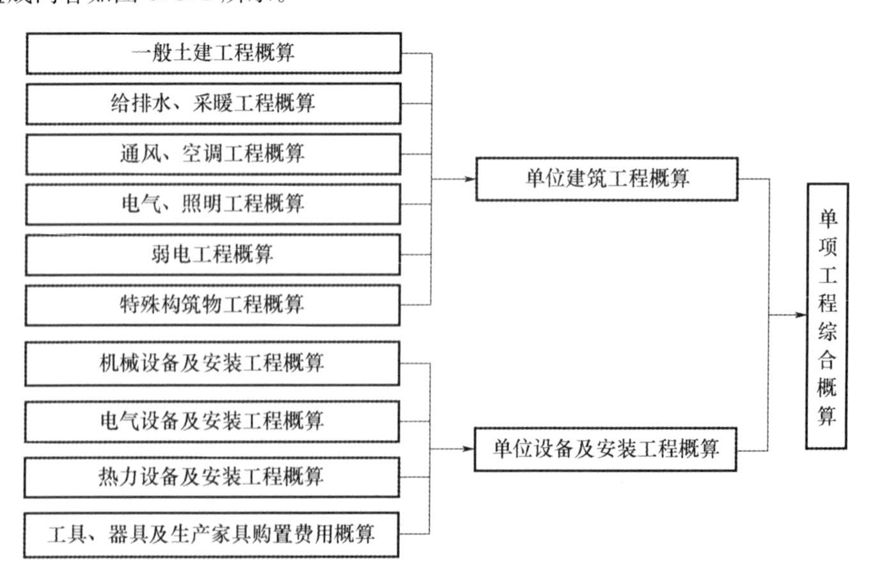

图 5.3.2　单项工程综合概算的组成内容

3. 建设项目总概算

建设项目总概算是以初步设计文件为依据，在单项工程综合概算的基础上计算建设项目概算总投资的成果文件。它是由各单项工程综合概算、工程建设其他费用概算、预备费、建设期利息和铺底流动资金概算汇总编制而成的，如图 5.3.3 所示。

若干个单位工程概算汇总后成为单项工程概算，若干个单项工程概算和工程建设其他费用、预备费、建设期利息、铺底流动资金等概算文件汇总后成为建设项目总概算。单项工程概算和建设项目总概算仅是一种归纳、汇总性文件，因此，最基本的计算文件是单位工程概算书。建设项目若为一个独立单项工程，则建设项目总概算书与单项工程综合概算书可合并编制。

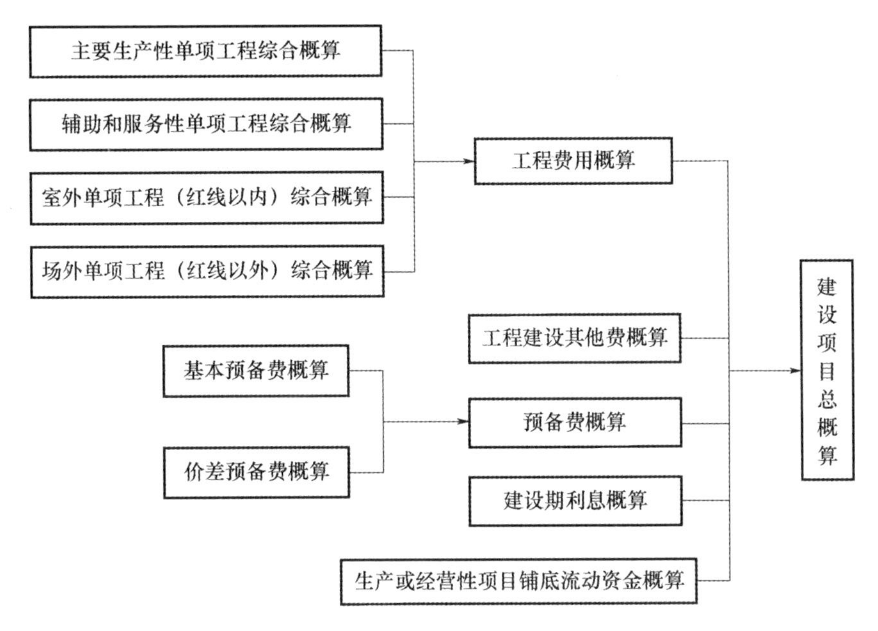

图 5.3.3　建设项目总概算的组成内容

(二) 设计概算的编制依据

(1) 国家、行业和地方政府有关建设和造价管理的法律、法规、规定。

(2) 批准的建设项目设计任务书（或批准的可行性研究文件）和主管部门的有关规定。

(3) 工程勘察与设计文件。

(4) 常规的施工组织设计。

(5) 建设项目的技术复杂程度，新技术、新材料、新工艺以及专利使用情况等。

(6) 工程造价管理机构发布的概算定额（或概算指标），类似工程概预算及技术经济指标。

(7) 建设工程所在地区的人工、材料、施工机具台班市场价格，标准设备和非标准设备价格资料，现行的有关设备原价及运杂费率。

(8) 政府有关部门、金融机构等发布的价格指数、利率、汇率、税率以及工程建设其他费用等。

(9) 资金筹措方式或资金来源。

(10) 建设项目批准的相关文件、合同、协议等。

三、设计概算的编制方法

建设项目设计概算的编制，一般首先编制单位工程的设计概算，然后再逐级汇总，形成单项工程综合概算及建设项目总概算。因此，下面分别介绍单位工程设计概算、单项工程综合概算和建设项目总概算的编制方法。

（一）单位工程概算的编制方法

单位工程概算是计算一个独立建筑物或构筑物（即单项工程）中每个专业工程所需工程费用的文件，是编制单项工程综合概算（或项目总概算）的依据，应根据单项工程中所属的每个单体按专业分别编制，一般分为单位建筑工程概算、单位设备及安装工程概算两类。其中，建筑工程概算的编制方法有概算定额法、概算指标法、类似工程预算法等；设备及安装工程概算的编制方法有预算单价法、扩大单价法、设备价值百分比法和综合吨位指标法等。

1. 单位建筑工程概算的编制方法

《建设项目设计概算编审规程》规定：单位建筑工程概算应按构成单位工程的主要分部分项工程编制，根据初步设计工程量按工程所在省、市、自治区颁发的概算定额（指标）或行业概算定额（指标），以及工程费用定额计算。对于通用结构建筑可采用“造价指标”编制概算；对于特殊或重要的建筑物及构筑物，必须按构成单位工程的主要分部分项工程编制，必要时结合施工组织设计进行详细计算。在实务操作中，可视概算编制时具备的条件选用以下方法：

（1）概算定额法：概算定额法又称扩大单价法或扩大结构定额法，是利用概算定额编制单位建筑工程概算的方法。根据初步设计图纸资料和概算定额的项目划分计算出工程量，然后套用概算定额单价（基价），计算汇总后，再计取有关费用，便可得出单位建筑工程概算造价。

概算定额法适用于初步设计达到一定深度，建筑结构尺寸比较明确，能按照初步设计的平面、立面、剖面图纸计算出楼地面、墙身、门窗和屋面等扩大分项工程（或扩大结构构件）工程量的项目。这种方法编制出的概算精度较高，但是编制工作量大，需要大量的人力和物力。

概算定额法编制设计概算的步骤如下：

1）搜集基础资料、熟悉设计图纸和了解有关施工条件和施工方法。

2）按照概算定额分部分项顺序，列出单位工程中分部分项工程项目名称，并计算其工程量。

3）确定各分部分项工程费。工程量计算完毕后，逐项套用各子目的综合单价，各子目的综合单价应包括人工费、材料费、施工机具使用费、管理费、利润、规费和税金。然后分别将其填入单位工程概算表和综合单价表中。如遇设计图中的分项工程项目名称、内容与采用的概算定额手册中相应的项目有某些不相符时，按规定对定额进行换算后方可套用。

4）计算措施项目费。措施项目费的计算分两部分进行：可以计量的措施项目费与分部分项工程费的计算方法相同，其费用按照第3步的规定计算。综合计取的措施项目费应以该单位工程的分部分项工程费和可以计量的措施项目费之和为基数乘以相应费率计算。

5）计算汇总单位工程概算造价。

$$单位工程概算造价=分部分项工程费+措施项目费 \tag{5.3.1}$$

6）编写概算编制说明。单位建筑工程概算按规定的表格形式进行编制，具体格式如表5.3.1所示，所使用的综合单价应编制综合单价分析表，如表5.3.2所示。

表5.3.1 建筑工程概算表

单位工程概算编号： 单项工程名称： 共 页 第 页

序号	项目编码	工程项目或费用名称	项目特征	单位	数量	综合单价（元）	合价（元）
一		分部分项工程					
（一）		土石方工程					
1	××	×××××					
2	××	×××××					
（二）		砌筑工程					
1	××	×××××					
（三）		楼地面工程					
1	××	×××××					
（四）		××工程					
		分部分项工程费用小计					
二		可计量措施项目					
（一）		××工程					
1	××	×××××					
2	××	×××××					
（二）		××工程					
1	××	×××××					
		可计量措施项目费小计					
三		综合取定的措施项目费					
1		安全文明施工费					
2		夜间施工增加费					
3		二次搬运费					
4		冬雨季施工增加费					
	××	×××××					
		综合取定措施项目费小计					
		合 计					

编制人： 审核人： 审定人：

表 5.3.2　单位建筑工程设计概算综合单价分析表

单位工程概算编号：　　　　　　　　　　单项工程名称：　　　　　　　　　　共　页　第　页

项目编码		项目名称		计量单位		工程数量			
综合单价组成分析									
定额编号	定额名称	定额单位	数量	定额直接费单价（元）			直接费合价（元）		
				人工费	材料费	机具费	人工费	材料费	机具费
××									
…									
间接费及利润税金计算	类别	取费基数描述		取费基数	费率	金额	备注		
	管理费	如：人工费							
	利润	如：直接费							
	规费								
	税金								
综合单价（元）									
概算定额人材机消耗量和单价分析	人材机项目名称、规格及型号			单位	消耗量	单价	合价	备注	

编制人：　　　　　　　　　　　　　　审核人：　　　　　　　　　　　　审定人：

注：1. 本表适用于采用概算定额法的分部分项工程项目及可计量措施项目的综合单价分析。

2. 在进行概算定额消耗量和单价分析时，消耗量应采用定额消耗量，单价应为报告期的市场价。

（2）概算指标法：概算指标法是利用概算指标编制单位工程概算的方法，是用拟建的厂房、住宅的建筑面积（或体积）乘以技术条件相同或基本相同工程的概算指标，得出人工费、材料费、施工机具使用费合计，然后按规定计算出企业管理费、利润、规费和税金等，得出单位工程概算的方法。

概算指标法的适用范围是设计深度不够，不能准确地计算出工程量，但工程设计技术比较成熟而又有类似工程概算指标可以利用。主要适用初步设计概算编制阶段的建筑物的土建、给排水、暖通、照明工程等，以及较为简单或单一的构筑物这类单位工程编制，计算出的费用精确度不高，往往只起到控制性作用。这是由于拟建工程（设计对象）往往与类似工程的概算指标的技术条件不尽相同，而且概算指标编制年份的设备、材料、人工等价格与拟建工程当时当地的价格也不会一样。如果想要提高精确度，需对指标进行调整。设计对象的结构特征与概算指标有局部差异时，必须对概算指标进行调整后方可采用，通常可采取以下两种调整方法。

1）调整概算指标中的每平方米（立方米）综合单价。

$$结构变化修正概算指标（元/m^2）=J+Q_1P_1-Q_2P_2 \quad (5.3.2)$$

式中　J——原概算指标；

Q_1——概算指标中换入结构的工程量；

Q_2——概算指标中换出结构的工程量；

P_1——换入结构的综合单价指标；

P_2——换出结构的综合单价指标。

2）调整概算指标中的人、材、机数量。

结构变化修正概算指标的人、材、机数量＝原概算指标的人、材、机数量＋换入结构件工程量×相应定额人、材、机消耗量－换出结构件工程量×相应定额人、材、机消耗量　（5.3.3）

以上两种方法，前者是直接修正结构件指标单价，后者是修正概算指标工、料、机数量。修正之后，方可按上述方法分别套用。

【例 5.3.1】　假设新建一座单身宿舍，其建筑面积为 3500m²，按概算指标和地区材料预算价格等算出综合单价为 738 元/m²，其中：一般土建工程 640 元/m²，采暖工程 32 元/m²，给排水工程 36 元/m²，照明工程 30 元/m²。但新建单身宿舍设计资料与概算指标相比较，其结构构件有部分变更。设计资料表明，外墙为 1.5 砖外墙，而概算指标中外墙为 1 砖墙。根据当地土建工程预算定额计算，外墙带形毛石基础的综合单价为 147.87 元/m³，1 砖外墙的综合单价为 177.10 元/m³，1.5 砖外墙的预算单价为 178.08 元/m³；概算指标中每 100m² 中含外墙带形毛石基础为 18m³，1 砖外墙为 46.5m³。新建工程设计资料表明，每 100m² 中含外墙带形毛石基础为 19.6m³，1.5 砖外墙为 61.2m³。请计算调整后的概算综合单价和新建宿舍的概算造价。

解：土建工程中对结构构件的变更和单价调整，如表 5.3.3 所示。

表 5.3.3　结构变化引起的单价调整

序号	结构名称	单位	数量（每 100m² 含量）	单价（元/m³）	合价（元）
	土建工程单位面积造价				640
	换出部分				
1	外墙带形毛石基础	m³	18	147.87	2661.66
2	1 砖外墙	m³	46.5	177.10	8235.15
	换出合计	元			10896.81
	换入部分				
3	外墙带形毛石基础	m³	19.6	147.87	2898.25
4	1.5 砖外墙	m³	61.2	178.08	10898.5
	换入合计	元			13796.75
单位造价修正系数：640.00－10896.81/100＋13796.75/100＝669（元）					

经调整后的概算综合单价为：669＋32＋36＋30＝767（元/m²）

新建宿舍的概算造价＝767×3500＝2684500（元）

（3）类似工程预算法：类似工程预算法是利用技术条件相类似的已完工程或在建工程的预算或结算资料，编制拟建单位工程概算的方法。

类似工程预算法适用于拟建工程设计与已完工程或在建工程的设计相类似而又没有可用的概算指标时采用，但必须对建筑结构差异和价差进行调整。建筑结构差异的调整方法与概算指标法的调整方法相同，类似工程造价的价差调整有两种方法：

1）类似工程造价资料有具体的人工、材料、机械台班的用量时，可按类似工程预算造价资料中的主要材料、工日、机械台班数量乘以拟建工程所在地的主要材料预算价格、人工单价、机械台班单价，计算出人、材、机费，再计取企业管理费、利润、规费和税金，即可得出所需的造价指标。

2）类似工程造价资料只有人工费、材料费、施工机械使用费和企业管理费时，可按下式调整：

$$D = A \cdot K \tag{5.3.4}$$

$$K = a\%K_1 + b\%K_2 + c\%K_3 + d\%K_4$$

式中 D——拟建工程成本单价；

A——类似工程成本单价；

K——成本单价综合调整系数；

$a\%$、$b\%$、$c\%$、$d\%$——类似工程预算的人工费、材料费、施工机具使用费、企业管理费占预算成本的比重，如：$a\%$=类似工程人工费/类似工程预算成本×100%，$b\%$、$c\%$、$d\%$类同；

K_1、K_2、K_3、K_4——拟建工程地区与类似工程预算成本在人工费、材料费、施工机具使用费和企业管理费之间的差异系数，如：K_1=拟建工程概算的人工费（或工资标准）/类似工程预算人工费（或地区工资标准），K_2、K_3、K_4类同。

【例 5.3.2】 新建一幢教学大楼，建筑面积为 6000m^2，根据下列类似工程施工图预算的有关数据，试用类似工程预算编制概算。已知数据如下：

（1）类似工程的建筑面积为 4600m^2，预算成本为 2576000 元。

（2）类似工程各种费用占预算成本的权重是：人工费 14%，材料费 61%，施工机具使用费 10%，企业管理费 9%，其他费 6%。

（3）拟建工程地区与类似工程地区造价之间的差异系数为 $K_1=1.03$，$K_2=1.04$，$K_3=0.98$，$K_4=0.96$，$K_5=0.90$。

（4）假定利润、规费及税金取综合费率为 15%。

（5）求拟建工程的概算造价。

解：（1）综合调整系数为：

$K=14\%\times1.03+61\%\times1.04+10\%\times0.98+9\%\times0.96+6\%\times0.9=1.017$

（2）类似工程预算单方成本为：2576000/4600=560（元/m^2）

（3）拟建教学楼工程单方概算成本为：560×1.017=569.52（元/m^2）

（4）拟建教学楼工程单方概算造价为：569.52×（1+15%）=654.95（元/m^2）

（5）拟建教学楼工程的概算造价为：654.95×6000=3929700（元）

2. 单位设备及安装工程概算的编制方法

单位设备及安装工程概算包括单位设备购置费用概算和单位设备安装工程费用概算两大部分。

（1）单位设备购置费概算：设备购置费是根据初步设计的设备清单计算出设备原价，并汇总求出设备总原价，然后按有关规定的设备运杂费率乘以设备总原价，两项相加即为设备购置费概算。

有关设备原价、运杂费和设备购置费的计算方法可参见第三章第三节的相关内容。

（2）单位设备安装工程费概算的编制方法：单位设备安装工程费概算的编制方法应根据初步设计深度和要求所明确的程度而采用。其主要编制方法有：

1）预算单价法：当初步设计较深，有详细的设备清单时，可直接按安装工程预算定额单价编制安装工程概算，概算编制程序基本同于安装工程施工图预算。该方法具有计算比较具体、精确性较高的优点。

2）扩大单价法：当初步设计深度不够，设备清单不完备，只有主体设备或仅有成套设备重量时，可采用主体设备、成套设备的综合扩大安装单价来编制概算。

上述两种方法的具体操作与建筑工程概算相类似。

3）设备价值百分比法：又叫安装设备百分比法。当初步设计深度不够，只有设备出厂价而无详细规格、质量时，安装费可按占设备费的百分比计算。其百分比值（即安装费率）由相关管理管部门制定或由设计单位根据已完类似工程确定。该法常用于价格波动不大的定型产品和通用设备产品，其计算公式为：

$$设备安装费=设备原价\times安装费率（\%） \quad (5.3.5)$$

4）综合吨位指标法：当初步设计文件提供的设备清单有规格和设备质量时，可采用综合吨位指标编制概算，其综合吨位指标由主管部门或由设计院根据已完类似工程资料确定。该法常用于设备价格波动较大的非标准设备和引进设备的安装工程概算，其计算公式为：

$$设备安装费=设备吨重\times每吨设备安装费指标（元/t） \quad (5.3.6)$$

（二）单项工程综合概算的编制方法

单项工程综合概算是确定单项工程建设费用的综合性文件，它是由该单项工程各专业单位工程概算汇总而成的，是建设项目总概算的组成部分。

单项工程综合概算是根据单项工程所辖范围内的各单位工程概算等基础资料，采用综合概算表（含其所附的单位工程概算表和建筑材料表）进行编制。当建设项目只有一个单项工程时，按两级概算编制形式直接编制总概算。

工业建设项目综合概算表由建筑工程和设备及安装工程两大部分组成。民用工程项目综合概算表仅建筑工程一项。综合概算表的费用组成一般应包括建筑工程费用、安装工程费用、设备及工器具购置费。单项工程综合概算表如表5.3.4所示。

表5.3.4　单项工程综合概算表

综合概算编号：　　　　工程名称（单项工程）：　　　　单位：万元　　共　页　第　页

序号	概算编号	工程项目或费用名称	设计规模或主要工程量	建筑工程费	设备购置费	安装工程费	合计	其中：引进部分	
								美元	折合人民币
一		主要工程							
1	×	×××							
2	×	×××							

续表 5.3.4

序号	概算编号	工程项目或费用名称	设计规模或主要工程量	建筑工程费	设备购置费	安装工程费	合计	其中：引进部分	
								美元	折合人民币
二		辅助工程							
1	×	×××							
2	×	×××							
三		配套工程							
1	×	×××							
2	×	×××							
		单项工程概算费用合计							

编制人：　　　　审核人：　　　　审定人：

（三）建设项目总概算的编制方法

1. 建设项目总概算的含义

建设项目总概算是设计文件的重要组成部分，是确定整个建设项目从筹建到竣工交付使用所预计花费的全部费用的文件。它由各单项工程综合概算、工程建设其他费用、建设期贷款利息、预备费和经营性项目的铺底流动资金概算组成，按照主管部门规定的统一表格进行编制而成。

2. 建设项目总概算的内容

设计总概算文件一般包括：编制说明、总概算表、各单项工程综合概算书、工程建设其他费用概算表、主要建筑安装材料汇总表。独立装订成册的总概算文件宜加封面、签署页（扉页）和目录。

（1）封面、签署页及目录。

（2）编制说明。

1）工程概况：简述建设项目性质、特点、生产规模、建设期（年限）、建设地点、主要工程量、主要工艺设备等情况。引进项目要说明引进内容以及与国内配套工程等主要情况。

2）编制依据：包括国家和有关部门的规定、设计文件、现行概算定额或概算指标、设备材料的预算价格和费用指标等。

3）编制方法：说明设计概算是采用概算定额法，还是采用概算指标法，或其他方法。

4）主要设备、材料的数量。

5）主要技术经济指标：主要包括项目概算总投资（有引进的给出所需外汇额度）及主要分项投资、主要技术经济指标（主要单位投资指标）等。

6）工程费用计算表：主要包括建筑工程费用计算表、工艺安装工程费用计算表、配套工程费用计算表、其他涉及的工程的工程费用计算表。

7）引进设备材料有关费率取定及依据：主要是关于国际运输费、国际运输保险费、关税、增值税、国内运杂费、其他有关税费等。

8）引进设备材料从属费用计算表。

9）其他必要的说明。

（3）总概算表：采用三级编制形式的总概算如表 5.3.5 所示，采用二级编制形式的总概算如表 5.3.6 所示。

表 5.3.5　总概算表（三级编制形式）

总概算编号：　　工程名称：　　单位：万元　　共　页　第　页

序号	概算编号	工程项目或费用名称	建筑工程费	设备购置费	安装工程费	其他费用	合计	其中：引进部分		占总投资比例（%）
								美元	折合人民币	
一		工程费用								
1		主要工程								
		×××								
		×××								
2		辅助工程								
		×××								
3		配套工程								
		×××								
二		工程建设其他费用								
1		×××								
2		×××								
三		预备费								
四		建设期利息								
五		流动资金								
		建设项目概算总投资								

编制人：　　审核人：　　审定人：

表 5.3.6　总概算表（二级编制形式）

总概算编号：　　工程名称：　　单位：万元　　共　页　第　页

序号	概算编号	工程项目或费用名称	设计规模或主要工程量	建筑工程费	设备购置费	安装工程费	其他费用	合计	其中：引进部分		占总投资比例（%）
									美元	折合人民币	
一		工程费用									
1		主要工程									
		×××									
		×××									
2		辅助工程									
		×××									
3		配套工程									
		×××									
二		工程建设其他费用									
1		×××									

续表 5.3.6

序号	概算编号	工程项目或费用名称	设计规模或主要工程量	建筑工程费	设备购置费	安装工程费	其他费用	合计	其中：引进部分		占总投资比例（%）
									美元	折合人民币	
2		×××									
三		预备费									
四		建设期利息									
五		流动资金									
		建设项目概算总投资									

编制人： 审核人： 审定人：

（4）工程建设其他费用概算表：工程建设其他费用概算按国家或地区或部委所规定的项目和标准确定，并按统一格式编制，如表 5.3.7 所示。应按具体发生的工程建设其他费用项目填写工程建设其他费用概算表，需要说明和具体计算的费用项目依次相应在说明及计算式栏内填写或具体计算。填写时注意以下事项：

1）土地征用及拆迁补偿费应填写土地补偿单价、数量和安置补助费标准、数量等，列式计算所需费用，填入金额栏。

2）建设管理费包括建设单位（业主）管理费、工程监理费等，按“工程费用×费率”或有关定额列式计算。

3）研究试验费应根据设计需要进行研究试验的项目分别填写项目名称及金额或列式计算或进行说明。

（5）单项工程综合概算表和建筑安装单位工程概算表。

（6）主要建筑安装材料汇总表：针对每一个单项工程列出钢筋、型钢、水泥、木材等主要建筑安装材料的消耗量。

表 5.3.7 工程建设其他费用概算表

工程名称： 单位：万元 共 页 第 页

序号	费用项目编号	费用项目名称	费用计算基数	费率	金额	计算公式	备注
1							
2							
	合计						

编制人： 审核人： 审定人：

第四节 施工图预算编制

一、施工图预算的基本概念

（一）施工图预算的含义

施工图预算是在施工图设计完成后，工程开工前，根据已批准的施工图纸、现行的预算定额、费用定额和地区人工、材料、机械台班等资源价格，在施工方案或施工组织设计已大致确定的前提下，按照规定的计算程序计算人工费、材料费、施工机械使用费，并计取管理费、利润、规费及税金等费用，确定单位工程造价的技术经济文件。

按以上施工图预算的概念，只要是按照工程施工图以及计价所需的各种依据，在工程实施前所计算的工程价格，均可以称为施工图预算价格。该施工图预算价格既可以是按照政府统一规定的预算单价、取费标准、计价程序计算而得到的属于计划或预期性质的施工图预算价格，也可以是通过招标投标法定程序后施工企业根据自身的实力即企业定额、资源市场单价以及市场供求及竞争状况计算得到的反映市场性质的施工图预算价格。

（二）施工图预算的作用

施工图预算作为建设工程建设程序中的一个重要的技术经济文件，在工程建设实施过程中具有十分重要的作用，可以归纳为以下几个方面。

1. 施工图预算对设计方的作用

（1）根据施工图预算进行控制投资。根据工程造价的控制要求，工程预算不得超过设计概算，设计单位完成施工图设计后一般要以施工图预算与工程概算对比，突破概算时要决定该设计方案是否实施或需要修正。

（2）根据施工图预算进行优化设计，确定最终设计方案。设计方案确定后一般以施工图预算来辅助进行优化，确定最终设计方案。

2. 施工图预算对投资方的作用

（1）施工图预算是设计阶段控制工程造价的重要环节，是控制施工图设计不突破设计概算的重要措施。

（2）施工图预算是控制造价及资金合理使用的依据。施工图预算确定的预算造价是工程的计划成本，投资方按施工图预算造价筹集建设资金，合理安排建设资金计划，确保建设资金的有效使用，保证项目建设顺利进行。

（3）施工图预算是确定工程招标控制价的依据。在设置招标控制价的情况下，建筑安装工程的招标控制价可按照施工图预算来确定。招标控制价通常是在施工图预算的基础上考虑工程的特殊施工措施、工程质量要求、目标工期、招标工程范围以及自然条件等因素进行编制的。

（4）施工图预算可以作为确定合同价款、拨付工程进度款及办理工程结算的基础。

3. 施工图预算对施工企业的作用

（1）施工图预算是建筑施工企业投标报价的基础。在激烈的建筑市场竞争中，建筑施工企业需要根据施工图预算，结合企业的投标策略，确定投标报价。

（2）施工图预算是建筑工程预算包干的依据和签订施工合同的主要内容。在采用总价合同的情况下，施工单位通过与建设单位协商，可在施工图预算的基础上，考虑设计或施工变更后可能发生的费用与其他风险因素，增加一定系数作为工程造价一次性包干价。同样，施工单位与建设单位签订施工合同时，其中工程价款的相关条款也必须以施工图预算为依据。

（3）施工图预算是施工企业安排调配施工力量、组织材料供应的依据。施工企业在施工前，可以根据施工图预算的工、料、机分析，编制资源计划，组织材料、机具、设备和劳动力供应，并编制进度计划，统计完成的工作量，进行经济核算并考核经营成果。

（4）施工图预算是施工企业控制工程成本的依据。根据施工图预算确定的中标价格是施工企业收取工程款的依据，企业只有合理利用各项资源，采取先进技术和管理方法，将成本控制在施工图预算价格以内，才能获得良好的经济效益。

（5）施工图预算是进行“两算”对比的依据。施工企业可以通过施工图预算和施工预算的对比分析，找出差距，采取必要的措施。

4. 施工图预算对其他方面的作用

（1）对于工程咨询单位而言，尽可能客观、准确地为委托方做出施工图预算，不仅体现出其水平、素质和信誉，而且强化了投资方对工程造价的控制，有利于节省投资，提高建设项目的投资效益。

（2）对于工程项目管理、监督等中介服务企业而言，客观准确的施工图预算是为业主方提供投资控制的依据。

（3）对于工程造价管理部门而言，施工图预算是其监督、检查执行定额标准、合理确定工程造价、测算造价指数以及审定工程招标控制价的重要依据。

（4）如在履行合同的过程中发生经济纠纷，施工图预算还是有关仲裁、管理、司法机关按照法律程序处理、解决问题的依据。

（三）施工图预算的编制内容

1. 施工图预算文件的组成

施工图预算由建设项目总预算、单项工程综合预算和单位工程预算组成。建设项目总预算由单项工程综合预算汇总而成，单项工程综合预算由组成本单项工程的各单位工程预算汇总而成，单位工程预算包括建筑工程预算和设备及安装工程预算。

施工图预算根据建设项目实际情况可采用三级预算编制或二级预算编制形式。当建设项目有多个单项工程时，应采用三级预算编制形式，三级预算编制形式由建设项目总预算、单项工程综合预算、单位工程预算组成。当建设项目只有一个单项工程时，应采用二级预算编制形式，二级预算编制形式由建设项目总预算和单位工程预算组成。

采用三级预算编制形式的工程预算文件包括：封面、签署页及目录、编制说明、总预算表、综合预算表、单位工程预算表、附件等内容。采用二级预算编制形式的工程预算文件包括：封面、签署页及目录、编制说明、总预算表、单位工程预算表、附件等内容。

2. 施工图预算的内容

按照预算文件的不同，施工图预算的内容有所不同。建设项目总预算是反映施工图设计阶段建设项目投资总额的造价文件，是施工图预算文件的主要组成部分，由组成该建设项目的各个单项工程综合预算和相关费用组成。具体包括：建筑安装工程费、设备及工器具购置费、工程建设其他费用、预备费、建设期利息及铺底流动资金。施工图总预算应控制在已批准的设计总概算投资范围以内。

单项工程综合预算是反映施工图设计阶段一个单项工程（设计单元）造价的文件，是总预算的组成部分，由构成该单项工程的各个单位工程施工图预算组成。其编制的费用项目是各单项工程的建筑安装工程费和设备及工器具购置费总和。

单位工程预算是依据单位工程施工图设计文件、现行预算定额以及人工、材料和施工机械台班价格等，按照规定的计价方法编制的工程造价文件。包括单位建筑工程预算和单位设备及安装工程预算。单位建筑工程预算是建筑工程各专业单位工程施工图预算的总称，按其工程性质分为一般土建工程预算，给排水工程预算，采暖通风工程预算，煤气工程预算，电气照明工程预算，弱电工程预算，特殊构筑物如烟窗、水塔等工程预算以及工业管道工程预算等。安装工程预算是安装工程各专业单位工程预算的总称，安装工程预算按其工程性质分为机械设备安装工程预算、电气设备安装工程预算、工业管道安装工程预算和热力设备安装工程预算等。

二、施工图预算的编制

（一）施工图预算的编制依据及编制原则

1. 施工图预算的编制依据

（1）国家、行业和地方政府有关工程建设和造价管理的法律、法规和规定。

（2）相应工程造价管理机构发布的预算定额。

（3）经过批准和会审的施工图设计文件及相关标准图集和规范。

（4）建设工程工程量计价规范及各单位工程工程量计算规范、项目工程量清单、招标文件、工程合同、协议等。

（5）工程所在地的人工、材料、设备、施工机具预算价格。

（6）施工组织设计和施工方案。

（7）现行的有关设备原价及运杂费率。

（8）建设场地中的自然条件和施工条件。

（9）项目的管理模式、发包模式。

2. 施工图预算的编制原则

（1）严格执行国家的建设方针和经济政策的原则。施工图预算要严格按照党和国家的方针、政策办事，坚决执行勤俭节约的方针，严格执行规定的设计和建设标准。

（2）完整、准确地反映设计内容的原则。编制施工图预算时，要认真了解设计意图，根据设计文件、图纸准确计算工程量，避免重复和漏算。

（3）坚持结合拟建工程的实际，反映工程所在地当时价格水平的原则。编制施工图预算时，要求实事求是地对工程所在地的建设条件、可能影响造价的各种因素进行认真的调查研究。在此基础上，正确使用定额、费率和价格等各项编制依据，按照现行工程造价的构成，根据有关部门发布的价格信息及价格调整指数，考虑建设期的价格变化因素，使施工图预算尽可能地反映设计内容、施工条件和实际价格。

（二）施工图预算的编制方法

施工图预算由单位工程施工图预算、单项工程施工图预算和建设项目施工图预算三级逐级编制综合汇总而成。由于施工图预算是以单位工程为单位编制的，按单项工程汇总而成，所以施工图预算编制的关键在于编制好单位工程施工图预算。其编制可以采用工料单价法和综合单价法两种计价方法。工料单价法是传统的定额计价模式下的施工图预算编制方法，而综合单价法是适应市场经济条件的工程量清单计价模式下的施工图预算编制方法。

1. 工料单价法

工料单价法是指分部分项工程及可计量措施项目的单价为工料单价，将子项工程量乘以对应工料单价汇总后的合计作为直接费，直接费汇总后，再根据规定的计算方法计取企业管理费、利润、规费和税金，将上述费用汇总后得到该单位工程的施工图预算造价。

按照分部分项工程单价产生的方法不同，工料单价法又可以分为预算单价法和实物量法。

（1）预算单价法：预算单价法又称定额单价法，它是采用地区统一单位估价表中的各分项工程预算单价（基价）乘以相应的各分项工程的工程量，求和后得到包括人工费、材料费和施工机械使用费在内的单位工程直接费，再根据规定的计算方法计取企业管理费、利润、规费和税金，将上述费用汇总后得到该单位工程的施工图预算造价。预算单价法编制施工图预算的基本步骤如下：

1）进行编制前的准备工作。准备工作阶段主要完成以下工作内容。

① 收集编制施工图预算的编制依据。其中主要包括现行建筑安装工程预算定额、取费标准、工程量计算规则、地区材料预算价格以及市场材料价格等各种资料。资料收集清单如表 5.4.1 所示。

表 5.4.1　工料单价法收集资料一览表

序号	资料分类	资料内容
1	国家规范	国家或省级、行业建设主管部门颁发的计价依据和办法
2		预算定额
3	地方规范	××地区建筑工程消耗量标准
4		××地区建筑装饰工程消耗量标准
5		××地区安装工程消耗量标准
6	建设项目有关资料	建设工程设计文件及相关资料，包括施工图纸等
7		施工现场情况、工程特点及常规施工方案
8		经批准的初步设计概算或修正概算
9		工程所在地的劳资、材料、税务、交通等方面资料
10	其他有关资料	

② 熟悉图纸等基础资料。图纸是编制施工图预算的基本依据。熟悉图纸不但要弄清图纸的内容，而且要对图纸进行审核：图纸间相关尺寸是否有误，设备与材料表上的规格、数量是否与图示相符；详图、说明、尺寸和其他符号是否正确等，若发现错误应及时纠正。另外，还要熟悉标准图以及设计更改通知（或类似文件），这些都是图纸的组成部分，不可遗漏。通过对图纸的熟悉，要了解工程的性质、系统的组成，设备和材料的规格型号和品种，以及有无新材料、新工艺的采用。

③ 了解施工组织设计和施工现场情况。全面分析各分部分项工程，充分了解施工组织设计和施工方案，如工程进度、施工方法、人员使用、材料消耗、施工机械、技术措施等内容，注意影响费用的关键因素；核实施工现场情况，包括工程所在地地质、地形、地貌等情况、工程实施情况、当地气象资料、当地材料供应地点及运距等情况；了解工程布置、地形条件、施工条件、料场开采条件、场内外交通运输条件等。

2）列项并计算工程量。

① 划分工程项目。将单位工程划分为若干分项工程，划分的项目必须和定额规定的项目一致，这样才能正确地套用定额。不能重复列项计算，也不能漏项少算。

② 计算并整理工程量。工程量必须按定额规定的工程量计算规则进行计算，该扣除部分要扣除，不该扣除的部分不能扣除。当按照划分的项目将工程量全部计算完成后，要对各分项工程和工程量进行整理，即合并同类项和按序排列，为套用定额，计算人工、材料、施工机械使用费和进行工料分析打下基础。

3）套用定额预算单价。核对工程量计算结果后，将定额子项中的基价填于预算表单价栏内，并将单价乘以工程量得出合价，将结果填入合价栏，汇总求出单位工程人工、材料、施工机械使用费。计算分部分项工程人材机费时应注意以下几个问题：

① 分项工程的名称、规格、计量单位与预算单价或单位估价表中所列内容完全一致时，可以直接套用预算单价。

② 分项工程的主要材料品种与预算单价或单位估价表中规定材料不一致时，不可以直接套用预算单价，需要按实际使用材料价格换算预算单价。

③ 分项工程施工工艺条件与预算单价或单位估价表不一致而造成人工、施工机具的数量增减时，一般调量不调价。

4）计算直接费。直接费为分部分项人材机费与措施项目人材机费之和。措施项目人材机费按下列规定计算。

① 可以计量的措施项目人材机费与分部分项工程人材机费的计算方法相同。

② 综合计取的措施项目人材机费应以该单位工程的分部分项工程人材机费和可以计量的措施项目人材机费之和为基数乘以相应费率计算。

5）工料分析。工料分析即按各分项工程项目或措施项目，依据定额或单位估价表，计算人工和各种材料的实物耗量，并将主要材料汇总成表。工料分析的方法是：首先从定额项目表中分别将各子目消耗的每项材料和人工的定额消耗量查出；再分别乘以该工程项目的工程量，得到各分项工程或措施项目工料消耗量，最后将各类工料消耗量加以汇总，得出单位工程人工、材料的消耗数量，即：

$$人工消耗量=某工种定额用工量\times 某分项工程或措施项目工程量 \tag{5.4.1}$$

$$材料消耗量=某种材料定额用量\times 某分项工程或措施项目工程量 \tag{5.4.2}$$

6）计算主材费（未计价材料费）。许多定额项目基价为不完全价格，即未包括主材费用在内。因此还应单独计算出主材费，计算完成后将主材费的价差加入直接费。主材费计算的依据是当时当地的市场价格。

7）按计价程序计取其他费用，并汇总造价。根据规定的税率、费率和相应的计取基础，分别计算企业管理费、利润、规费和税金等。将上述费用累计后与直接费进行汇总，求出建筑安装工程预算造价。与此同时，计算工程的技术经济指标，如单方造价等。

8）复核。对项目填列、工程量计算公式、计算结果、套用单价、取费费率、数字计算结果、数据精确度等进行全面复核，及时发现差错并修改，以保证预算的准确性。

（2）实物量法：用实物量法编制单位工程施工图预算，就是根据施工图计算的各分项工程量及可计量措施项目工程量分别乘以地区定额中人工、材料、施工机械台班的定额消耗量，分类汇总得出该单位工程所需的全部人工、材料、施工机械台班消耗数量，然后再乘以当时当地人工工日单价、各种材料单价、施工机械台班单价，求出相应的人工费、材料费、施工机具使用费。企业管理费、利润、规费及税金等费用计取方法与预算单价法相同。

$$人工费=综合工日消耗量\times综合工日单价 \quad (5.4.3)$$

$$材料费=\sum(各种材料消耗量\times相应材料单价) \quad (5.4.4)$$

$$施工机具使用费=\sum(各种机械消耗量\times相应机械台班单价) \quad (5.4.5)$$

实物量法的优点是能比较及时地将反映各种材料、人工、机械的当时当地市场单价计入预算价格，不需调价，反映当时当地的工程价格水平。

实物量法编制施工图预算的基本步骤如下：

1）进行编制前的准备工作。具体工作内容同预算单价法相应步骤的内容。但此时要全面收集各种人工、材料、机械台班的当时当地的市场价格，应包括不同品种、规格的材料预算单价；不同工种、等级的人工工日单价；不同种类、型号的施工机械台班单价等。要求获得的各种价格应全面、真实、可靠。熟悉图纸，了解施工组织设计和施工现场情况的内容同预算单价法。

2）列项并计算工程量。本步骤的内容同预算单价法相应步骤。

3）套用消耗量定额，计算人工、材料、机械台班消耗量。根据地区定额中人工、材料、施工机械台班的定额消耗量，乘以各分项工程及措施项目的工程量，分别计算出所需的各类人工工日数量、各类材料消耗数量和各类施工机械台班数量。

4）计算并汇总单位工程的人工费、材料费和施工机具使用费。在计算出各分部分项工程及措施项目的各类人工工日数量、材料消耗数量和施工机械台班数量后，先按类别相加汇总求出该单位工程所需的各种人工、材料、施工机械台班的消耗数量，再分别乘以当时当地相应人工、材料、施工机械台班的实际市场单价，即可求出单位工程的人工费、材料费、施工机具使用费。

5）计算其他费用，汇总工程造价。对于综合计取的措施项目费、企业管理费、利润、规费和税金等费用的计算，可以采用与预算单价法相似的计算程序，只是有关费率是根据当时当地建设市场的供求情况予以确定。将上述人工费、材料费、施工机具使用费、企业管理费、利润、规费和税金等汇总即为单位工程预算造价。

（3）预算单价法与实物量法的异同：预算单价法与实物量法首尾部分的步骤是相同的，所不同的主要是中间的两个步骤，即：

1）采用实物法计算工程量后，套用相应人工、材料、施工机械台班的消耗量定额，求出各分项工程及可计量措施项目的人工、材料、施工机械台班消耗数量并汇总成单位工程所需各类人工工日、材料和施工机械台班的消耗量。

2）采用实物量法，采用当时当地的各类人工工日、材料和施工机械台班的实际单价分包乘以相应的人工工日、材料和施工机械台班总的消耗量，汇总后得出单位工程的人工费、材料费和机械费。

在市场经济条件下，人工、材料和机械台班等施工资源的单价是随市场而变化的，而且它们是影响工程造价最活跃、最主要的因素。用实物量法编制施工图预算，能把“量”“价”分开，计算出量后，不再去套用静态的定额基价，而是套用相应预算定额人工、材料、机械台班的消耗量定额，分别汇总得到人工、材料和机械台班的实物量，用这些实物量去乘以该地区当时的人工工日、材料、施工机械台班的实际单价，这样能比较真实地反映工程产品的实际价格水平，工程造价的准确性高。虽然有计算过程较单价法烦琐的问题，但采用相关计价软件进行计算可以得到解决。因此，实物量法是与市场经济体制相适应的预算编制方法。

2. 综合单价法

综合单价法是指分项工程单价综合了人材机及以外的多项费用，按照单价综合的内容不同，综合单价法可分为全费用综合单价和清单综合单价。

（1）全费用综合单价：全费用综合单价，即单价中综合了分项工程及可计量措施项目的人工费、材料费、机械费，管理费、利润、规费、税金以及一定范围的风险等全部费用。以各子项工程量乘以全费用单价的合价汇总后，再加上措施项目的完全价格，就生成了单位工程施工图预算造价。公式如下：

建筑安装工程预算造价＝（∑子项工程量×子项全费用单价）＋措施项目费用　（5.4.6）

（2）清单综合单价：分部分项工程及可计量措施项目综合单价中综合了人工费、材料费、施工机械使用费，企业管理费、利润，并考虑了一定范围的风险费用，但并未包括措施费、规费和税金，因此它是一种不完全单价。以各分部分项工程量乘以该综合单价的合价汇总后，再加上措施项目费、规费和税金后，即单位工程的造价。公式如下：

建筑安装工程预算造价＝(∑子项工程量×子项综合单价)＋措施项目不完全价格＋规费＋税金

（5.4.7）

第六章　工程施工招标投标阶段造价管理

第一节　施工招标方式和程序

一、招标投标的概念和性质

1. 招标投标的概念

建设工程招标是指招标人在发包建设项目之前，依据法定程序，以公开招标或邀请招标方式，鼓励潜在的投标人依据招标文件参与竞争，通过评定，从中优选定得标人的一种经济活动。

建设工程投标是工程招标的对称概念，指具有合法资格和能力的投标人，根据招标条件，在指定期限内填写标书，提出报价，并等候开标、决定能否中标的经济活动。

2. 招标投标的性质

我国法学界一般认为，建设工程招标是要约邀请，而投标是要约，中标通知书是承诺。我国《合同法》也明确规定，招标公告是要约邀请。也就是说，招标实际上是邀请投标人对招标人提出要约（即报价），属于要约邀请。投标则是一种要约，它符合要约的所有条件，如具有缔结合同的主观目的；一旦中标，投标人将受投标书的约束；投标书的内容具有足以使合同成立的主要条件等。招标人向中标的投标人发出的中标通知书，则是招标人同意接受中标的投标人的投标条件，即同意接受该投标人的要约的意思表示，应属于承诺。

二、施工招标范围

1.《招标投标法》的规定

《招标投标法》规定，在中华人民共和国境内进行下列工程建设项目，包括项目的勘察、设计、施工、监理以及与工程建设有关的重要设备、材料等的采购，必须进行招标：

（1）大型基础设施、公用事业等关系社会公共利益、公共安全的项目。

（2）全部或者部分使用国家资金投资或者国家融资的项目。

（3）使用国际组织或者外国政府贷款、援助资金的项目。

2. 必须招标工程项目的具体规定

国家发展和改革委员会发布的《必须招标的工程项目规定》与《必须招标的基础设施和公用事业项目范围规定》对《招标投标法》中必须招标的工程项目做了具体规定。

（1）全部或者部分使用国有资金投资或者国家融资的项目包括：

1）使用预算资金 200 万元人民币以上，并且该资金占投资额 10%以上的项目。

2）使用国有企业事业单位资金，并且该资金占控股或者主导地位的项目。

（2）使用国际组织或者外国政府贷款、援助资金的项目包括：

1）使用世界银行、亚洲开发银行等国际组织贷款、援助资金的项目。

2）使用外国政府及其机构贷款、援助资金的项目。

（3）不属于上述第1）条、第2）条规定情形的大型基础设施、公用事业等关系社会公共利益、公众安全的项目，必须招标的具体范围包括：

1）煤炭、石油、天然气、电力、新能源等能源基础设施项目。

2）铁路、公路、管道、水运，以及公共航空和A1级通用机场等交通运输基础设施项目。

3）电信枢纽、通信信息网络等通信基础设施项目。

4）防洪、灌溉、排涝、引（供）水等水利基础设施项目。

5）城市轨道交通等城建项目。

（4）上述第1）条至第3）条规定范围内的各类工程建设项目，包括项目的勘察、设计、施工、监理以及与工程建设有关的重要设备、材料等的采购，达到下列标准之一的，必须进行招标：

1）施工单项合同估算价在400万元人民币以上。

2）重要设备、材料等货物的采购，单项合同估算价在200万元人民币以上。

3）勘察、设计、监理等服务的采购，单项合同估算价在100万元人民币以上。

同一项目中可以合并进行的勘察、设计、施工、监理以及与工程建设有关的重要设备、材料等的采购，合同估算价合计达到前款规定标准的，必须招标。

3. 关于可以不招标的项目的规定

《招标投标法》规定，涉及国家安全、国家秘密、抢险救灾或者属于利用扶贫资金实行以工代赈、需要使用农民工等特殊情况，不适宜进行招标的项目，按照国家有关规定可以不进行招标。

《中华人民共和国招标投标法实施条例》（以下简称《招标投标法实施条例》）规定，除招标投标法规定的可以不进行招标的特殊情况外，有下列情形之一的，可以不进行招标：

（1）需要采用不可替代的专利或者专有技术。

（2）采购人依法能够自行建设、生产或者提供。

（3）已通过招标方式选定的特许经营项目投资人依法能够自行建设、生产或者提供。

（4）需要向原中标人采购工程、货物或者服务，否则将影响施工或者功能配套要求。

（5）国家规定的其他特殊情形。

招标人为适用前款规定弄虚作假的，属于规避招标。

三、施工招标方式

根据《招标投标法》，工程施工招标分公开招标和邀请招标两种方式。

（一）公开招标

公开招标又称无限竞争性招标，是指招标人按程序，通过国家指定的报刊、信息网络或者其他媒介发布招标公告，邀请不特定的施工承包商投标竞争，然后从中确定中标者并与之签订施工合同的过程。

公开招标方式的优点是，招标人可以在较广的范围内选择承包商，投标竞争激烈，择优率更高，有利于招标人将工程项目交予可靠的承包商实施，并获得有竞争性的商业报价，同时，也可在较大程度上避免招标过程中的贿标行为。因此，国际上政府采购通常采用这种方式。

公开招标方式的缺点是，准备招标、对投标申请者进行资格预审和评标的工作量大，招标时间长、费用高。同时，参加竞争的投标者越多，中标的机会就越小；投标风险越大，损失的费用也就越多。而这种费用的损失必然会反映在标价中，最终会由招标人承担，故这种方式在一些国家较少采用。

（二）邀请招标

邀请招标也称有限竞争性招标，是指招标人以投标邀请书的形式邀请预先确定的若干家施工承包商投标竞争，然后从中确定中标者并与之签订施工合同的过程。

招标人采用邀请招标方式的，邀请对象应以5～10家为宜，至少不应少于3家，否则就失去了竞争意义。与公开招标方式相比，邀请招标方式的优点是不发布招标公告，不进行资格预审，简化了招标程序，因而节约了招标费用、缩短了招标时间。而且由于招标人比较了解投标人以往的业绩和履约能力，从而减少了合同履行过程中承包商违约的风险。对于采购标的较小的工程项目，采用邀请招标方式比较有利。此外，有些工程项目的专业性强，有资格承接的潜在投标人较少或者需要在短时间内完成投标任务等，不宜采用公开招标方式的，应采用邀请招标方式。值得注意的是，尽管采用邀请招标方式时不进行资格预审，但为了体现公平竞争和便于招标人对各投标人的综合能力进行比较，仍要求投标人按招标文件的有关要求，在投标文件中提供有关资质资料，在评标时以资格后审的形式作为评审内容之一。

邀请招标方式的缺点是，由于投标竞争的激烈程度较差，有可能会提高中标合同价；也有可能排除某些在技术上或报价上有竞争力的承包商参与投标。

我国《招标投标法实施条例》规定，国有资金占控股或者主导地位的依法必须进行招标的项目，应当公开招标；但有下列情形之一的，可以邀请招标：

（1）技术复杂、有特殊要求或者受自然环境限制，只有少量潜在投标人可供选择。

（2）采用公开招标方式的费用占项目合同金额的比例过大。

四、施工招标程序

公开招标与邀请招标在程序上的主要差异：一是使施工承包商获得招标信息的方式不同；二是对投标人资格审查的方式不同。但是，公开招标与邀请招标均要经过招标准备、资格审查与投标、开标评标与授标三个阶段。

施工招标过程中招标人和投标人的工作内容如表6.1.1所示。

表6.1.1　施工招标过程中招标人和投标人的工作内容

阶段	主要工作步骤	主要工作内容	
		招标人	投标人
招标准备	申请审批、核准招标	将施工招标范围、招标方式、招标组织形式报项目审批、核准部门审批、核准	组成投标小组 进行市场调查 准备投标资料 研究投标策略
	组建招标组织	自行建立招标组织或招标代理机构	
	策划招标方案	划分施工标段、确定合同类型	
	招标公告或投标邀请	发布招标公告（及资格预审公告）或发出投标邀请函	
	编制标底或确定招标控制价	编制标底或确定招标控制价	
	准备招标文件	编制资格预审文件和招标文件	

续表 6.1.1

<table>
<tr><th rowspan="2">阶段</th><th rowspan="2">主要工作步骤</th><th colspan="2">主要工作内容</th></tr>
<tr><th>招标人</th><th>投标人</th></tr>
<tr><td rowspan="5">资格审查与投标</td><td>发售资格预审文件</td><td>发售资格预审文件</td><td>购买资格预审文件
填报资格预审材料</td></tr>
<tr><td>进行资格预审</td><td>分析评价资格预审材料
确定资格预审合格者
通知资格预审结果</td><td>回函收到资格预审结果</td></tr>
<tr><td>发售招标文件</td><td>发售招标文件</td><td>购买招标文件</td></tr>
<tr><td>现场踏勘、标前会议</td><td>组织现场踏勘和标前会议
进行招标文件的澄清和补遗</td><td>参加现场踏勘和标前会议
对招标文件提出质疑</td></tr>
<tr><td>投标文件的编制、递交和接收</td><td>接收投标文件（包括投标保函）</td><td>编制投标文件
递交投标文件（包括投标保函）</td></tr>
<tr><td rowspan="3">开标、评标与授标</td><td>开标</td><td>组织开标会议</td><td>参加开标会议</td></tr>
<tr><td>评标</td><td>投标文件初评
要求投标人提交澄清资料（必要时）
编写评标报告</td><td>提交澄清资料（必要时）</td></tr>
<tr><td>授标</td><td>确定中标人
发出中标通知书（退回未中标者的投标保函）
进行合同谈判
签订施工合同</td><td>进行合同谈判
提交履约保函
签订施工合同</td></tr>
</table>

第二节　施工招投标文件组成

一、招标文件的组成内容及其编制要求

招标文件是指导整个招标投标工作全过程的纲领性文件。按照《招标投标法》的规定，招标文件应当包括招标项目的技术要求、对投标人资格审查的标准、投标报价要求和评标标准等所有实质性要求和条件以及拟签订合同的主要条款。建设项目施工招标文件是由招标人（或其委托的咨询机构）编制，由招标人发布的，它既是投标单位编制投标文件的依据，也是招标人与将来中标人签订工程承包合同的基础。招标文件中提出的各项要求，对整个招标工作乃至发承包双方都具有约束力，因此招标文件的编制及其内容必须符合有关法律法规的规定。

（一）施工招标文件的编制内容

根据《中华人民共和国标准施工招标文件》（以下简称《标准施工招标文件》）的规定，施工招标文件包括以下内容。

（1）招标公告（或投标邀请书）：当未进行资格预审时，招标文件中应包括招标公告。当进行资格预审时，招标文件中应包括投标邀请书。该邀请书可代替资格预审通过通知书，以明确投标人已具备了在某具体项目某具体标段的投标资格，其他内容包括招标文件的获取、投标文件的递交等。

（2）投标人须知：主要包括对于项目概况的介绍和招标过程的各种具体要求，在正文中的未尽事宜可以通过“投标人须知前附表”进行进一步明确，由招标人根据招标项目具体特点和实际需要编制和填写，但务必与招标文件的其他章节相衔接，并不得与投标人须知正文的内容相抵触，否则抵触内容无效。投标人须知包括如下10个方面的内容：

1）总则：主要包括项目概况、资金来源和落实情况、招标范围、计划工期和质量要求的描述，对投标人资格要求的规定，对费用承担、保密、语言文字、计量单位等内容的约定，对踏勘现场、投标预备会的要求，以及对分包和偏离问题的处理。项目概况中主要包括项目名称、建设地点以及招标人和招标代理机构的情况等。

2）招标文件：主要包括招标文件的构成以及澄清和修改的规定。

3）投标文件：主要包括投标文件的组成，投标报价编制的要求，投标有效期和投标保证金的规定，需要提交的资格审查资料，是否允许提交备选投标方案，以及投标文件编制所应遵循的标准格式要求。

4）投标：主要规定投标文件的密封和标识、递交、修改及撤回的各项要求。在此部分中应当确定投标人编制投标文件所需要的合理时间，即投标准备时间，是指自招标文件开始发出之日起至投标人提交投标文件截止之日止的期限，最短不得少于20天。

5）开标：规定开标的时间、地点和程序。

6）评标：说明评标委员会的组建方法、评标原则和采取的评标办法。

7）合同授予：说明拟采用的定标方式、中标通知书的发出时间、要求承包人提交的履约担保和合同的签订时限。

8）重新招标和不再招标：规定重新招标和不再招标的条件。

9）纪律和监督：主要包括对招标过程各参与方的纪律要求。

10）需要补充的其他内容。

（3）评标办法：评标办法可选择经评审的最低投标价法和综合评估法。

（4）合同条款及格式：包括本工程拟采用的通用合同条款、专用合同条款以及各种合同附件的格式。

（5）工程量清单：工程量清单是表现拟建工程分部分项工程、措施项目和其他项目名称和相应数量的明细清单，以满足工程项目具体量化和计量支付的需要，是招标人编制招标控制价和投标人编制投标报价的重要依据。

如按照规定应编制招标控制价的项目，其招标控制价也应在招标时一并公布。

（6）图纸：是指应由招标人提供的用于计算招标控制价和投标人计算投标报价所必需的各种详细程度的图纸。

（7）技术标准和要求：招标文件规定的各项技术标准应符合国家强制性规定。招标文件中规定的各项技术标准均不得要求或标明某一特定的专利、商标、名称、设计、原产地或生产供应者，不得含有倾向或者排斥潜在投标人的其他内容。如果必须引用某一生产供应商的技术标准才能准确或清楚地说明拟招标项目的技术标准时，则应当在参照后面加上“或相当于”的字样。

（8）投标文件格式：提供各种投标文件编制所应依据的参考格式。

（9）规定的其他材料：如需要其他材料，应在“投标人须知前附表”中予以规定。

（二）招标文件的澄清和修改

1. 招标文件的澄清

投标人应仔细阅读和检查招标文件的全部内容。如发现缺页或附件不全，应及时向招标人提出，以便补齐。如有疑问，应在规定的时间前以书面形式（包括信函、电报、传真等可以有形地表现所载内容的形式），要求招标人对招标文件予以澄清。

招标文件的澄清将在规定的投标截止时间 15 天前以书面形式发给所有购买招标文件的投标人，但不指明澄清问题的来源。如果澄清发出的时间距投标截止时间不足 15 天，相应推迟投标截止时间。

投标人在收到澄清后，应在规定的时间内以书面形式通知招标人，确认已收到该澄清。投标人收到澄清后的确认时间，可以采用一个相对的时间，如招标文件澄清发出后 12h 以内；也可以采用一个绝对的时间，如 2016 年 1 月 19 日中午 12:00 以前。

2. 招标文件的修改

招标人对已发出的招标文件进行必要的修改，应当在投标截止时间 15 天前，招标人以书面形式修改招标文件，并通知所有已购买招标文件的投标人。如果修改招标文件的时间距投标截止时间不足 15 天，相应推后投标截止时间。投标人收到修改内容后，应在规定的时间内以书面形式通知招标人，确认已收到该修改文件。

（三）建设项目施工招标过程中其他文件的主要内容

1. 资格预审公告和招标公告的内容

（1）资格预审公告的内容：按照《标准施工招标资格预审文件》的规定，资格预审公告具体包括以下内容：

1）招标条件：明确拟招标项目已符合前述的招标条件。

2）项目概况与招标范围：说明本次招标项目的建设地点、规模、计划工期、招标范围、标段划分等。

3）申请人的资格要求：包括对于申请资质、业绩、人员、设备、资金等各方面的要求，以及是否接受联合体资格预审申请的要求。

4）资格预审的方法：明确采用合格制或有限数量制。

5）资格预审文件的获取：是指获取资格预审文件的地点、时间和费用。

6）资格预审申请文件的递交：说明递交资格预审申请文件的截止时间。

7）发布公告的媒介。

8）联系方式。

（2）招标公告的内容：若未进行资格预审，可以单独发布招标公告，根据《工程建设项目施工招标投标办法》和《标准施工招标文件》的规定，招标公告具体包括以下内容：

1）招标条件。

2）项目概况与招标范围。

3）投标人资格要求。

4）招标文件的获取。

5）投标文件的递交。

6）发布公告的媒介。

7）联系方式。

2. 资格审查文件的内容与要求

资格审查分为资格预审和资格后审。资格预审是指在投标前对潜在投标人进行的资质条件、业绩、信誉、技术、资金等多方面情况进行资格审查，而资格后审是指在开标后对投标人进行的资格审查。采取资格预审的，招标人应当在资格预审文件中载明资格预审的条件、标准和方法；采取资格后审的，招标人应当在招标文件中载明对投标人资格要求的条件、标准和方法。招标人不得改变载明的资格条件或者以没有载明的资格条件对潜在投标人或者投标人进行资格审查。

（1）资格预审文件的内容：发出资格预审公告后，招标人向申请参加资格预审的申请人出售资格预审文件。资格预审文件的内容主要包括：资格预审公告、申请人须知、资格审查办法、资格预审申请文件格式、项目建设概况等内容；同时还包括关于资格预审文件澄清和修改的说明。

（2）资格预审申请文件的内容：资格预审申请文件应包括下列内容：

1）资格预审申请函。

2）法定代表人身份证明或附有法定代表人身份证明的授权委托书。

3）联合体协议书（如工程接受联合体投标）。

4）申请人基本情况表。

5）近年财务状况表。

6）近年完成的类似项目情况表。

7）正在施工和新承接的项目情况表。

8）近年发生的诉讼及仲裁情况。

9）其他材料。

二、投标文件的组成内容及其编制要求

（一）投标文件的内容

投标人应当按照招标文件的要求编制投标文件。投标文件应当包括下列内容：

（1）投标函及投标函附录。

（2）法定代表人身份证明或附有法定代表人身份证明的授权委托书。

（3）联合体协议书（如工程允许采用联合体投标）。

（4）投标保证金。

（5）已标价工程量清单。

（6）施工组织设计。

（7）项目管理机构。

（8）拟分包项目情况表。

（9）资格审查资料。

（10）规定的其他材料。

（二）投标文件编制时应遵循的规定

（1）投标文件应按“投标文件格式”进行编写，如有必要，可以增加附页，作为投标文件的组成部分。其中，投标函附录在满足招标文件实质性要求的基础上，可以提出比招标文件要求更能吸引招标人的承诺。

（2）投标文件应当对招标文件有关工期、投标有效期、质量要求、技术标准和要求、招标范围等实质性内容做出响应。

（3）投标文件应由投标人的法定代表人或其委托代理人签字和盖单位章。委托代理人签字的，投标文件应附法定代表人签署的授权委托书。投标文件应尽量避免涂改、行间插字或删除。如果出现上述情况，改动之处应加盖单位章或由投标人的法定代表人或其授权的代理人签字确认。

（4）投标文件正本一份，副本份数按招标文件有关规定。正本和副本的封面上应清楚地标记“正本”或“副本”的字样。投标文件的正本与副本应分别装订成册，并编制目录。当副本和正本不一致时，以正本为准。

（5）除招标文件另有规定外，投标人不得递交备选投标方案。允许投标人递交备选投标方案的，只有中标人所递交的备选投标方案方可予以考虑。评标委员会认为中标人的备选投标方案优于其按照招标文件要求编制的投标方案的，招标人可以接受该备选投标方案。

（三）投标文件的递交

投标人应当在招标文件规定的提交投标文件的截止时间前，将投标文件密封送达投标地点。招标人收到投标文件后，应当向投标人出具标明签收人和签收时间的凭证，在开标前任何单位和个人不得开启投标文件。在招标文件要求提交投标文件的截止时间后送达或未送达指定地点的投标文件，为无效的投标文件，招标人不予受理。有关投标文件的递交还应注意以下问题。

1. 投标保证金与投标有效期

（1）投标人在递交投标文件的同时，应按规定的金额、担保形式递交投标保证金，并作为其投标文件的组成部分。联合体投标的，其投标保证金由牵头人或联合体各方递交，并应符合规定。投标保证金除现金外，可以是银行出具的银行保函、保兑支票、银行汇票或现金支票。投标保证金的数额不得超过项目估算价的2%，且最高不超过80万元。依法必须进行招标的项目的境内投标单位，以现金或者支票形式提交的投标保证金应当从其基本账户转出。投标人不按要求提交投标保证金的，其投标文件应被否决。出现下列情况的，投标保证金将不予返还：

1）投标人在规定的投标有效期内撤销或修改其投标文件。

2）中标人在收到中标通知书后，无正当理由拒签合同协议书或未按招标文件规定提交履约担保。

（2）投标有效期从投标截止时间起开始计算，主要用作组织评标委员会评标、招标人定标、发出中标通知书，以及签订合同等工作，一般考虑以下因素：

1）组织评标委员会完成评标需要的时间。

2）确定中标人需要的时间。

3）签订合同需要的时间。

一般项目投标有效期为60～90天，大型项目120天左右。投标保证金的有效期应与投标有效期保持一致。

出现特殊情况需要延长投标有效期的，招标人以书面形式通知所有投标人延长投标有效期。投标人同意延长的，应相应延长其投标保证金的有效期，但不得要求或被允许修改或撤销其投标文件；投标人拒绝延长的，其投标失效，但投标人有权收回其投标保证金。

2. 投标文件的递交方式

（1）投标文件的密封和标识：投标文件的正本与副本应分开包装，加贴封条，并在封套上清楚标记“正本”或“副本”字样，于封口处加盖投标人单位章。

（2）投标文件的修改与撤回：在规定的投标截止时间前，投标人可以修改或撤回已递交的投标文件，但应以书面形式通知招标人。在招标文件规定的投标有效期内，投标人不得要求撤销或修改其投标文件。

（3）费用承担与保密责任：投标人准备和参加投标活动发生的费用自理。参与招标投标活动的各方应对招标文件和投标文件中的商业和技术等秘密保密，违者应对由此造成的后果承担法律责任。

（四）对投标行为的限制性规定

1. 联合体投标

两个以上法人或者其他组织可以组成一个联合体，以一个投标人的身份共同投标。联合体投标需遵循以下规定：

（1）联合体各方应按招标文件提供的格式签订联合体协议书，联合体各方应当指定牵头人，授权其代表所有联合体成员负责投标和合同实施阶段的主办、协调工作，并应当向招标人提交由所有联合体成员法定代表人签署的授权书。

（2）联合体各方签订共同投标协议后，不得再以自己名义单独投标，也不得组成新的联合体或参加其他联合体在同一项目中投标。联合体各方在同一招标项目中以自己名义单独投标或者参加其他联合体投标的，相关投标均无效。

（3）招标人接受联合体投标并进行资格预审的，联合体应当在提交资格预审申请文件前组成。资格预审后联合体增减、更换成员的，其投标无效。

（4）由同一专业的单位组成的联合体，按照资质等级较低的单位确定资质等级。

（5）联合体投标的，应当以联合体各方或者联合体中牵头人的名义提交投标保证金。以联合体中牵头人名义提交的投标保证金，对联合体各成员具有约束力。

2. 串通投标

在投标过程有串通投标行为的，招标人或有关管理机构可以认定该投标无效。

（1）有下列情形之一的，属于投标人相互串通投标：

1）投标人之间协商投标报价等投标文件的实质性内容。

2）投标人之间约定中标人。

3）投标人之间约定部分投标人放弃投标或者中标。

4）属于同一集团、协会、商会等组织成员的投标人按照该组织要求协同投标。

5）投标人之间为谋取中标或者排斥特定投标人而采取的其他联合行动。

（2）有下列情形之一的，视为投标人相互串通投标：

1）不同投标人的投标文件由同一单位或者个人编制。

2）不同投标人委托同一单位或者个人办理投标事宜。

3）不同投标人的投标文件载明的项目管理成员为同一人。

4）不同投标人的投标文件异常一致或者投标报价呈规律性差异。

5）不同投标人的投标文件相互混装。

6）不同投标人的投标保证金从同一单位或者个人的账户转出。

（3）有下列情形之一的，属于招标人与投标人串通投标：

1）招标人在开标前开启投标文件并将有关信息泄露给其他投标人。

2）招标人直接或者间接向投标人泄露标底、评标委员会成员等信息。

3）招标人明示或者暗示投标人压低或者抬高投标报价。

4）招标人授意投标人撤换、修改投标文件。

5）招标人明示或者暗示投标人为特定投标人中标提供方便。

6）招标人与投标人为谋求特定投标人中标而采取的其他串通行为。

第三节　施工合同示范文本

一、建设工程施工合同的类型及选择

（一）建设工程施工合同的类型

建设工程施工合同是发包人与承包人就完成特定工程项目的建筑施工、设备安装、工程保修等工作内容，确定双方权利和义务的协议。建设工程施工合同是建设工程的主要合同之一，是工程建设质量控制、进度控制、投资控制的主要依据。

施工合同中，计价方式可分为三种，即总价方式、单价方式和成本加酬金方式。相应的施工合同也称为总价合同、单价合同和成本加酬金合同。其中，成本加酬金的计价方式又可根据酬金的计取方式不同，分为百分比酬金、固定酬金、浮动酬金和目标成本加奖罚四种计价方式。

单价合同是指合同当事人约定以工程量清单及其综合单价进行合同价格计算、调整和确认的建设工程施工合同，在约定的范围内合同单价不做调整。合同当事人应在专用合同条款中约定综合单价包含的风险范围和风险费用的计算方法，并约定风险范围以外的合同价格的调整方法。

总价合同是指合同当事人约定以施工图、已标价工程量清单或预算书及有关条件进行合同价格计算、调整和确认的建设工程施工合同，在约定的范围内合同总价不做调整。合同当事人应在专用合同条款中约定总价包含的风险范围和风险费用的计算方法，并约定风险范围以外的合同价格的调整方法。

成本加酬金合同，是由发包人向承包人支付工程项目的实际成本，并按事先约定的某一种方式支付酬金的合同类型。

不同计价方式的合同比较如表 6.3.1 所示。

表 6.3.1　不同计价方式的合同比较

合同类型	总价合同	单价合同	成本加酬金合同			
			百分比酬金	固定酬金	浮动酬金	目标成本加奖罚
应用范围	广泛	广泛	有局限性			酌情
建设单位造价控制	易	较易	最难	难	不易	有可能
施工承包单位风险	大	小	基本没有		不大	有

（二）建设工程施工合同类型的选择

施工合同有多种类型。合同类型不同，合同双方的义务和责任不同，各自承担的风险也不尽相同。建设单位应综合考虑以下因素来选择适合的合同类型：

（1）工程项目的复杂程度：建设规模大且技术复杂的工程项目，承包风险较大，各项费用不易准确估算，因而不宜采用固定总价合同。最好是对有把握的部分采用总价合同，估算不准的部分采用单价合同或成本加酬金合同。有时，在同一施工合同中采用不同的计价方式，是建设单位与施工承包单位合理分担施工风险的有效办法。

（2）工程项目的设计深度：工程项目的设计深度是选择合同类型的重要因素。如果已完成工程项目的施工图设计，施工图纸和工程量清单详细而明确，则可选择总价合同；如果实际工程量与预计工程量可能有较大出入时，应优先选择单价合同；如果只完成工程项目的初步设计，工程量清单不够明确时，则可选择单价合同或成本加酬金合同。

（3）施工技术的先进程度：如果在工程施工中有较大部分采用新技术、新工艺，建设单位和施工承包单位对此缺乏经验，又无国家标准时，为了避免投标单位盲目地提高承包价款，或由于对施工难度估计不足而导致承包亏损，不宜采用固定总价合同，而应选用成本加酬金合同。

（4）施工工期的紧迫程度：对于一些紧急工程（如灾后恢复工程等），要求尽快开工且工期较紧时，可能仅有实施方案，还没有施工图纸，施工承包单位不可能报出合理的价格，选择成本加酬金合同较为合适。

总之，对于一个工程项目而言，究竟采用何种合同类型不是固定不变的。在同一个工程项目中不同的工程部分或不同阶段，可以采用不同类型的合同。在进行招标策划时，必须依据实际情况，权衡各种利弊，然后再做出最佳决策。

二、《建设工程施工合同（示范文本）》中的合同条款

为了指导建设工程施工合同当事人的签约行为，维护合同当事人的合法权益，依据《合同法》《建筑法》《招标投标法》以及相关法律法规，住房和城乡建设部、国家工商行政管理总局对《建设工程施工合同（示范文本）》（GF-2013-0201）进行了修订，制定了《建设工程施工合同（示范文本）》（GF-2017-0201）（以下简称《示范文本》）。《示范文本》为非强制性使用文本，适用于房屋建筑工程、土木工程、线路管道和设备安装工程、装修工程等建设工程的施工承发包活动。合同当事人可结合建设工程具体情况，根据《示范文本》订立合同，并按照法律法规规定和合同约定承担相应的法律责任及合同权利义务。

（一）《示范文本》的组成

《示范文本》由合同协议书、通用合同条款和专用合同条款三部分组成。

1. 合同协议书

《示范文本》合同协议书共计 13 条，主要包括：工程概况、合同工期、质量标准、签约合同价和合同价格形式、项目经理、合同文件构成、承诺以及合同生效条件等重要内容，集中约定了合同当事人基本的合同权利义务。

2. 通用合同条款

通用合同条款是合同当事人根据《建筑法》《合同法》等法律法规的规定，就工程建设的实施及相关事项，对合同当事人的权利义务做出的原则性约定。

通用合同条款共计 20 条，具体条款分别为：一般约定、发包人、承包人、监理人、工程质量、安全文明施工与环境保护、工期和进度、材料与设备、试验与检验、变更、价格调整、合同价格、计量与支付、验收和工程试车、竣工结算、缺陷责任与保修、违约、不可抗力、保险、索赔和争议解决。前述条款安排既考虑了现行法律法规对工程建设的有关要求，也考虑了建设工程施工管理的特殊需要。

3. 专用合同条款

专用合同条款是对通用合同条款原则性约定的细化、完善、补充、修改或另行约定的条款。合同当事人可以根据不同建设工程的特点及具体情况，通过双方的谈判、协商对相应的专用合同条款进行修改补充。在使用专用合同条款时，应注意以下事项：

（1）专用合同条款的编号应与相应的通用合同条款的编号一致。

（2）合同当事人可以通过对专用合同条款的修改，满足具体建设工程的特殊要求，避免直接修改通用合同条款。

（3）在专用合同条款中有横道线的地方，合同当事人可针对相应的通用合同条款进行细化、完善、补充、修改或另行约定；如无细化、完善、补充、修改或另行约定，则填写“无”或画“/”。

（二）合同文件的优先顺序

组成合同的各项文件应互相解释，互为说明。除专用合同条款另有约定外，解释合同文件的优先顺序如下：

（1）合同协议书。

（2）中标通知书（如果有）。

（3）投标函及其附录（如果有）。

（4）专用合同条款及其附件。

（5）通用合同条款。

（6）技术标准和要求。

（7）图纸。

（8）已标价工程量清单或预算书。

（9）其他合同文件。

上述各项合同文件包括合同当事人就该项合同文件所做出的补充和修改，属于同一类内容的文件，应以最新签署的为准。

在合同订立及履行过程中形成的与合同有关的文件均构成合同文件组成部分，并根据其性质确定优先解释顺序。

（三）发包人与承包人的一般义务

1. 发包人义务

发包人在合同履行过程中的一般义务包括：

（1）发包人应遵守法律，并办理法律规定由其办理的许可、批准或备案，包括但不限于建设用地规划许可证，建设工程规划许可证，建设工程施工许可证，施工所需临时用水、临时用电、中断道路交通、临时占用土地等许可和批准。

（2）发包人应协助承包人办理法律规定的有关施工证件和批件。

（3）发包人应在专用合同条款中明确其派驻施工现场的发包人代表的姓名、职务、联系方式及授权范围等事项。

（4）发包人应要求在施工现场的发包人人员遵守法律及有关安全、质量、环境保护、文明施工等规定，并保障承包人免于承受因发包人人员未遵守上述要求给承包人造成的损失和责任。

（5）按合同约定提供施工现场、施工条件和基础资料。

（6）发包人应在收到承包人要求提供资金来源证明的书面通知后 28 天内，向承包人提供能够按照合同约定支付合同价款的相应资金来源证明。

（7）发包人应按合同约定向承包人及时支付合同价款。

（8）发包人应按合同约定及时组织竣工验收。

（9）发包人应与承包人、由发包人直接发包的专业工程的承包人签订施工现场统一管理协议，明确各方的权利义务。施工现场统一管理协议作为专用合同条款的附件。

（10）应履行的其他义务。

2. 承包人义务

承包人在履行合同过程中应遵守法律和工程建设标准规范，并履行以下义务：

（1）办理法律规定应有承包人办理的许可和批准，并将办理结果书面报送发包人留存。

（2）按法律规定和合同约定完成工程，并在保修期内承担保修义务。

（3）按法律规定和合同约定采取施工安全和环境保护措施，办理工伤保险，确保工程及人员、材料、设备和设施的安全。

（4）按合同约定的工作内容和施工进度要求，编制施工组织设计和施工措施计划，并对所有施工作业和施工方法的完备性和安全可靠性负责。

（5）在进行合同约定的各项工作时，不得侵害发包人与他人使用公用道路、水源、市政管网等公共设施的权利，避免对邻近的公共设施产生干扰。承包人占用或使用他人的施工场地，影响他人作业或生活的，应承担相应责任。

（6）按照合同中环境保护的约定负责施工场地及其周边环境与生态的保护工作。

（7）按合同中安全文明施工的约定采取施工安全措施，确保工程及其人员、材料、设备和设施的安全，防止因工程施工造成的人身伤害和财产损失。

（8）将发包人按合同约定支付的各项价款专用于合同工程，且应及时支付其雇用人员工资，并及时向分包人支付合同价款。

（9）按照法律规定和合同约定编制竣工资料，完成竣工资料立卷及归档，并按专用合同条款约定的竣工资料的套数、内容、时间等要求移交发包人。

（10）应履行的其他义务。

(四) 承包人项目经理

项目经理应为合同当事人所确认的人选，并在专用合同条款中明确项目经理的姓名、职称、注册执业证书编号、联系方式及授权范围等事项，项目经理经承包人授权后代表承包人负责履行合同。项目经理应是承包人正式聘用的员工，承包人应向发包人提交项目经理与承包人之间的劳动合同，以及承包人为项目经理缴纳社会保险的有效证明。承包人不提交上述文件的，项目经理无权履行职责，发包人有权要求更换项目经理。

项目经理应常驻施工现场，且每月在施工现场时间不得少于专用合同条款约定的天数。项目经理不得同时担任其他项目的项目经理。项目经理确需离开施工现场时，应事先通知监理人，并取得发包人的书面同意。项目经理的通知中应当载明临时代行其职责的人员的注册执业资格、管理经验等资料，该人员应具备履行相应职责的能力。

项目经理按合同约定组织工程实施。在紧急情况下为确保施工安全和人员安全，在无法与发包人代表和总监理工程师及时取得联系时，项目经理有权采取必要的措施保证与工程有关的人身、财产和工程的安全，但应在 48h 内向发包人代表和总监理工程师提交书面报告。

承包人需要更换项目经理的，应提前 14 天书面通知发包人和监理人，并征得发包人书面同意。通知中应当载明继任项目经理的注册执业资格、管理经验等资料。未经发包人书面同意，承包人不得擅自更换项目经理。

发包人有权书面通知承包人更换其认为不称职的项目经理，通知中应当载明要求更换的理由。承包人应在接到更换通知后 14 天内向发包人提出书面的改进报告。发包人收到改进报告后仍要求更换的，承包人应在接到第二次更换通知的 28 天内进行更换，并将新任命的项目经理的注册执业资格、管理经验等资料书面通知发包人。

(五) 合同价格和费用

1. 签约合同价

签约合同价是指发包人和承包人在合同协议书中确定的总金额，包括安全文明施工费、暂估价及暂列金额等。

(1) 安全文明施工费：是指建设工程项目施工期间，承包人为保证安全施工、文明施工和保护现场内外环境等所发生的措施项目费用。

(2) 暂估价：是指发包人在工程量清单或预算书中提供的用于支付必然发生但暂时不能确定价格的材料、工程设备的单价、专业工程以及服务工作的金额。

(3) 暂列金额：是指发包人在工程量清单或预算书中暂定并包括在合同价格中的一笔款项，用于工程合同签订时尚未确定或者不可预见的所需材料、工程设备、服务的采购，施工中可能发生的工程变更、合同约定调整因素出现时的合同价格调整以及发生的索赔、现场签证确认等的费用。

2. 合同价格

合同价是指发包人用于支付承包人按照合同约定完成承包范围内全部工作的金额，包括合同履行过程中按合同约定发生的价格变化。

3. 费用

费用是指为履行合同所发生的或将要发生的所有必需的开支，包括管理费和应分摊的其他费用，但不包括利润。

（六）涉及费用的主要合同条款

1. 化石、文物

在施工现场发掘的所有文物、古迹以及具有地质研究或考古价值的其他遗迹、化石、钱币或物品属于国家所有。一旦发现上述文物，承包人应采取合理有效的保护措施，防止任何人员移动或损坏上述物品，并立即报告有关政府行政管理部门，同时通知监理人。

发包人、监理人和承包人应按有关政府行政管理部门要求采取妥善的保护措施，由此增加的费用和（或）延误的工期由发包人承担。

2. 交通运输

（1）出入现场的权利：除专用合同条款另有约定外，发包人应根据施工需要，负责取得出入施工现场所需的批准手续和全部权利，以及取得因施工所需修建道路、桥梁以及其他基础设施的权利，并承担相关手续费用和建设费用。

承包人应在订立合同前查勘施工现场，并根据工程规模及技术参数合理预见工程施工所需的进出施工现场的方式、手段、路径等。因承包人未合理预见所增加的费用和（或）延误的工期由承包人承担。

（2）场外交通：发包人应提供场外交通设施的技术参数和具体条件，承包人应遵守有关交通法规，严格按照道路和桥梁的限制荷载行驶，执行有关道路限速、限行、禁止超载的规定，并配合交通管理部门的监督和检查。场外交通设施无法满足工程施工需要的，由发包人负责完善并承担相关费用。

（3）场内交通：发包人应提供场内交通设施的技术参数和具体条件，并应按照专用合同条款的约定向承包人免费提供满足工程施工所需的场内道路和交通设施。因承包人原因造成上述道路或交通设施损坏的，承包人负责修复并承担由此增加的费用。

除发包人按照合同约定提供的场内道路和交通设施外，承包人负责修建、维修、养护和管理施工所需的其他场内临时道路和交通设施。发包人和监理人可以为实现合同目的使用承包人修建的场内临时道路和交通设施。

场外交通和场内交通的边界由合同当事人在专用合同条款中约定。

（4）超大件和超重件的运输：由承包人负责运输的超大件或超重件，应由承包人负责向交通管理部门办理申请手续，发包人给予协助。运输超大件或超重件所需的道路和桥梁临时加固改造费用和其他有关费用，由承包人承担，但专用合同条款另有约定除外。

（5）道路和桥梁的损坏责任：因承包人运输造成施工场地内外公共道路和桥梁损坏的，由承包人承担修复损坏的全部费用和可能引起的赔偿。

3. 知识产权

（1）合同当事人保证在履行合同过程中不侵犯对方及第三方的知识产权。承包人在使用材料、施工设备、工程设备或采用施工工艺时，因侵犯他人的专利权或其他知识产权所引起的责任，由承包人承担；因发包人提供的材料、施工设备、工程设备或施工工艺导致侵权的，由发包人承担责任。

（2）除专用合同条款另有约定外，承包人在合同签订前和签订时已确定采用的专利、专有技术、技术秘密的使用费已包含在签约合同价中。

4. 工程质量

（1）质量要求：工程质量标准必须符合现行国家有关工程施工质量验收规范和标准的要

求。因发包人原因造成工程质量未达到合同约定标准的，由发包人承担由此增加的费用和（或）延误的工期，并支付承包人合理的利润。因承包人原因造成工程质量未达到合同约定标准的，发包人有权要求承包人返工直至工程质量达到合同约定的标准为止，并由承包人承担由此增加的费用和（或）延误的工期。

（2）隐蔽工程检查：

1）检查程序。工程隐蔽部位经承包人自检确认具备覆盖条件的，承包人应在共同检查前48h书面通知监理人检查，通知中应载明隐蔽检查的内容、时间和地点，并应附有自检记录和必要的检查资料。

监理人应按时到场并对隐蔽工程及其施工工艺、材料和工程设备进行检查。经监理人检查确认质量符合隐蔽要求，并在验收记录上签字后，承包人才能进行覆盖。经监理人检查质量不合格的，承包人应在监理人指示的时间内完成修复，并由监理人重新检查，由此增加的费用和（或）延误的工期由承包人承担。

除专用合同条款另有约定外，监理人不能按时进行检查的，应在检查前24h向承包人提交书面延期要求，但延期不能超过48h，由此导致工期延误的，工期应予以顺延。监理人未按时进行检查，也未提出延期要求的，视为隐蔽工程检查合格，承包人可自行完成覆盖工作，并做相应记录报送监理人，监理人应签字确认。监理人事后对检查记录有疑问的，可按合同中重新检查的约定重新检查。

2）重新检查。承包人覆盖工程隐蔽部位后，发包人或监理人对质量有疑问的，可要求承包人对已覆盖的部位进行钻孔探测或揭开重新检查，承包人应遵照执行，并在检查后重新覆盖恢复原状。经检查证明工程质量符合合同要求的，由发包人承担由此增加的费用和（或）延误的工期，并支付承包人合理的利润；经检查证明工程质量不符合合同要求的，由此增加的费用和（或）延误的工期由承包人承担。

3）承包人私自覆盖。承包人未通知监理人到场检查，私自将工程隐蔽部位覆盖的，监理人有权指示承包人钻孔探测或揭开检查，无论工程隐蔽部位质量是否合格，由此增加的费用和（或）延误的工期均由承包人承担。

（3）不合格工程的处理：

1）因承包人原因造成工程不合格的，发包人有权随时要求承包人采取补救措施，直至达到合同要求的质量标准，由此增加的费用和（或）延误的工期由承包人承担。无法补救的，按照合同中拒绝接收全部或部分工程的约定执行。

2）因发包人原因造成工程不合格的，由此增加的费用和（或）延误的工期由发包人承担，并支付承包人合理的利润。

5. 安全文明施工与环境保护

（1）安全文明施工：

1）安全文明施工费：安全文明施工费由发包人承担，发包人不得以任何形式扣减该部分费用。因基准日期后合同所适用的法律或政府有关规定发生变化，增加的安全文明施工费由发包人承担。

承包人经发包人同意采取合同约定以外的安全措施所产生的费用，由发包人承担。未经发包人同意的，如果该措施避免了发包人的损失，则发包人在避免损失的额度内承担该措施费。如果该措施避免了承包人的损失，由承包人承担该措施费。

除专用合同条款另有约定外，发包人应在开工后28天内预付安全文明施工费总额的50%，其余部分与进度款同期支付。发包人逾期支付安全文明施工费超过7天的，承包人有权向发包人发出要求预付的催告通知，发包人收到通知后7天内仍未支付的，承包人有权暂停施工，并按合同中发包人违约的情形的约定执行。

承包人对安全文明施工费应专款专用，承包人应在财务账目中单独列项备查，不得挪作他用，否则发包人有权责令其限期改正；逾期未改正的，可以责令其暂停施工，由此增加的费用和（或）延误的工期由承包人承担。

2）紧急情况处理：在工程实施期间或缺陷责任期内发生危及工程安全的事件，监理人通知承包人进行抢救，承包人声明无能力或不愿立即执行的，发包人有权雇佣其他人员进行抢救。此类抢救按合同约定属于承包人义务的，由此增加的费用和（或）延误的工期由承包人承担。

3）发包人的安全责任：发包人应负责赔偿以下各种情况造成的损失：

① 工程或工程的任何部分对土地的占用所造成的第三者财产损失。

② 由于发包人原因在施工场地及其毗邻地带造成的第三者人身伤亡和财产损失。

③ 由于发包人原因对承包人、监理人造成的人员人身伤亡和财产损失。

④ 由于发包人原因造成的发包人自身人员的人身伤害以及财产损失。

4）承包人的安全责任：由于承包人原因在施工场地内及其毗邻地带造成的发包人、监理人以及第三者人员伤亡和财产损失，由承包人负责赔偿。

（2）环境保护：承包人应当承担因其原因引起的环境污染侵权损害赔偿责任，因上述环境污染引起纠纷而导致暂停施工的，由此增加的费用和（或）延误的工期由承包人承担。

6. 工期延误

（1）因发包人原因导致工期延误。在合同履行过程中，因下列情况导致工期延误和（或）费用增加的，由发包人承担由此延误的工期和（或）增加的费用，且发包人应支付承包人合理的利润：

1）发包人未能按合同约定提供图纸或所提供图纸不符合合同约定的。

2）发包人未能按合同约定提供施工现场、施工条件、基础资料、许可、批准等开工条件的。

3）发包人提供的测量基准点、基准线和水准点及其书面资料存在错误或疏漏的。

4）发包人未能在计划开工日期之日起7天内同意下达开工通知的。

5）发包人未能按合同约定日期支付工程预付款、进度款或竣工结算款的。

6）监理人未按合同约定发出指示、批准等文件的。

7）专用合同条款中约定的其他情形。

（2）因承包人原因导致工期延误。因承包人原因造成工期延误的，可以在专用合同条款中约定逾期竣工违约金的计算方法和逾期竣工违约金的上限。承包人支付逾期竣工违约金后，不免除承包人继续完成工程及修补缺陷的义务。

7. 不利物质条件

不利物质条件是指有经验的承包人在施工现场遇到的不可预见的自然物质条件、非自然的物质障碍和污染物，包括地表以下物质条件和水文条件以及专用合同条款约定的其他情形，但不包括气候条件。

承包人遇到不利物质条件时，应采取克服不利物质条件的合理措施继续施工，并及时通知发包人和监理人。通知应载明不利物质条件的内容以及承包人认为不可预见的理由。监理人经发包人同意后应当及时发出指示，指示构成变更的，按合同中变更的约定执行。承包人因采取合理措施而增加的费用和（或）延误的工期由发包人承担。

8. 异常恶劣的气候条件

异常恶劣的气候条件是指在施工过程中遇到的，有经验的承包人在签订合同时不可预见的，对合同履行造成实质性影响的，但尚未构成不可抗力事件的恶劣气候条件。合同当事人可以在专用合同条款中约定异常恶劣的气候条件的具体情形。

承包人应采取克服异常恶劣的气候条件的合理措施继续施工，并及时通知发包人和监理人。监理人经发包人同意后应当及时发出指示，指示构成变更的，按合同中变更的约定办理。承包人因采取合理措施而增加的费用和（或）延误的工期由发包人承担。

9. 暂停施工

（1）发包人原因引起的暂停施工：因发包人原因引起的暂停施工，发包人应承担由此增加的费用和（或）延误的工期，并支付承包人合理的利润。

（2）承包人原因引起的暂停施工：因承包人原因引起的暂停施工，承包人应承担由此增加的费用和（或）延误的工期，且承包人在收到监理人复工指示后 84 天内仍未复工的，视为合同中约定的承包人无法继续履行合同的情形。

（3）暂停施工后的复工：暂停施工后，发包人和承包人应采取有效措施积极消除暂停施工的影响。在工程复工前，监理人会同发包人和承包人确定因暂停施工造成的损失，并确定工程复工条件。当工程具备复工条件时，监理人应经发包人批准后向承包人发出复工通知，承包人应按照复工通知要求复工。

承包人无故拖延和拒绝复工的，承包人承担由此增加的费用和（或）延误的工期；因发包人原因无法按时复工的，按照发包人原因导致工期延误的约定办理。

（4）暂停施工持续 56 天以上：监理人发出暂停施工指示后 56 天内未向承包人发出复工通知，除该项停工属于承包人原因引起的暂停施工及不可抗力约定的情形外，承包人可向发包人提交书面通知，要求发包人在收到书面通知后 28 天内准许已暂停施工的部分或全部工程继续施工。发包人逾期不予批准的，则承包人可以通知发包人，将工程受影响的部分按变更的范围条款的约定视为可取消工作。

暂停施工持续 84 天以上不复工的，且不属于承包人原因引起的暂停施工及不可抗力约定的情形，并影响到整个工程以及合同目的实现的，承包人有权提出价格调整要求，或者解除合同。

（5）暂停施工期间的工程照管：暂停施工期间，承包人应负责妥善照管工程并提供安全保障，由此增加的费用由责任方承担。

10. 提前竣工

发包人要求承包人提前竣工的，发包人应通过监理人向承包人下达提前竣工指示，承包人应向发包人和监理人提交提前竣工建议书，提前竣工建议书应包括实施的方案、缩短的时间、增加的合同价格等内容。发包人接受该提前竣工建议书的，监理人应与发包人和承包人协商采取加快工程进度的措施，并修订施工进度计划，由此增加的费用由发包人承担。

发包人要求承包人提前竣工，或承包人提出提前竣工的建议能够给发包人带来效益的，合同当事人可以在专用合同条款中约定提前竣工的奖励。

11. 材料与设备

（1）发包人供应的材料与工程设备：发包人提供的材料或工程设备不符合合同要求的，承包人有权拒绝，并可要求发包人更换，由此增加的费用和（或）延误的工期由发包人承担，并支付承包人合理的利润。

发包人供应的材料和工程设备，承包人清点后由承包人妥善保管，保管费用由发包人承担，但已标价工程量清单或预算书已经列支或专用合同条款另有约定除外。因承包人原因发生丢失毁损的，由承包人负责赔偿；监理人未通知承包人清点的，承包人不负责材料和工程设备的保管，由此导致丢失毁损的由发包人负责。

发包人供应的材料和工程设备使用前，由承包人负责检验，检验费用由发包人承担，不合格的不得使用。

（2）承包人供应的材料与工程设备：承包人采购的材料和工程设备不符合设计或有关标准要求时，承包人应在监理人要求的合理期限内将不符合设计或有关标准要求的材料、工程设备运出施工现场，并重新采购符合要求的材料、工程设备，由此增加的费用和（或）延误的工期，由承包人承担。

承包人采购的材料和工程设备由承包人妥善保管，保管费用由承包人承担。法律规定材料和工程设备使用前必须进行检验或试验的，承包人应按监理人的要求进行检验或试验，检验或试验费用由承包人承担，不合格的不得使用。

发包人或监理人发现承包人使用不符合设计或有关标准要求的材料和工程设备时，有权要求承包人进行修复、拆除或重新采购，由此增加的费用和（或）延误的工期，由承包人承担。

监理人有权拒绝承包人提供的不合格材料或工程设备，并要求承包人立即进行更换。监理人应在更换后再次进行检查和检验，由此增加的费用和（或）延误的工期由承包人承担。

（3）施工设备和临时设施：除专用合同条款另有约定外，承包人应自行承担修建临时设施的费用，需要临时占地的，应由发包人办理申请手续并承担相应费用。

承包人使用的施工设备不能满足合同进度计划和（或）质量要求时，监理人有权要求承包人增加或更换施工设备，承包人应及时增加或更换，由此增加的费用和（或）延误的工期由承包人承担。

12. 试验与检验

承包人应按合同约定进行材料、工程设备和工程的试验和检验，并为监理人对上述材料、工程设备和工程的质量检查提供必要的试验资料和原始记录。按合同约定应由监理人与承包人共同进行试验和检验的，由承包人负责提供必要的试验资料和原始记录。

监理人对承包人的试验和检验结果有异议的，或为查清承包人试验和检验成果的可靠性要求承包人重新试验和检验的，可由监理人与承包人共同进行。重新试验和检验的结果证明该项材料、工程设备或工程的质量不符合合同要求的，由此增加的费用和（或）延误的工期由承包人承担；重新试验和检验结果证明该项材料、工程设备和工程符合合同要求的，由此增加的费用和（或）延误的工期由发包人承担。

13. 法律变化引起的价格调整

基准日期后，法律变化导致承包人在合同履行过程中所需要增加的费用（不包含市场价格波动引起的费用调整），由发包人承担由此增加的费用；减少时，应从合同价格中予以扣减。基准日期后，因法律变化造成工期延误时，工期应予以顺延。

因法律变化引起的合同价格和工期调整，合同当事人无法达成一致的，由总监理工程师按合同中商定或确定的约定处理。

因承包人原因造成工期延误，在工期延误期间出现法律变化的，由此增加的费用和（或）延误的工期由承包人承担。

（七）验收和工程试车

1. 竣工验收

（1）竣工验收条件：工程具备以下条件的，承包人可以申请竣工验收。

1）除发包人同意的甩项工作和缺陷修补工作外，合同范围内的全部工程以及有关工作，包括合同要求的试验、试运行以及检验均已完成，并符合合同要求。

2）已按合同约定编制了甩项工作和缺陷修补工作清单以及相应的施工计划。

3）已按合同约定的内容和份数备齐竣工资料。

（2）竣工验收程序：除专用合同条款另有约定外，承包人申请竣工验收的，应当按照以下程序进行。

1）承包人向监理人报送竣工验收申请报告，监理人应在收到竣工验收申请报告后 14 天内完成审查并报送发包人。监理人审查后认为尚不具备验收条件的，应通知承包人在竣工验收前承包人还需完成的工作内容，承包人应在完成监理人通知的全部工作内容后，再次提交竣工验收申请报告。

2）监理人审查后认为已具备竣工验收条件的，应将竣工验收申请报告提交发包人，发包人应在收到经监理人审核的竣工验收申请报告后 28 天内审批完毕并组织监理人、承包人、设计人等相关单位完成竣工验收。

3）竣工验收合格的，发包人应在验收合格后 14 天内向承包人签发工程接收证书。发包人无正当理由逾期不颁发工程接收证书的，自验收合格后第 15 天起视为已颁发工程接收证书。

4）竣工验收不合格的，监理人应按照验收意见发出指示，要求承包人对不合格工程返工、修复或采取其他补救措施，由此增加的费用和（或）延误的工期由承包人承担。承包人在完成不合格工程的返工、修复或采取其他补救措施后，应重新提交竣工验收申请报告，并按本项约定的程序重新进行验收。

5）工程未经验收或验收不合格，发包人擅自使用的，应在转移占有工程后 7 天内向承包人颁发工程接收证书；发包人无正当理由逾期不颁发工程接收证书的，自转移占有后第 15 天起视为已颁发工程接收证书。

除专用合同条款另有约定外，发包人不按照本项约定组织竣工验收、颁发工程接收证书的，每逾期一天，应以签约合同价为基数，按照中国人民银行发布的同期同类贷款基准利率支付违约金。

（3）竣工日期：工程经竣工验收合格的，以承包人提交竣工验收申请报告之日为实际竣工日期，并在工程接收证书中载明；因发包人原因，未在监理人收到承包人提交的竣工验收申请报告 42 天内完成竣工验收，或完成竣工验收不予签发工程接收证书的，以提交竣工验收申请报告的日期为实际竣工日期；工程未经竣工验收，发包人擅自使用的，以转移占有工程之日为实际竣工日期。

(4) 拒绝接收全部或部分工程。对于竣工验收不合格的工程，承包人完成整改后，应当重新进行竣工验收，经重新组织验收仍不合格的且无法采取措施补救的，则发包人可以拒绝接收不合格工程，因不合格工程导致其他工程不能正常使用的，承包人应采取措施确保相关工程的正常使用，由此增加的费用和（或）延误的工期由承包人承担。

(5) 移交、接收全部与部分工程。除专用合同条款另有约定外，合同当事人应当在颁发工程接收证书后 7 天内完成工程的移交。

发包人无正当理由不接收工程的，发包人自应当接收工程之日起，承担工程照管、成品保护、保管等与工程有关的各项费用，合同当事人可以在专用合同条款中另行约定发包人逾期接收工程的违约责任。

承包人无正当理由不移交工程的，承包人应承担工程照管、成品保护、保管等与工程有关的各项费用，合同当事人可以在专用合同条款中另行约定承包人无正当理由不移交工程的违约责任。

2. 工程试车

(1) 试车程序：工程需要试车的，除专用合同条款另有约定外，试车内容应与承包人承包范围相一致，试车费用由承包人承担。工程试车应按如下程序进行：

1) 具备单机无负荷试车条件，承包人组织试车，并在试车前 48h 书面通知监理人，通知中应载明试车内容、时间、地点。承包人准备试车记录，发包人根据承包人要求为试车提供必要条件。试车合格的，监理人在试车记录上签字。监理人在试车合格后不在试车记录上签字，自试车结束满 24h 后视为监理人已经认可试车记录，承包人可继续施工或办理竣工验收手续。

监理人不能按时参加试车，应在试车前 24h 以书面形式向承包人提出延期要求，但延期不能超过 48h，由此导致工期延误的，工期应予以顺延。监理人未能在前述期限内提出延期要求，又不参加试车的，视为认可试车记录。

2) 具备无负荷联动试车条件，发包人组织试车，并在试车前 48h 以书面形式通知承包人。通知中应载明试车内容、时间、地点和对承包人的要求，承包人按要求做好准备工作。试车合格，合同当事人在试车记录上签字。承包人无正当理由不参加试车的，视为认可试车记录。

(2) 试车中的责任：因设计原因导致试车达不到验收要求，发包人应要求设计人修改设计，承包人按修改后的设计重新安装。发包人承担修改设计、拆除及重新安装的全部费用，工期相应顺延。因承包人原因导致试车达不到验收要求，承包人按监理人要求重新安装和试车，并承担重新安装和试车的费用，工期不予顺延。

因工程设备制造原因导致试车达不到验收要求的，由采购该工程设备的合同当事人负责重新购置或修理，承包人负责拆除和重新安装，由此增加的修理、重新购置、拆除及重新安装的费用及延误的工期由采购该工程设备的合同当事人承担。

(3) 投料试车：如需进行投料试车的，发包人应在工程竣工验收后组织投料试车。发包人要求在工程竣工验收前进行或需要承包人配合时，应征得承包人同意，并在专用合同条款中约定有关事项。

投料试车合格的，费用由发包人承担；因承包人原因造成投料试车不合格的，承包人应按照发包人要求进行整改，由此产生的整改费用由承包人承担；非因承包人原因导致投料试车不合格的，如发包人要求承包人进行整改的，由此产生的费用由发包人承担。

（八）缺陷责任与保修

1. 工程保修的原则

在工程移交发包人后，因承包人原因产生的质量缺陷，承包人应承担质量缺陷责任和保修义务。缺陷责任期届满，承包人仍应按合同约定的工程各部位保修年限承担保修义务。

2. 缺陷责任期

（1）缺陷责任期从工程通过竣工验收之日起计算，合同当事人应在专用合同条款约定缺陷责任期的具体期限，但该期限最长不超过 24 个月。

单位工程先于全部工程进行验收，经验收合格并交付使用的，该单位工程缺陷责任期自单位工程验收合格之日起算。因承包人原因导致工程无法按合同约定期限进行竣工验收的，缺陷责任期从实际通过竣工验收之日起计算。因发包人原因导致工程无法按合同约定期限进行竣工验收的，在承包人提交竣工验收报告 90 天后，工程自动进入缺陷责任期；发包人未经竣工验收擅自使用工程的，缺陷责任期自工程转移占有之日起开始计算。

（2）缺陷责任期内，由承包人原因造成的缺陷，承包人应负责维修，并承担鉴定及维修费用。如承包人不维修也不承担费用，发包人可按合同约定从保证金或银行保函中扣除，费用超出保证金额的，发包人可按合同约定向承包人进行索赔。承包人维修并承担相应费用后，不免除对工程的损失赔偿责任。发包人有权要求承包人延长缺陷责任期，并应在原缺陷责任期届满前发出延长通知。但缺陷责任期（含延长部分）最长不能超过 24 个月。

由他人原因造成的缺陷，发包人负责组织维修，承包人不承担费用，且发包人不得从保证金中扣除费用。

（3）任何一项缺陷或损坏修复后，经检查证明其影响了工程或工程设备的使用性能，承包人应重新进行合同约定的试验和试运行，试验和试运行的全部费用应由责任方承担。

（4）除专用合同条款另有约定外，承包人应于缺陷责任期届满后 7 天内向发包人发出缺陷责任期届满通知，发包人应在收到缺陷责任期满通知后 14 天内核实承包人是否履行缺陷修复义务，承包人未能履行缺陷修复义务的，发包人有权扣除相应金额的维修费用。发包人应在收到缺陷责任期届满通知后 14 天内，向承包人颁发缺陷责任期终止证书。

3. 质量保证金

经合同当事人协商一致扣留质量保证金的，应在专用合同条款中予以明确。

在工程项目竣工前，承包人已经提供履约担保的，发包人不得同时预留工程质量保证金。

（1）承包人提供质量保证金的方式：承包人提供质量保证金有以下三种方式。

1）质量保证金保函。

2）相应比例的工程款。

3）双方约定的其他方式。

（2）质量保证金的扣留：质量保证金的扣留有以下三种方式。

1）在支付工程进度款时逐次扣留，在此情形下，质量保证金的计算基数不包括预付款的支付、扣回以及价格调整的金额。

2）工程竣工结算时一次性扣留质量保证金。

3）双方约定的其他扣留方式。

除专用合同条款另有约定外，质量保证金的扣留原则上采用上述第（1）种方式。

发包人累计扣留的质量保证金不得超过工程价款结算总额的3%。如承包人在发包人签发竣工付款证书后28天内提交质量保证金保函，发包人应同时退还扣留的作为质量保证金的工程价款；保函金额不得超过工程价款结算总额的3%。

发包人在退还质量保证金的同时按照中国人民银行发布的同期同类贷款基准利率支付利息。

（3）质量保证金的退还：缺陷责任期内，承包人认真履行合同约定的责任，到期后，承包人可向发包人申请返还保证金。

发包人在接到承包人返还保证金申请后，应于14天内会同承包人按照合同约定的内容进行核实。如无异议，发包人应当按照约定将保证金返还给承包人。对返还期限没有约定或者约定不明确的，发包人应当在核实后14天内将保证金返还承包人，逾期未返还的，依法承担违约责任。发包人在接到承包人返还保证金申请后14天内不予答复，经催告后14天内仍不予答复，视同认可承包人的返还保证金申请。

发包人和承包人对保证金预留、返还以及工程维修质量、费用有争议的，按争议和纠纷解决程序处理。

4. 保修

（1）保修责任：工程保修期从工程竣工验收合格之日起算，具体分部分项工程的保修期由合同当事人在专用合同条款中约定，但不得低于法定最低保修年限。在工程保修期内，承包人应当根据有关法律规定以及合同约定承担保修责任。

发包人未经竣工验收擅自使用工程的，保修期自转移占有之日起算。

（2）修复费用：保修期内，修复的费用按照以下约定处理：

1）保修期内，因承包人原因造成工程的缺陷、损坏，承包人应负责修复，并承担修复的费用以及因工程的缺陷、损坏造成的人身伤害和财产损失。

2）保修期内，因发包人使用不当造成工程的缺陷、损坏，可以委托承包人修复，但发包人应承担修复的费用，并支付承包人合理利润。

3）因其他原因造成工程的缺陷、损坏，可以委托承包人修复，发包人应承担修复的费用，并支付承包人合理的利润，因工程的缺陷、损坏造成的人身伤害和财产损失由责任方承担。

（九）违约

1. 发包人违约的情形

在合同履行过程中发生的下列情形，属于发包人违约：

（1）因发包人原因未能在计划开工日期前7天内下达开工通知的。

（2）因发包人原因未能按合同约定支付合同价款的。

（3）发包人自行实施被取消的工作或转由他人实施的。

（4）发包人提供的材料、工程设备的规格、数量或质量不符合合同约定，或因发包人原因导致交货日期延误或交货地点变更等情况的。

（5）因发包人违反合同约定造成暂停施工的。

（6）发包人无正当理由没有在约定期限内发出复工指示，导致承包人无法复工的。

（7）发包人明确表示或者以其行为表明不履行合同主要义务的。

（8）发包人未能按照合同约定履行其他义务的。

发包人应承担因其违约给承包人增加的费用和（或）延误的工期，并支付承包人合理的利润。此外，合同当事人可在专用合同条款中另行约定发包人违约责任的承担方式和计算方法。

2. 承包人违约的情形

在合同履行过程中发生的下列情形，属于承包人违约：

（1）承包人违反合同约定进行转包或违法分包的。

（2）承包人违反合同约定采购和使用不合格的材料和工程设备的。

（3）因承包人原因导致工程质量不符合合同要求的。

（4）承包人未经批准，私自将已按照合同约定进入施工现场的材料或设备撤离施工现场的。

（5）承包人未能按施工进度计划及时完成合同约定的工作，造成工期延误的。

（6）承包人在缺陷责任期及保修期内，未能在合理期限对工程缺陷进行修复，或拒绝按发包人要求进行修复的。

（7）承包人明确表示或者以其行为表明不履行合同主要义务的。

（8）承包人未能按照合同约定履行其他义务的。

承包人应承担因其违约行为而增加的费用和（或）延误的工期。此外，合同当事人可在专用合同条款中另行约定承包人违约责任的承担方式和计算方法。

（十）不可抗力

不可抗力是指合同当事人在签订合同时不可预见，在合同履行过程中不可避免且不能克服的自然灾害和社会性突发事件，如地震、海啸、瘟疫、骚乱、戒严、暴动、战争和专用合同条款中约定的其他情形。不可抗力发生后，发包人和承包人应收集证明不可抗力发生及不可抗力造成损失的证据，并及时认真统计所造成的损失。合同当事人对是否属于不可抗力或其损失的意见不一致的，由监理人按合同中商定或确定的约定处理。发生争议时，按合同中争议解决的约定处理。

1. 不可抗力的通知

合同一方当事人遇到不可抗力事件，使其履行合同义务受到阻碍时，应立即通知合同另一方当事人和监理人，书面说明不可抗力和受阻碍的详细情况，并提供必要的证明。

不可抗力持续发生的，合同一方当事人应及时向合同另一方当事人和监理人提交中间报告，说明不可抗力和履行合同受阻的情况，并于不可抗力事件结束后 28 天内提交最终报告及有关资料。

2. 不可抗力后果的承担

（1）不可抗力引起的后果及造成的损失由合同当事人按照法律规定及合同约定各自承担。不可抗力发生前已完成的工程应当按照合同约定进行计量支付。

（2）不可抗力导致的人员伤亡、财产损失、费用增加和（或）工期延误等后果，由合同当事人按以下原则承担：

1）永久工程、已运至施工现场的材料和工程设备的损坏，以及因工程损坏造成的第三人人员伤亡和财产损失由发包人承担。

2）承包人施工设备的损坏由承包人承担。

3）发包人和承包人承担各自人员伤亡和财产的损失。

4）因不可抗力影响承包人履行合同约定的义务，已经引起或将引起工期延误的，应当顺延工期，由此导致承包人停工的费用损失由发包人和承包人合理分担，停工期间必须支付的工人工资由发包人承担。

5）因不可抗力引起或将引起工期延误，发包人要求赶工的，由此增加的赶工费用由发包人承担。

6）承包人在停工期间按照发包人要求照管、清理和修复工程的费用由发包人承担。

不可抗力发生后，合同当事人均应采取措施尽量避免和减少损失的扩大，任何一方当事人没有采取有效措施导致损失扩大的，应对扩大的损失承担责任。

因合同一方迟延履行合同义务，在迟延履行期间遭遇不可抗力的，不免除其违约责任。

3. 因不可抗力解除合同

因不可抗力导致合同无法履行连续超过 84 天或累计超过 140 天的，发包人和承包人均有权解除合同。合同解除后，由双方当事人按照合同商定或确定发包人应支付的款项，该款项包括：

（1）合同解除前承包人已完成工作的价款。

（2）承包人为工程订购的并已交付给承包人，或承包人有责任接受交付的材料、工程设备和其他物品的价款。

（3）发包人要求承包人退货或解除订货合同而产生的费用，或因不能退货或解除合同而产生的损失。

（4）承包人撤离施工现场以及遣散承包人人员的费用。

（5）按照合同约定在合同解除前应支付给承包人的其他款项。

（6）扣减承包人按照合同约定应向发包人支付的款项。

（7）双方商定或确定的其他款项。

除专用合同条款另有约定外，合同解除后，发包人应在商定或确定上述款项后 28 天内完成上述款项的支付。

（十一）争议解决

在《示范文本》中，争议的解决方式有和解、调解、争议评审及仲裁或诉讼四种。

1. 和解

合同当事人可以就争议自行和解，自行和解达成协议的，经双方签字并盖章后作为合同补充文件，双方均应遵照执行。

2. 调解

合同当事人可以就争议请求建设行政主管部门、行业协会或其他第三方进行调解，调解达成协议的，经双方签字并盖章后作为合同补充文件，双方均应遵照执行。

3. 争议评审

合同当事人在专用合同条款中约定采取争议评审方式解决争议以及评审规则，并按下列约定执行：

(1) 争议评审小组的确定：合同当事人可以共同选择一名或三名争议评审员，组成争议评审小组。除专用合同条款另有约定外，合同当事人应当自合同签订后28天内，或者争议发生后14天内，选定争议评审员。

选择一名争议评审员的，由合同当事人共同确定；选择三名争议评审员的，各自选定一名，第三名成员为首席争议评审员，由合同当事人共同确定或由合同当事人委托已选定的争议评审员共同确定，或由专用合同条款约定的评审机构指定第三名首席争议评审员。

除专用合同条款另有约定外，评审员报酬由发包人和承包人各承担一半。

(2) 争议评审小组的决定：合同当事人可在任何时间将与合同有关的任何争议共同提请争议评审小组进行评审。争议评审小组应秉持客观、公正原则，充分听取合同当事人的意见，依据相关法律、规范、标准、案例经验及商业惯例等，自收到争议评审申请报告后14天内做出书面决定，并说明理由。合同当事人可以在专用合同条款中对本项事项另行约定。

(3) 争议评审小组决定的效力：争议评审小组做出的书面决定经合同当事人签字确认后，对双方具有约束力，双方应遵照执行。

任何一方当事人不接受争议评审小组决定或不履行争议评审小组决定的，双方可选择采用其他争议解决方式。

4. 仲裁或诉讼

因合同及合同有关事项产生的争议，合同当事人可以在专用合同条款中约定以下一种方式解决争议：

(1) 向约定的仲裁委员会申请仲裁。

(2) 向有管辖权的人民法院起诉。

第四节　招标工程量清单编制

招标工程量清单是招标人依据国家标准、招标文件、设计文件以及施工现场实际情况编制的，随招标文件发布供投标报价的工程量清单，包括对其的说明和表格。编制招标工程量清单，应充分体现“量价分离”的“风险分担”原则。招标阶段，由招标人或其委托的工程造价咨询人根据工程项目设计文件，编制出招标工程项目的工程量清单，并将其作为招标文件的组成部分。招标人对工程量清单中各分部分项工程或适合以分部分项工程项目清单设置的措施项目的工程量的准确性和完整性负责；而作为合同文件组成部分的投标文件中已标明价格并经承包人确认的工程量清单称为已标价工程量清单。

一、招标工程量清单的编制依据和准备工作

(一) 招标工程量清单的编制依据

(1)《建设工程工程量清单计价规范》(GB 50500—2013) 以及各专业工程量计算规范等。

(2) 国家或省级、行业建设主管部门颁发的计价定额和办法。

(3) 建设工程设计文件及相关资料。

（4）与建设工程有关的标准、规范、技术资料。

（5）拟定的招标文件。

（6）施工现场情况、地勘水文资料、工程特点及常规施工方案。

（7）其他相关资料。

（二）招标工程量清单编制的准备工作

招标工程量清单编制的相关工作在收集资料（包括编制依据）的基础上，需进行如下工作。

1. *初步研究*

对各种资料进行认真研究，为工程量清单的编制做准备。主要包括：

（1）熟悉《建设工程工程量清单计价规范》（GB 50500—2013）、专业工程量计算规范、当地计价规定及相关文件；熟悉设计文件，掌握工程全貌，便于清单项目列项的完整、工程量的准确计算及清单项目的准确描述，对设计文件中出现的问题应及时提出。

（2）熟悉招标文件、招标图纸，确定工程量清单编审的范围及需要设定的暂估价；收集相关市场价格信息，为暂估价的确定提供依据。

（3）对《建设工程工程量清单计价规范》（GB 50500—2013）缺项的新材料、新技术、新工艺，收集足够的基础资料，为补充项目的制定提供依据。

2. *现场踏勘*

为了选用合理的施工组织设计和施工技术方案，需进行现场踏勘，以充分了解施工现场情况及工程特点，主要对以下两方面进行调查。

（1）自然地理条件：工程所在地的地理位置、地形、地貌、用地范围等；气象、水文情况，包括气温、湿度、降雨量等；地质情况，包括地质构造及特征、承载能力等；地震、洪水及其他自然灾害情况。

（2）施工条件：工程现场周围的道路、进出场条件、交通限制情况；工程现场施工临时设施、大型施工机具、材料堆放场地安排情况；工程现场邻近建筑物与招标工程的间距、结构形式、基础埋深、新旧程度、高度；市政给排水管线位置、管径、压力，废水、污水处理方式，市政、消防供水管道管径、压力、位置等；现场供电方式、方位、距离、电压等；工程现场通信线路的连接和铺设；当地政府有关部门对施工现场管理的一般要求、特殊要求及规定等。

3. *拟订常规施工组织设计*

施工组织设计是指导拟建工程项目的施工准备和施工的技术经济文件。根据项目的具体情况编制施工组织设计，拟定工程的施工方案、施工顺序、施工方法等，便于工程量清单的编制及准确计算，特别是工程量清单中的措施项目。施工组织设计编制的主要依据：招标文件中的相关要求，设计文件中的图纸及相关说明，现场踏勘资料，有关定额，现行有关技术标准、施工规范或规则等。作为招标人，仅需拟订常规的施工组织设计即可。

在拟定常规的施工组织设计时需注意以下问题：

（1）估算整体工程量。根据概算指标或类似工程进行估算，且仅对主要项目加以估算即可，如土石方、混凝土等。

（2）拟定施工总方案。施工总方案只需对重大问题和关键工艺做原则性的规定，不需考虑施工步骤，主要包括：施工方法、施工机械设备的选择、科学的施工组织、合理的施工进度、现场的平面布置及各种技术措施。制定总方案要满足以下原则：从实际出发，符合现场的实际情况，在切实可行的范围内尽量求其先进和快速；满足工期的要求；确保工程质量和施工安全；尽量降低施工成本，使方案更加经济合理。

（3）确定施工顺序。合理确定施工顺序需要考虑以下几点：各分部分项工程之间的关系；施工方法和施工机械的要求；当地的气候条件和水文要求；施工顺序对工期的影响。

（4）编制施工进度计划。施工进度计划要满足合同对工期的要求，在不增加资源的前提下尽量提前。编制施工进度计划时要处理好工程中各分部、分项、单位工程之间的关系，避免出现施工顺序的颠倒或工种相互冲突。

（5）计算人、材、机资源需要量。人工工日数量根据估算的工程量、选用的定额、拟定的施工总方案、施工方法及要求的工期来确定，并考虑节假日、气候等的影响。材料需要量主要根据估算的工程量和选用的材料消耗定额进行计算。施工机械台班数量则根据施工方案确定的机械设备方案和机械种类的匹配要求，利用估算的工程量和机械时间定额进行计算。

（6）施工平面布置。施工平面布置是根据施工方案、施工进度要求，对施工现场的道路交通、材料仓库、临时设施等做出合理的规划布置，主要包括：建设项目施工总平面图上的一切地上、地下已有和拟建的建筑物、构筑物以及其他设施的位置和尺寸；所有为施工服务的临时设施的布置位置，如施工用地范围，施工用道路，材料仓库，取土与弃土位置，水源、电源位置，安全、消防设施位置，永久性测量放线标桩位置等。

二、招标工程量清单的编制内容

（一）分部分项工程项目清单编制

分部分项工程项目清单必须载明项目编码、项目名称、项目特征、计量单位和工程量。分部分项工程项目清单必须根据各专业工程计算规范规定的项目编码、项目名称、项目特征、计量单位和工程量计算规则进行编制。其格式如表 6.4.1 所示。在分部分项工程量清单的编制过程中，由招标人负责前六项内容填列，金额部分在编制招标控制价或投标报价时分别由招标人或投标人填列。

表 6.4.1　分部分项工程项目清单与计价表

工程名称：××工程　　　　标段：　　　　第×页　共×页

序号	项目编码	项目名称	项目特征	计量单位	工程量	金额（元）		
						综合单价	合价	其中：暂估价
		0101 土石方工程						
1	010101003001	挖沟槽土方	三类土，垫层底宽 2m，挖土深度<4m，弃土运距<10km	m^3	1520			
		0104 砌筑工程						

续表 6.4.1

序号	项目编码	项目名称	项目特征	计量单位	工程量	金额（元）		
						综合单价	合价	其中：暂估价
2	010401001001	条形砖基础	M10 水泥砂浆，MU15 页岩砖 240×115×53 (mm)	m^3	240			
		……						
		分部小计						

注：为计取规费等的使用，可在表中增设其中："定额人工费"。

1. 项目编码

项目编码是分部分项工程项目和措施项目清单名称的阿拉伯数字标识。分部分项工程量清单项目编码以五级编码设置，用十二位阿拉伯数字表示。一、二、三、四级编码为全国统一，即一至九位按计算规范附录的规定设置；第五级即十至十二位应根据拟建工程的工程量清单项目名称设置，由招标人针对招标工程项目具体编制，并应自 001 起顺序编制。同一招标工程的清单项目编码不得有重码。

各级编码代表的含义如下：

(1) 第一级表示专业工程代码（分二位）。

(2) 第二级表示附录分类顺序码（分二位）。

(3) 第三级表示分部工程顺序码（分二位）。

(4) 第四级表示分项工程项目名称顺序码（分三位）。

(5) 第五级表示工程量清单项目名称顺序码（分三位）。

项目编码结构如图 6.4.1 所示（以房屋建筑与装饰工程为例）。

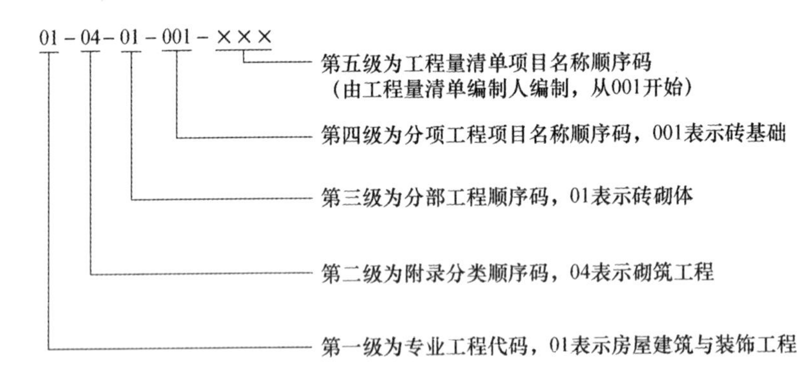

图 6.4.1 工程量清单项目编码结构

当同一标段（或合同段）的一份工程量清单中含有多个单位工程且工程量清单是以单位工程为编制对象时，在编制工程量清单时应特别注意对项目编码十至十二位的设置不得有重码的规定。例如，一个标段（或合同段）的工程量清单中含有三个单位工程，每一单位工程中都有项目特征相同的实心砖墙砌体，在工程量清单中又需反映三个不同单位工程的实心砖墙砌体工程量时，则第一个单位工程的实心砖墙的项目编码应为 010401003001，第二个单位工程的实心砖墙的项目编码应为 010401003002，第三个单位工程的实心砖墙的项目编码应为 010401003003，并分别列出各单位工程实心砖墙的工程量。

2. 项目名称

分部分项工程量清单的项目名称应按各专业工程计算规范附录的项目名称结合拟建工程的实际确定。附录表中的“项目名称”为分项工程项目名称，是形成分部分项工程量清单项目名称的基础。即在编制分部分项工程量清单时，以附录中的分项工程项目名称为基础，考虑该项目的规格、型号、材质等特征要求，结合拟建工程的实际情况，使其工程量清单项目名称具体化、细化，以反映影响工程造价的主要因素。例如，“门窗工程”中“特殊门”应区分“冷藏门”“冷冻闸门”“保温门”“变电室门”“隔声门”“人防门”“金库门”等。清单项目名称应表达详细、准确。

随着工程建设中新材料、新技术、新工艺等的不断涌现，计算规范附录所列的工程量清单项目不可能包含所有项目。编制工程量清单出现附录中未包括的项目，编制人应做补充。在编制补充项目时应注意以下三个方面：

（1）补充项目的编码由专业工程计算规范的代码前二位（第一级）与 B 和三位阿拉伯数字组成，并应从 B001 起顺序开始编制。例如房屋建筑与装饰工程如需补充项目，则补充项目编码应从 01B001 开始。

（2）在工程量清单中应附补充项目的项目名称、项目特征、计量单位、工程量计算规则和工作内容。

（3）将编制的补充项目报省级或行业工程造价管理机构备案。

3. 项目特征

项目特征是构成分部分项工程项目、措施项目自身价值的本质特征。项目特征是对项目的准确描述，是确定一个清单项目综合单价不可缺少的重要依据，是区分清单项目的依据，是履行合同义务的基础。分部分项工程量清单项目特征的描述应按各专业工程计算规范附录中规定的项目特征内容，结合技术规范、标准图集、施工图纸，按照工程结构、使用材质及规格或安装位置等，予以准确和全面的表述和说明。若有些项目特征用文字难以准确、全面地描述清楚时，可采用标准图集号或施工图纸图号的方式进行描述，如详见××图集或×××图号。

若计算规范清单项目中的项目特征有未描述到的其他独有特征，由清单编制人视项目具体情况确定，以准确描述清单项目为准。

在各专业工程计算规范附录中还给出各清单项目的工程内容。工程内容是指完成清单项目可能发生的具体工作和操作程序。各项目仅列出了主要工程内容，除另有规定和说明外，视为已经包括完成该项目的全部工程内容。清单项目中的工作内容不作为组价的依据。

4. 计量单位

计量单位应采用基本单位，除各专业另有特殊规定外均按以下单位计量：

（1）以质量计算的项目——吨或千克（t 或 kg）。

（2）以体积计算的项目——立方米（m^3）。

（3）以面积计算的项目——平方米（m^2）。

（4）以长度计算的项目——米（m）。

（5）以自然计量单位计算的项目——个、套、块、樘、组、台……。

(6) 以特殊计量单位计算的项目——系统、天、昼夜……。如系统调试、措施项目等。

当计量单位有两个或两个以上时，应根据所编工程量清单项目的特征要求，选择最适宜表现该项目特征并方便计量的一个单位。在一个建设项目（或标段、合同段）中，有多个单位工程的相同项目计量单位必须保持一致。

计量单位的有效位数应遵守下列规定：

(1) 以“t”为单位，应保留小数点后三位数字，第四位小数四舍五入。

(2) 以“m^3”“m^2”“m”“kg”为单位，应保留小数点后两位数字，第三位小数四舍五入。

(3) 以“个”“件”“组”“系统”等为单位，应取整数。

5. 工程量计算

工程量计算指建设工程项目以工程设计图纸、施工组织设计或施工方案及有关技术经济文件为依据，按照工程量计算规范的计算规则、计量单位等规定，进行工程数量的计算活动。

以房屋建筑与装饰工程为例，其计算规范中规定的实体项目包括土石方工程，地基处理与边坡支护工程，桩基工程，砌筑工程，混凝土及钢筋混凝土工程，金属结构工程，木结构工程，门窗工程，屋面及防水工程，保温、隔热、防腐工程，楼地面装饰工程，墙、柱面装饰与隔断、幕墙工程，天棚工程，油漆、涂料、裱糊工程，其他装饰工程，拆除工程等，分别制定了它们的项目设置和工程量计算规则。

有些项目在计算工程量时要考虑预留，如通用安装工程工程量计算规范中，电缆、电线工程量中要包括预留或附加长度。投标人投标报价时，应在编制综合单价时考虑施工中的各种损耗。另外，对补充项目的工程量计算则必须符合下述原则：一是其计算规则要具有可计算性，二是计算结果要具有唯一性。

（二）措施项目清单编制

1. 措施项目列项

措施项目是指为完成工程项目施工，发生于该工程施工准备和施工过程中的技术、生活、安全、环境保护等方面的项目。

措施项目清单应根据相关工程现行国家计算规范的规定编制，并应根据拟建工程的实际情况列项。例如，房屋建筑与装饰工程计算规范中规定的措施项目，包括脚手架工程、混凝土模板及支架（撑）、垂直运输、超高施工增加、大型机械设备进出场及安拆、施工排水、降水、安全文明施工及其他措施项目。

2. 措施项目清单的标准格式

(1) 措施项目清单的类别：一些可以精确计算工程量的措施项目（即单价措施项目）可采用与分部分项工程项目清单编制相同的方式，编制“分部分项工程和单价措施项目清单与计价表”。编制工程量清单时，必须列出项目编码、项目名称、项目特征、计量单位和工程量。如脚手架工程，混凝土模板及支架（撑），垂直运输、超高施工增加，大型机械设备进出场及安拆，施工排水、降水等，这类措施项目用分部分项工程量清单的方式采用综合单价编制，更有利于措施费的确定和调整，如表 6.4.2 所示。

表 6.4.2　分部分项工程和单价措施项目清单与计价表

工程名称：××工程

序号	项目编码	项目名称	项目特征描述	计量单位	工程量	金额（元）	
						综合单价	合价
1	011701001001	综合脚手架	建筑结构形式：框剪 檐口高度：60m	m^2			

有些措施项目的发生与使用时间、施工方法或者两个以上的工序相关并大多与实际完成的实体工程量的大小关系不大，如安全文明施工、夜间施工、非夜间施工照明、二次搬运、冬雨季施工、地上地下设施及建筑物的临时保护设施、已完工程及设备保护等项目，应编制“总价措施项目清单与计价表”，根据工程实际情况计算措施项目费用，需分摊的应合理计算摊销费用。针对这些不能计量的且以清单形式列出的措施项目，在编制工程量清单时，必须按计算规范规定的项目编码、项目名称确定清单项目，不必描述项目特征和确定计量单位，如表 6.4.3 所示。

表 6.4.3　总价措施项目清单与计价表

工程名称：××工程

序号	项目编码	项目名称	计算基础	费率（%）	金额（元）	调整费率（%）	调整后金额（元）	备注
1	011707001001	安全文明施工费	定额基价					
2	011707002001	夜间施工	定额人工费					

注：1. “计算基础”中安全文明施工费可为“定额基价”“定额人工费”或“定额人工费＋定额机械费”，其他项目可为“定额人工费”或“定额人工费＋定额机械费”。

2. 按施工方案计算的措施费，若无“计算基础”和“费率”的数值，也可只填“金额”数值，但应在备注栏说明施工方案出处或计算方法。

（2）措施项目清单的编制：措施项目清单的编制需考虑多种因素，除工程本身的因素外，还涉及水文、气象、环境、安全等因素。鉴于工程建设施工特点和承包人组织施工生产的施工装备水平、施工方案及其管理水平的差异，同一工程、不同承包人组织施工采用的施工措施有时是不一致的，所以措施项目清单应根据拟建工程的实际情况列项。若出现清单计算规范中未列的项目，可根据工程实际情况补充。

措施项目清单的编制依据主要有：

1）施工现场情况、地勘水文资料、工程特点。

2）常规施工方案。

3）与建设工程有关的标准、规范、技术资料。

4）拟定的招标文件。

5）建设工程设计文件及相关资料。

（三）其他项目清单的编制

其他项目清单是指分部分项工程量清单、措施项目清单所包含的内容以外，因招标人的特殊要求而发生的与拟建工程有关的其他费用项目和相应数量的清单。工程建设标准的高低、工程的复杂程度、施工工期的长短、工程的组成内容、发包人对工程管理要求等都直接影响其他项目清单的具体内容。其他项目清单包括暂列金额、暂估价（包括材料暂估单价、工程设备暂估单价、专业工程暂估价）、计日工、总承包服务费。

其他项目清单计价汇总表有4种格式，包括招标工程量清单、招标控制价、投标报价、竣工结算。表6.4.4为招标工程量清单的编制格式。

表6.4.4 其他项目清单与计价汇总表

工程名称：××工程

序号	项目名称	金额（元）	结算金额（元）	备注
1	暂列金额	350000		明细详见表6.4.5
2	暂估价	200000		
2.1	材料（工程设备）暂估价/结算价	—		
2.2	专业工程暂估价/结算价	200000		明细说见表6.4.7
3	计日工			明细详见表6.4.8
4	总承包服务费			明细详见表6.4.9
	合计	550000		

注：材料（工程设备）暂估单价进入清单项目综合单价，此处不汇总。

1. 暂列金额

暂列金额是招标人在工程量清单中暂定并包括在合同中的一笔款项。用于工程合同签订时尚未确定或者不可预见的所需材料、工程设备、服务的采购，施工中可能发生的工程变更、合同约定调整因素出现时的合同价款调整以及发生的索赔、现场签证确认等的费用。

此项费用由招标人填写其项目名称、计量单位、暂定金额等，若不能详列，也可只列暂定金额总额。由于暂列金额由招标人支配，并不直接属承包人所有，实际发生后才得以支付，因此，在确定暂列金额时应根据施工图纸的深度、暂估价设定的水平、合同价款约定调整的因素以及工程实际情况合理确定。一般可按分部分项工程项目清单的10%～15%确定，不同专业预留的暂列金额应分别列项。

表6.4.5为招标人填写的暂列金额明细表。

表6.4.5 暂列金额明细表

工程名称：××工程

序号	项目名称	计量单位	暂定金额（元）	备注
1	自行车棚工程	项	100000	正在设计图纸
2	工程量偏差和设计变更	项	100000	
3	政策性调整和材料价格波动	项	100000	
4	其他	项	50000	
合计			350000	—

注：此表由招标人填写，如不能详列，也可只列暂定金额总额，投标人应将上述暂列金额计入投标总价中。

2. 暂估价

暂估价是指招标人在招标文件中提供的用于支付必然发生但暂时不能确定价格的材料、工程设备的单价以及专业工程的金额。暂估价类似于 FIDIC 合同条款中的 Prime Cost Items，在招标阶段预见肯定要发生，只是因为标准不明确或者需要由专业承包人完成，暂时无法确定价格。材料、工程设备暂估价要求招标人针对每一类暂估价给出相应的拟用项目，即按照材料、工程设备的名称分别给出。一般而言，为方便合同管理和计价，需要纳入分部分项工程量项目综合单价中的暂估价，应只是材料、工程设备暂估单价，以方便投标与组价。以“项”为计量单位给出的专业工程暂估价一般应是综合暂估价，即应当包括除规费、税金以外的管理费、利润等。

材料、工程设备暂估价应根据工程造价信息或参照市场价格估算，列出明细表；专业工程暂估价应按专业划分，给出工程范围及包括内容，按有关计价规定估算，列出明细表。暂估价可按照表 6.4.6、表 6.4.7 的格式列示。

表 6.4.6 材料（工程设备）暂估单价及调整表

工程名称：××保障房一期住宅工程　　　标段：　　　第×页　共×页

序号	材料（工程设备）名称、规格、型号	计量单位	数量		暂估（元）		确认（元）		差额 ±（元）		备注
			暂估	确认	单价	合价	单价	合价	单价	合价	
1	钢筋（规格见施工图）	t	200		4000	800000					用于现浇混凝土项目
2	低压开关柜（CGD190380/220V）	台	1		45000	45000					用于低压开关柜安装项目
合计						845000					

注：此表由招标人填写“暂估单价”，并在备注栏说明暂估价的材料、工程设备拟用在哪些清单项目上，投标人应将上述材料、工程设备暂估单价计入工程量清单综合单价报价中。

表 6.4.7 专业工程暂估价及结算价表

工程名称：××保障房一期住宅工程　　　标段：　　　第×页　共×页

序号	工程名称	工程内容	暂估金额（元）	结算金额（元）	差额±（元）	备注
1	消防工程	合同图纸中标明的以及消防工程规范和技术说明中规定的各系统中的设备、管道、阀门、线缆等的供应、安装和调试工作	200000			
合计			200000			

注：此表“暂估金额”由招标人填写，投标人应将“暂估金额”计入投标总价中。结算时按合同约定结算金额填写。

3. 计日工

在施工过程中，承包人完成发包人提出的工程合同范围以外的零星项目或工作，按合同中约定的单价计价的一种方式。计日工是为了解决现场发生的零星工作的计价而设立的。国际上常见的标准合同条款中，大多数都设立了计日工（Daywork）计价机制。计日工对完成零星工作所消耗的人工工时、材料数量、施工机械台班进行计量，并按照计日工表中填报的适用项目的单价进行计价支付。计日工适用的所谓零星项目或工作一般是指合同约定之外的或者因变更而产生的、工程量清单中没有相应项目的额外工作，尤其是那些难以事先商定价格的额外工作。

计日工应列出项目名称、计量单位和暂估数量。招标工程量清单中的计日工可按照表6.4.8的格式列示。

表 6.4.8　计日工表

工程名称：××保障房一期住宅工程　　　　标段：　　　　第×页　共×页

编号	项目名称	单位	暂定数量	实际数量	综合单价（元）	合价（元）	
						暂定	实际
一	人工						
1	普工	工日	100				
2	技工	工日	60				
…							
人工小计							
二	材料						
1	钢筋（规格见施工图）	t	1				
2	水泥强度等级为 32.5 级	t	2				
3	中砂	m^3	10				
4	碎石（5～40mm）	m^3	5				
5	页岩砖（240mm×115mm×53mm）	千块	1				
…							
材料小计							
三	施工机械						
1	自升式塔吊起重机	台班	5				
2	灰浆搅拌机 400L	台班	2				
…							
施工机械小计							
四、企业管理费和利润							
总计							

注：此表项目名称、暂定数量由招标人填写，编制招标控制价时，单价由招标人按有关计价规定确定；投标时，单价由投标人自主报价，按暂定数量计算合价计入投标总价中。结算时，按发承包双方确认的实际数量计算合价。

4. 总承包服务费

总承包服务费是指总承包人为配合协调发包人进行的专业工程发包，对发包人自行采购的材料、工程设备等进行保管以及施工现场管理、竣工资料汇总整理等服务所需的费用。

总承包服务费的用途包括三部分，一是当招标人在法律法规允许的范围内对专业工程进行发包，要求总承包人协调服务；二是发包人自行采购供应部分材料、工程设备时，要求总承包人提供保管等相关服务；三是总承包人对施工现场进行协调和统一管理、对竣工资料进行统一汇总整理等所需的费用。

编制招标控制价时，总承包服务费应按照省级或行业建设主管部门的规定计算。编制投标报价时，总承包服务费应根据招标工程量清单中列出的内容和提出的要求，由投标人自主确定。

招标工程量清单中的总承包服务费计价表按照表 6.4.9 的格式列示。

表 6.4.9　总承包服务费计价表

工程名称：××保障房一期住宅工程　　标段：　　第×页　共×页

序号	项目名称	项目价值（元）	服务内容	计算基础	费率（%）	金额（元）
1	发包人发包专业工程	200000	1. 按专业工程承包人的要求提供施工作业面并对施工现场进行统一管理，对竣工资料进行统一整理汇总 2. 为专业工程承包人提供垂直运输机械和焊接电源接入点，并承担垂直运输费和电费			
2	发包人提供材料	845000	对发包人供应的材料进行验收及保管和使用发放			
	合计	—	—		—	

注：此表项目名称、服务内容由招标人填写，编制招标控制价时，费率及金额由招标人按有关计价规定确定；投标时，费率及金额由投标人自主报价，计入投标总价中。

（四）规费、税金项目清单的编制

规费项目清单应按照下列内容列项：社会保险费，包括养老保险费、失业保险费、医疗保险费、工伤保险费、生育保险费；住房公积金；工程排污费；出现计价规范中未列的项目，应根据省级政府或省级有关权力部门的规定列项。

税金项目清单中的税金是指按照国家税法规定的应计入建筑安装工程造价内的销项税额。

招标工程量清单中的规费、税金项目计价表如表 6.4.10 所示。

表 6.4.10　规费、税金项目清单与计价表

工程名称：××工程　　标段：　　第×页　共×页

序号	项目名称	计算基础	费率（%）	金额（元）
1	规费	定额人工费		
1.1	社会保障费	定额人工费		
(1)	养老保险费	定额人工费		
(2)	失业保险费	定额人工费		

续表 6.4.10

序号	项目名称	计算基础	费率（%）	金额（元）
(3)	医疗保险费	定额人工费		
(4)	工伤保险费	定额人工费		
(5)	生育保险费	定额人工费		
1.2	住房公积金	定额人工费		
1.3	工程排污费	按工程所在地环境保护部门收费标准，按实计入		
2	税金	税前造价		
合计				

（五）工程量清单总说明的编制

工程量清单编制总说明包括以下内容：

（1）工程概况：工程概况中要对建设规模、工程特征、计划工期、施工现场实际情况、自然地理条件、环境保护要求等做出描述。其中建设规模是指建筑面积；工程特征应说明基础及结构类型、建筑层数、高度、门窗类型及各部位装饰、装修做法；计划工期是指按工期定额计算的施工天数；施工现场实际情况是指施工场地的地表状况；自然地理条件是指建筑场地所处地理位置的气候及交通运输条件；环境保护要求是针对施工噪声及材料运输可能对周围环境造成的影响和污染所提出的防护要求。

（2）工程招标及分包范围：招标范围是指单位工程的招标范围，如建筑工程招标范围为“全部建筑工程”，装饰装修工程招标范围为“全部装饰装修工程”，或招标范围不含桩基础、幕墙、门窗等。工程分包是指特殊工程项目的分包，如招标人自行采购安装“铝合金门窗”等。

（3）工程量清单编制依据：包括建设工程工程量清单计价规范、设计文件、招标文件、施工现场情况、工程特点及常规施工方案等。

（4）工程质量、材料、施工等的特殊要求：工程质量的要求，是指招标人要求拟建工程的质量应达到合格或优良标准；对材料的要求，是指招标人根据工程的重要性、使用功能及装饰装修标准提出诸如对水泥的品牌、钢材的生产厂家、花岗石的出产地、品牌等的要求；施工要求，一般是指建设项目中对单项工程的施工顺序等的要求。

（5）其他需要说明的事项。

（六）招标工程量清单汇总

在分部分项工程项目清单、措施项目清单、其他项目清单、规费和税金项目清单编制完成以后，经审查复核，与工程量清单封面及总说明汇总并装订，由相关责任人签字和盖章，形成完整的招标工程量清单文件。

三、招标工程量清单编制示例

随招标文件发布供投标报价的工程量清单，通常用表格形式表示并加以说明。由于招标人所用工程量清单表格与投标人报价所用表格是同一表格，招标人发布的表格中，除暂列金额、暂估价列有“金额”外只是列出工程量，该工程量是根据工程量计算规范的计算规则所得。

【例 6.4.1】　××保障房一期住宅工程分部分项工程量的计算。

根据《房屋建筑与装饰工程工程量计算规范》（GB 50854—2013），对现浇混凝土梁的混凝土、钢筋、脚手架等工程量进行计算并列表。

1. 现浇混凝土梁工程量

根据附录 E. 3 现浇混凝土梁的工程量计算规则，现浇混凝土梁的工程量按设计图示尺寸以体积计算，伸入墙内的梁头、梁垫并入梁体积内。“项目特征：（1）混凝土种类，（2）混凝土强度等级。工作内容：（1）模板及支架（撑）制作、安装、拆除、堆放、运输及清理模内杂物、刷隔离剂等；（2）混凝土制作、运输、浇筑、振捣、养护。”

2. 钢筋工程量

“现浇构件钢筋”的工程量计算，根据附录 E. 15 钢筋工程中的“现浇构件钢筋”的工程量计算规则，为按设计图示钢筋（网）长度（面积）乘以单位理论质量计算。“项目特征：钢筋种类、规格。工作内容：（1）钢筋制作、运输；（2）钢筋安装；（3）焊接（绑扎）。注：①现浇构件中伸出构件的锚固钢筋应并入钢筋工程量内。除设计（包括规范规定）标明的搭接外，其他施工搭接不计算工程量，在综合单价中综合考虑。②现浇构件中固定位置的支撑钢筋、双层钢筋用的‘铁马’在编制工程量清单时，如果设计未明确，其工程数量可为暂估量，结算时按现场签证数量计算。”

3. 脚手架工程量

脚手架工程属单价措施项目，其工程量计算根据附录 S. 1 脚手架工程中综合脚手架工程量计算规则，按建筑面积以 m^2 计算，“项目特征：（1）建筑结构形式；（2）檐口高度。工作内容：（1）场内、场外材料搬运；（2）搭、拆脚手架、斜道、上料平台；（3）安全网的铺设；（4）选择附墙点与主体连接；（5）测试电动装置、安全锁等；（6）拆除脚手架后材料的堆放。计算脚手架工程应注意：①使用综合脚手架时，不再使用外脚手架、里脚手架等单项脚手架，综合脚手架适用于能够按‘建筑面积计算规则’计算建筑面积的建筑工程脚手架，不适用于房屋加层、构筑物及附属工程脚手架；②同一建筑物有不同檐高时，按建筑物竖向切面分别按不同檐高编列清单项目；③整体提升架已包括 2m 高的防护架体设施；④脚手架材质可以不描述，但应注明由投标人根据工程实际情况按国家现行标准规范自行确定。”

4. 分部分项工程项目清单列表

填列工程量清单的表格如表 6.4.11 所示。需要说明的是，表中带括号的数据属于随招标文件公布的招标控制价的内容，即招标人提供招标工程量清单时，表中带括号数据的单元格在招标工程量清单中为空白。

表 6.4.11　分部分项工程和单价措施项目清单与计价表（招标工程量清单）

工程名称：××中学教学楼工程　　　　标段：　　　　第×页　共×页

序号	项目编码	项目名称	项目特征描述	计量单位	工程量	金额（元）		
						综合单价	合价	其中：暂估价
		…						
		0105 混凝土及钢筋混凝土工程						

续表 6.4.11

序号	项目编码	项目名称	项目特征描述	计量单位	工程量	金额（元）		
						综合单价	合价	其中：暂估价
6	010503001001	基础梁	C30 预拌混凝土	m^3	208	(367.05)	(76346)	
7	010515001001	现浇构件钢筋	螺纹钢 Q235，ϕ14	t	200	(4821.35)	(964270)	800000
		…						
		分部小计					(2496270)	800000
		…						
		0117 措施项目						
16	011701001001	综合脚手架	砖混、檐高 22m	m^2	10940	(20.85)	(228099)	
		…						
		分部小计					(829480)	
合计							(6709337)	800000

第五节　招标控制价编制

《招标投标法实施条例》规定，招标人可以自行决定是否编制标底，一个招标项目只能有一个标底，标底必须保密。同时规定，招标人设有最高投标限价的，应当在招标文件中明确最高投标限价或者最高投标限价的计算方法，招标人不得规定最低投标限价。

一、招标控制价的编制规定和依据

招标控制价是招标人根据国家或省级、行业建设主管部门颁发的有关计价依据和办法，以及拟订的招标文件和招标工程量清单，结合工程具体情况编制的招标工程的最高投标限价。根据住房与城乡建设部颁布的《建筑工程施工发包与承包计价管理办法》（住建部令第16号）的规定，国有资金投资的建筑工程招标的，应当设有最高投标限价；非国有资金投资的建筑工程招标的，可以设有最高投标限价或者招标标底。

（一）招标控制价与标底的关系

招标控制价是推行工程量清单计价过程中对传统标底概念的性质进行界定后所设置的专业术语，它使招标时评标定价的管理方式发生了很大的变化。设标底招标、无标底招标以及招标控制价招标的利弊分析如下：

1. 设标底招标

（1）设标底时易发生泄露标底及暗箱操作的现象，失去招标的公平公正性，容易诱发违法违规行为。

（2）编制的标底价是预期价格，因较难考虑施工方案、技术措施对造价的影响，容易与市场造价水平脱节，不利于引导投标人理性竞争。

（3）标底在评标过程的特殊地位使标底价成为左右工程造价的杠杆，不合理的标底会使合理的投标报价在评标中显得不合理，有可能成为地方或行业保护的手段。

(4) 将标底作为衡量投标人报价的基准，导致投标人尽力地去迎合标底，往往招标投标过程反映的不是投标人实力的竞争，而是投标人编制预算文件能力的竞争，或者各种合法或非法的“投标策略”的竞争。

2. 无标底招标

(1) 容易出现围标串标现象，各投标人哄抬价格，给招标人带来投资失控的风险。

(2) 容易出现低价中标后偷工减料，以牺牲工程质量来降低工程成本，或产生先低价中标，后高额索赔等不良后果。

(3) 评标时，招标人对投标人的报价没有参考依据和评判基准。

(4) 如果发生投标人串标围标，容易导致中标价远远高于建设工程真实价格。

3. 招标控制价招标

(1) 采用招标控制价招标的优点。

1) 可有效控制投资，防止恶性哄抬报价带来的投资风险。

2) 提高了透明度，避免了暗箱操作等违法活动的产生。

3) 可使各投标人自主报价、公平竞争，符合市场规律。投标人自主报价，不受标底的左右。

4) 既设置了控制上限，又尽量地减少了业主依赖评标基准价的影响。

(2) 采用招标控制价招标的缺陷。

1) 若“最高限价”远高于市场平均价，就预示中标后利润很丰厚，只要投标不超过公布的限额都是有效投标，从而可能诱导投标人串标围标。

2) 若公布的最高限价远低于市场平均价，就会影响招标效率。即可能出现只有1～2人投标或出现无人投标情况，因为按此限额投标将无利可图，超出此限额投标又成为无效投标，结果使招标人不得不修改招标控制价进行二次招标。

(二) 编制招标控制价的规定

(1) 国有资金投资的工程建设项目应实行工程量清单招标，招标人应编制招标控制价，并应当拒绝高于招标控制价的投标报价，即投标人的投标报价若超过公布的招标控制价，则其投标作为废标处理。

(2) 招标控制价应由具有编制能力的招标人或受其委托、具有相应资质的工程造价咨询人编制。工程造价咨询人不得同时接受招标人和投标人对同一工程的招标控制价和投标报价的编制。

(3) 招标控制价应在招标文件中公布，对所编制的招标控制价不得进行上浮或下调。招标人应当在招标时公布招标控制价的总价，以及各单位工程的分部分项工程费、措施项目费、其他项目费、规费和税金。

(4) 招标控制价超过批准的概算时，招标人应将其报原概算审批部门审核。这是由于我国对国有资金投资项目的投资控制实行的是设计概算审批制度，国有资金投资的工程原则上不能超过批准的设计概算。

(5) 投标人经复核认为招标人公布的招标控制价未按照《建设工程工程量清单计价规范》(GB 50500—2013) 的规定进行编制的，应在招标控制价公布后5天内向招标投标监督机构和工程造价管理机构投诉。工程造价管理机构受理投诉后，应立即对招标控制价进行复查，组织投诉人、被投诉人或其委托的招标控制价编制人等单位人员对投诉问题逐一核对。工程造价管理机构应当在受理投诉的10天内完成复查，特殊情况下可适当延长，并做出书面结论通知投诉人、被投诉人及负责该工程招投标监督的招投标管理机构。当招标控制价复查结论与原公布的招标控制价误差大于±3%时，应责成招标人改正。当重新公布招标控制价时，若重新公布之日起至原投标截止时间不足15天的，应延长投标截止期。

（6）招标人应将招标控制价及有关资料报送工程所在地或有该工程管辖权的行业管理部门工程造价管理机构备查。

（三）招标控制价的编制依据

招标控制价的编制依据是指在编制招标控制价时需要进行工程量计量、价格确认、工程计价的有关参数、率值的确定等工作时所需的基础性资料，主要包括：

（1）《建设工程工程量清单计价规范》（GB 50500—2013）与专业工程计算规范。

（2）国家或省级、行业建设主管部门颁发的计价定额和计价办法。

（3）建设工程设计文件及相关资料。

（4）拟定的招标文件及招标工程量清单。

（5）与建设项目相关的标准、规范、技术资料。

（6）施工现场情况、工程特点及常规施工方案。

（7）工程造价管理机构发布的工程造价信息；工程造价信息没有发布的，参照市场价。

（8）其他的相关资料。

二、招标控制价的编制内容

（一）招标控制价计价程序

建设工程的招标控制价反映的是单位工程费用，各单位工程费用由分部分项工程费、措施项目费、其他项目费、规费和税金组成。单位工程招标控制价计价程序如表6.5.1所示。

由于投标人（施工企业）投标报价计价程序与招标人（建设单位）招标控制价计价程序具有相同的表格，为便于对比分析，此处将两种表格合并列出，其中表格栏目中斜线后带括号的内容用于投标报价，其余为通用栏目。

表6.5.1　建设单位工程招标控制价计价程序（施工企业投标报价计价程序）

工程名称：　　　　　　　　　　　　　标段：　　　　　　　　　　　　　第　页　共　页

序号	汇总内容	计算方法	金额（元）
1	分部分项工程	按计价规定计算/（自主报价）	
1.1			
1.2			
2	措施项目	按计价规定计算/（自主报价）	
2.1	其中：安全文明施工费	按规定标准估算/（按规定标准计算）	
3	其他项目		
3.1	其中：暂列金额	按计价规定估算/ （按招标文件提供金额计列）	

续表 6.5.1

序号	汇总内容	计算方法	金额（元）
3.2	其中：专业工程暂估价	按计价规定估算/（按招标文件提供金额计列）	
3.3	其中：计日工	按计价规定估算/（自主报价）	
3.4	其中：总承包服务费	按计价规定估算/（自主报价）	
4	规费	按规定标准计算	
5	税金	（人工费＋材料费＋施工机具使用费＋企业管理费＋利润＋规费）×规定税率	
招标控制价/（投标报价）		合计＝1＋2＋3＋4＋5	

注：本表适用于单位工程招标控制价计算或投标报价计算，如无单位工程划分，单项工程也使用本表。

（二）分部分项工程费的编制

分部分项工程费应根据招标文件中的分部分项工程项目清单及有关要求，按《建设工程工程量清单计价规范》（GB 50500—2013）有关规定确定综合单价计价。

1. 综合单价的组价过程

招标控制价的分部分项工程费应由各单位工程的招标工程量清单中给定的工程量乘以其相应综合单价汇总而成。综合单价应按照招标人发布的分部分项工程项目清单的项目名称、工程量、项目特征描述，依据工程所在地区颁发的计价定额和人工、材料、机具台班价格信息等进行组价确定。首先，依据提供的工程量清单和施工图纸，按照工程所在地区颁发的计价定额的规定，确定所组价的定额项目名称，并计算出相应的工程量；其次，依据工程造价政策规定或工程造价信息确定其人工、材料、机具台班单价；同时，在考虑风险因素确定管理费率和利润率的基础上，按规定程序计算出所组价定额项目的合价，如式（6.5.1）所示，然后将若干项所组价的定额项目合价相加除以工程量清单项目工程量，便得到工程量清单项目综合单价，如式（6.5.2）所示，对于未计价材料费（包括暂估单价的材料费）应计入综合单价。

$$\text{定额项目合价}=\text{定额项目工程量}\times[\sum(\text{定额人工消耗量}\times\text{人工单价})+\sum(\text{定额材料消耗量}\times\text{材料单价})+\sum(\text{定额机械台班消耗量}\times\text{机械台班单价})+\text{管理费}+\text{利润}] \quad (6.5.1)$$

$$\text{工程量清单综合单位}=\frac{\sum\text{定额项目合价}+\text{未计价材料费}}{\text{工程量清单项目工程量}} \quad (6.5.2)$$

2. 综合单价中的风险因素

为使招标控制价与投标报价所包含的内容一致，综合单价中应包括招标文件中要求投标人所承担的风险内容及其范围（幅度）产生的风险费用。

（1）对于技术难度较大和管理复杂的项目，可考虑一定的风险费用，并纳入到综合单价中。

（2）对于工程设备、材料价格的市场风险，应依据招标文件、工程所在地或行业工程造价管理机构的有关规定，以及市场价格趋势考虑一定率值的风险费用，纳入到综合单价中。

（3）税金、规费等法律、法规、规章和政策变化的风险和人工单价等风险费用不应纳入综合单价。

（三）措施项目费的编制

（1）措施项目费中的安全文明施工费应当按照国家或省级、行业建设主管部门的规定标准计价，该部分不得作为竞争性费用。

（2）措施项目应按招标文件中提供的措施项目清单确定，措施项目分为以“量”计算和以“项”计算两种。对于可计量的措施项目，以“量”计算即按其工程量用与分部分项工程项目清单单价相同的方式确定综合单价；对于不可计量的措施项目，则以“项”为单位，采用费率法按有关规定综合取定，采用费率法时需确定某项费用的计费基数及其费率，结果应是包括除规费、税金以外的全部费用。计算公式为：

以“项”计算的措施项目清单费＝措施项目计费基数×费率　　(6.5.3)

（四）其他项目费的编制

（1）暂列金额：暂列金额由招标人根据工程特点、工期长短、工程环境条件（包括地质、水文、气候条件等），按有关计价规定进行估算，一般可以分部分项工程费的10%～15%为参考。

（2）暂估价：暂估价中的材料单价应按照工程造价管理机构发布的工程造价信息中的材料单价计算，工程造价信息未发布的材料单价参考市场价格估算；暂估价中的专业工程暂估价应分不同专业，按有关计价规定估算。

（3）计日工：在编制招标控制价时，对计日工中的人工单价和施工机械台班单价应按省级、行业建设主管部门或其授权的工程造价管理机构公布的单价计算；材料应按工程造价管理机构发布的工程造价信息中的材料单价计算，工程造价信息未发布单价的材料，其价格应按市场调查确定的单价计算。

（4）总承包服务费：总承包服务费应按照省级或行业建设主管部门的规定计算，在计算时可参考以下标准：

1）招标人仅要求对分包的专业工程进行总承包管理和协调时，按分包的专业工程估算造价的1.5%计算。

2）招标人要求对分包的专业工程进行总承包管理和协调，并同时要求提供配合服务时，根据招标文件中列出的配合服务内容和提出的要求，按分包的专业工程估算造价的3%～5%计算。

3）招标人自行供应材料的，按招标人供应材料价值的1%计算。

（五）规费和税金的编制

规费和税金必须按国家或省级、行业建设主管部门的规定计算。其中：

税金＝（人工费＋材料费＋施工机具使用费＋企业管理费＋利润＋规费）×综合税率　　(6.5.4)

三、编制招标控制价时应注意的问题

（1）采用的材料价格应是工程造价管理机构通过工程造价信息发布的材料价格，工程造价信息未发布材料单价的材料，其材料价格应通过市场调查确定。另外，未采用工程造价管理机构发布的工程造价信息时，需在招标文件或答疑补充文件中对招标控制价采用的与造价信息不一致的市场价格予以说明，采用的市场价格则应通过调查、分析确定，有可靠的信息来源。

（2）施工机械设备的选型直接关系到综合单价水平，应根据工程项目特点和施工条件，本着经济实用、先进高效的原则确定。

(3) 应该正确、全面地使用行业和地方的计价定额与相关文件。

(4) 不可竞争的措施项目和规费、税金等费用的计算均属于强制性的条款，编制招标控制价时应按国家有关规定计算。

(5) 不同工程项目、不同施工单位会有不同的施工组织方法，所发生的措施费也会有所不同，因此，对于竞争性的措施费用的确定，招标人应首先编制常规的施工组织设计或施工方案，然后经专家论证确认后再合理确定措施项目与费用。

第六节　投标报价编制

投标报价是投标人响应招标文件要求所报出的，在已标价工程量清单中标明的总价。它是依据招标工程量清单所提供的工程数量，计算综合单价与合价后所形成的。为使得投标报价更加合理并具有竞争性，通常投标报价的编制应遵循一定的程序，如图 6.6.1 所示。

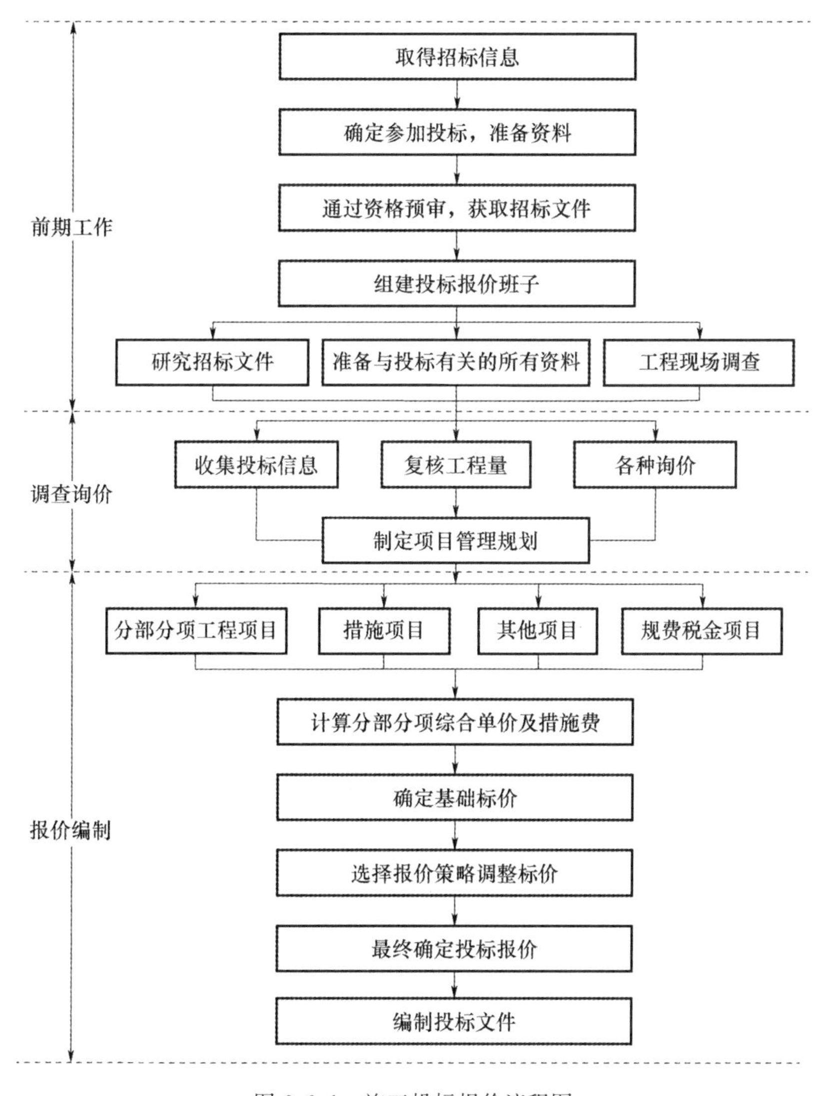

图 6.6.1　施工投标报价流程图

一、投标报价前期工作

（一）研究招标文件

投标人取得招标文件后，为保证工程量清单报价的合理性，应对投标人须知、合同条件、技术规范、图纸和工程量清单等重点内容进行分析，深刻而正确地理解招标文件和招标人的意图。

1. 投标人须知

投标人须知反映了招标人对投标的要求，特别要注意项目的资金来源、投标书的编制和递交、投标保证金、更改或备选方案、评标方法等，重点在于防止投标被否决。

2. 合同分析

（1）合同背景分析：投标人有必要了解与自己承包的工程内容有关的合同背景，了解监理方式，了解合同的法律依据，为报价和合同实施及索赔提供依据。

（2）合同形式分析：主要分析承包方式（如分项承包、施工承包、设计与施工总承包和管理承包等）、计价方式（如单价方式、总价方式和成本加酬金方式等）。

（3）合同条款分析：

1）承包商的任务、工作范围和责任。

2）工程变更及相应的合同价款调整。

3）付款方式、时间：应注意合同条款中关于工程预付款、材料预付款的规定。根据这些规定和预计的施工进度计划，计算出占用资金的数额和时间，从而计算出需要支付的利息数额并计入投标报价。

4）施工工期：合同条款中关于合同工期、竣工日期、部分工程分期交付工期等规定，这是投标人制定施工进度计划的依据，也是报价的重要依据。要注意合同条款中有无工期奖罚的规定，尽可能做到在工期符合要求的前提下报价有竞争力，或在报价合理的前提下工期有竞争力。

5）业主责任：投标人所制定的施工进度计划和做出的报价，都是以业主履行责任为前提的。所以应注意合同条款中关于业主责任措辞的严密性，以及关于索赔的有关规定。

（4）技术标准和要求分析：工程技术标准是按工程类型来描述工程技术和工艺内容特点，对设备、材料、施工和安装方法等所规定的技术要求，有的是对工程质量进行检验、试验和验收所规定的方法和要求。它们与工程量清单中各子项工作密不可分，报价人员应在准确理解招标人要求的基础上对有关工程内容进行报价。任何忽视技术标准的报价都是不完整、不可靠的，有时可能导致工程承包重大失误和亏损。

（5）图纸分析：图纸是确定工程范围、内容和技术要求的重要文件，也是投标者确定施工方法等施工计划的主要依据。

图纸的详细程度取决于招标人提供的施工图设计所达到的深度和所采用的合同形式。详细的设计图纸可使投标人比较准确地估价，而不够详细的图纸则需要估价人员采用综合估价方法，其结果一般不很精确。

（二）调查工程现场

招标人在招标文件中一般会明确进行工程现场踏勘的时间和地点。投标人对一般区域调查重点注意以下几个方面：

1. 自然条件调查

自然条件调查主要包括气象资料，水文资料，地震、洪水及其他自然灾害情况，地质情况等。

2. 施工条件调查

施工条件调查的内容主要包括：工程现场的用地范围、地形、地貌、地物、高程，地上或地下障碍物，现场的三通一平情况；工程现场周围的道路、进出场条件、有无特殊交通限制；工程现场施工临时设施、大型施工机具、材料堆放场地安排的可能性，是否需要二次搬运；工程现场邻近建筑物与招标工程的间距、结构形式、基础埋深、新旧程度、高度；市政给水及污水、雨水排放管线位置、高程、管径、压力、废水、污水处理方式，市政、消防供水管道管径、压力、位置等；当地供电方式、方位、距离、电压等；当地燃气供应能力，管线位置、高程等；工程现场通信线路的连接和铺设；当地政府有关部门对施工现场管理的一般要求、特殊要求及规定，是否允许节假日和夜间施工等。

3. 其他条件调查

其他条件调查主要包括各种构件、半成品及商品混凝土的供应能力和价格，以及现场附近的生活设施、治安情况等。

二、询价与工程量复核

（一）询价

询价是投标报价的一个非常重要的环节。工程投标活动中，施工单位不仅要考虑投标报价能否中标，还应考虑中标后所承担的风险。因此，在报价前必须通过各种渠道，采用多种方式对工程所需人工、材料、施工机具等要素进行系统的调查，掌握各要素的价格、质量、供应时间、供应数量等数据，这个过程称为询价。询价除需要了解生产要素价格外，还应了解影响价格的各种因素，这样才能够为报价提供可靠的依据。询价时要特别注意两个问题，一是产品质量必须可靠，并满足招标文件的有关规定；二是供货方式、时间、地点，有无附加条件和费用。

1. 询价的渠道

（1）直接与生产厂商联系。

（2）了解生产厂商的代理人或从事该项业务的经纪人。

（3）了解经营该项产品的销售商。

（4）向咨询公司进行询价。通过咨询公司所得到的询价资料比较可靠，但需要支付一定的咨询费用，也可向同行了解。

（5）通过互联网查询。

（6）自行进行市场调查或信函询价。

2. 生产要素询价

（1）材料询价：材料询价的内容包括调查对比材料价格、供应数量、运输方式、保险和有效期、不同买卖条件下的支付方式等。询价人员在施工方案初步确定后，立即发出材料询价单，并催促材料供应商及时报价。收到询价单后，询价人员应将从各种渠道所询得的材料报价及其他有关资料汇总整理。对同种材料从不同经销部门所得到的所有资料进行比较分析，选择合适、可靠的材料供应商的报价，提供给工程报价人员使用。

（2）施工机械设备询价：在外地施工需用的机械设备，有时在当地租赁或采购可能更为有利，因此，事前有必要进行施工机械设备的询价。必须采购的机械设备，可向供应厂商询价。对于租赁的机械设备，可向专门从事租赁业务的机构询价，并应详细了解其计价方法。例如，各种施工机具每台班的租赁费、最低计费起点、施工机具停滞时租赁费及进出厂费的计算，燃料费及机上人员工资是否在台班租赁费之内，如需另行计算，这些费用项目的具体数额为多少等。

（3）劳务询价：如果承包商准备在工程所在地招募工人，则劳务询价是必不可少的。劳务询价主要有两种情况：一种是成建制的劳务公司，相当于劳务分包，一般费用较高，但素质较可靠，工效较高，承包商的管理工作较轻；另一种是劳务市场招募零散劳动力，根据需要进行选择，这种方式虽然劳务价格低廉，但有时素质达不到要求或工效较低，且承包商的管理工作较繁重。投标人应在对劳务市场充分了解的基础上决定采用哪种方式，并以此为依据进行投标报价。

3. 分包询价

总承包商在确定了分包工作内容后，就将分包专业的工程施工图纸和技术说明送交预先选定的分包单位，请他们在约定的时间内报价，以便进行比较选择，最终选择合适的分包人。对分包人询价应注意以下几点：分包标函是否完整；分包工程单价所包含的内容；分包人的工程质量、信誉及可信赖程度；质量保证措施；分包报价。

（二）复核工程量

工程量清单作为招标文件的组成部分，是由招标人提供的。工程量的大小是投标报价最直接的依据。复核工程量的准确程度，将影响承包商的经营行为：一是根据复核后的工程量与招标文件提供的工程量之间的差距，从而考虑相应的投标策略，决定报价尺度；二是根据工程量的大小采取合适的施工方法，选择适用、经济的施工机具设备、投入使用相应的劳动力数量等。

复核工程量，要与招标文件中所给的工程量进行对比，注意以下几方面：

（1）投标人应认真根据招标说明、图纸、地质资料等招标文件资料，计算主要清单工程量，复核工程量清单。其中特别注意，按一定顺序进行，避免漏算或重算；正确划分分部分项工程项目，与“清单计价规范”保持一致。

（2）复核工程量的目的不是修改工程量清单，即使有误，投标人也不能修改工程量清单中的工程量，因为修改了清单将导致在评标时认为投标文件未响应招标文件而被否决。对工程量清单存在的错误，可以向招标人提出，由招标人统一修改并把修改情况通知所有投标人。

（3）针对工程量清单中工程量的遗漏或错误，是否向招标人提出修改意见取决于投标策略。投标人可以运用一些报价的技巧提高报价的质量，争取在中标后能获得更大的收益。

（4）通过工程量计算复核还能准确地确定订货及采购物资的数量，防止由于超量或少购等带来的浪费、积压或停工待料。

在核算完全部工程量清单中的细目后，投标人应按大项分类汇总主要工程总量，以便获得对整个工程施工规模的整体概念，并据此研究采用合适的施工方法，选择适用的施工设备等。并准确地确定订货及采购物资的数量，防止由于超量或少购等带来的浪费、积压或停工待料。

三、投标报价的编制原则和依据

投标报价是投标人希望达成工程承包交易的期望价格，它不能高于招标人设定的招标控制价。作为投标报价计算的必要条件，应预先确定施工方案和施工进度，此外，投标报价计算还必须与采用的合同形式相协调。

（一）投标报价的编制原则

报价是投标的关键性工作，报价是否合理不仅直接关系到投标的成败，还关系到中标后企业的盈亏。投标报价的编制原则如下：

（1）投标报价由投标人自主确定，但必须执行《建设工程工程量清单计价规范》（GB 50500—2013）的强制性规定。投标报价应由投标人或受其委托、具有相应资质的工程造价咨询人员编制。

（2）投标人的投标报价不得低于工程成本。《招标投标法》第四十一条规定："中标人的投标应当符合下列条件……（二）能够满足招标文件的实质性要求，并且经评审的投标价格最低；但是投标价格低于成本的除外。"《评标委员会和评标方法暂行规定》（七部委第 12 号令）第二十一条规定："在评标过程中，评标委员会发现投标人的报价明显低于其他投标报价或者在设有标底时明显低于标底的，使得其投标报价可能低于其个别成本的，应当要求该投标人做出书面说明并提供相关证明材料。投标人不能合理说明或者不能提供相关证明材料的，由评标委员会认定该投标人以低于成本报价竞标，应当否决该投标人的投标。"根据上述法律、规章的规定，特别要求投标人的投标报价不得低于工程成本。

（3）投标报价要以招标文件中设定的发承包双方责任划分，作为考虑投标报价费用项目和费用计算的基础，发承包双方的责任划分不同，会导致合同风险不同的分摊，从而导致投标人选择不同的报价；根据工程发承包模式考虑投标报价的费用内容和计算深度。

（4）以施工方案、技术措施等作为投标报价计算的基本条件；以反映企业技术和管理水平的企业定额作为计算人工、材料和机具台班消耗量的基本依据；充分利用现场考察、调研成果、市场价格信息和行情资料，编制基础标价。

（5）报价计算方法要科学严谨，简明适用。

（二）投标报价的编制依据

《建设工程工程量清单计价规范》（GB 50500—2013）规定，投标报价应根据下列依据编制：

（1）建设工程工程量清单计价规范与专业工程量计算规范。

（2）国家或省级、行业建设主管部门颁发的计价办法。

（3）企业定额，国家或省级、行业建设主管部门颁发的计价定额。

（4）招标文件、工程量清单及其补充通知、答疑纪要。

（5）建设工程设计文件及相关资料。

（6）施工现场情况、工程特点及投标时拟定的施工组织设计或施工方案。

（7）与建设项目相关的标准、规范等技术资料。

（8）市场价格信息或工程造价管理机构发布的工程造价信息。

（9）其他的相关资料。

四、投标报价的编制方法和内容

投标报价的编制过程，应首先根据招标人提供的工程量清单编制分部分项工程和措施项目清单与计价表，其他项目清单用途计价表，规费、税金项目计价表，计算完毕之后，汇总得到单位工程投标报价汇总表，再层层汇总，分别得出单项工程投标报价汇总表和工程项目投标总价汇总表，投标总价的组成如图 6.6.2 所示。在编制过程中，投标人应按招标人提供的工程量清单填报价格。填写的项目编码、项目名称、项目特征、计量单位、工程量必须与招标人提供的一致。

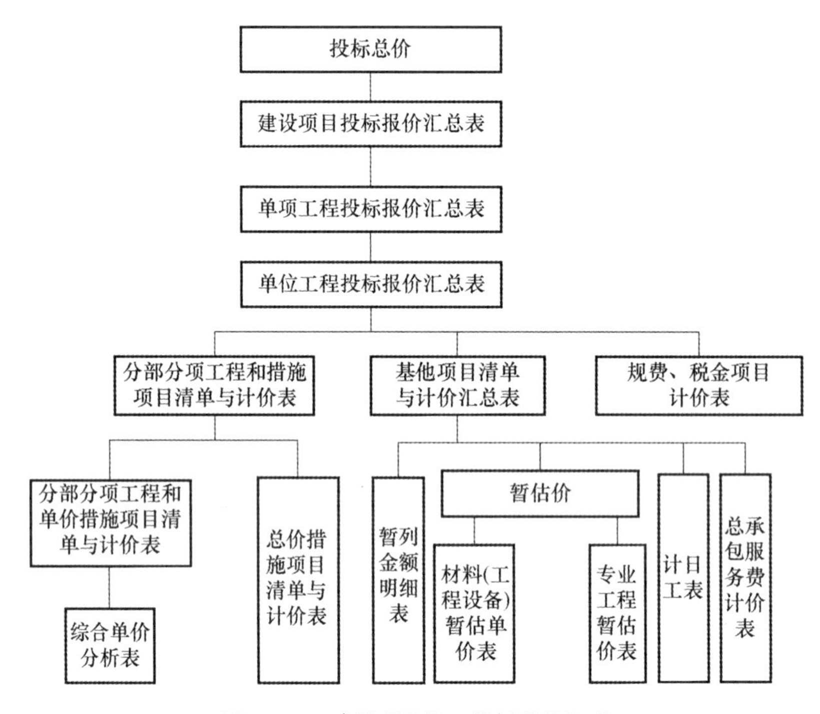

图 6.6.2　建设项目施工投标总价组成

（一）分部分项工程和措施项目计价表的编制

1. 分部分项工程和单价措施项目清单与计价表的编制

承包人投标报价中的分部分项工程费和以单价计算的措施项目费应按招标文件中分部分项工程和单价措施项目清单与计价表的特征描述确定综合单价计算。因此确定综合单价是分部分项工程和单价措施项目清单与计价表编制过程中最主要的内容。综合单价包括完成一个规定清单项目所需的人工费、材料和工程设备费、施工机具使用费、企业管理费、利润，并考虑风险费用的分摊。

$$综合单价=人工费+材料和工程设备费+施工机具使用费+企业管理费+利润 \quad (6.6.1)$$

（1）确定综合单价时的注意事项：

1）以项目特征描述为依据。项目特征是确定综合单价的重要依据之一，投标人投标报价时应依据招标文件中清单项目的特征描述确定综合单价。在招标投标过程中，当出现招标工程量清单特征描述与设计图纸不符时，投标人应以招标工程量清单的项目特征描述为准，确定投标报价的综合单价。当施工中施工图纸或设计变更与招标工程量清单项目特征描述不一致时，发承包双方应按实际施工的项目特征，依据合同约定重新确定综合单价。

2）进行材料、工程设备暂估价的处理。招标文件中在其他项目清单中提供了暂估单价的材料和工程设备，应按其暂估的单价计入清单项目的综合单价中。

3）考虑合理的风险。招标文件中要求投标人承担的风险费用，投标人应考虑进入综合单价。在施工过程中，当出现的风险内容及其范围（幅度）在招标文件规定的范围（幅度）内时，综合单价不得变动，合同价款不做调整。根据国际惯例并结合我国工程建设的特点，发承包双方对工程施工阶段的风险宜采用如下分摊原则：

① 对于主要由市场价格波动导致的价格风险，如工程造价中的建筑材料、燃料等价格风险，发承包双方应当在招标文件中或在合同中对此类风险的范围和幅度予以明确约定，进行合理分摊。根据工程特点和工期要求，一般采取的方式是承包人承担5%以内的材料、工程设备价格风险，10%以内的施工机具使用费风险。

② 对于法律、法规、规章或有关政策出台导致工程税金、规费、人工费发生变化，并由省级、行业建设行政主管部门或其授权的工程造价管理机构根据上述变化发布的政策性调整，以及由政府定价或政府指导价管理的原材料等价格进行了调整，承包人不应承担此类风险，应按照有关调整规定执行。

③ 对于承包人根据自身技术水平、管理、经营状况能够自主控制的风险，如承包人的管理费、利润的风险，承包人应结合市场情况，根据企业自身的实际合理确定、自主报价，该部分风险由承包人全部承担。

（2）综合单价确定的步骤和方法：当分部分项工程内容比较简单，由单一计价子项计价，且《建设工程工程量清单计价规范》（GB 50500—2013）与所使用计价定额中的工程量计算规则相同时，综合单价的确定只需用相应计价定额子目中的人、材、机费做基数计算管理费、利润，再考虑相应的风险费用即可。当工程量清单给出的分部分项工程与所用计价定额的单位不同或工程量计算规则不同，则需要按计价定额的计算规则重新计算工程量，并按照下列步骤来确定综合单价。

1）确定计算基础。计算基础主要包括消耗量指标和生产要素单价。应根据本企业的实际消耗量水平，并结合拟定的施工方案确定完成清单项目需要消耗的各种人工、材料、机具台班的数量。计算时应采用企业定额，在没有企业定额或企业定额缺项时，可参照与本企业实际水平相近的国家、地区、行业定额，并通过调整来确定清单项目的人、材、机单位用量。各种人工、材料、机具台班的单价，则应根据询价的结果和市场行情综合确定。

2）分析每一清单项目的工程内容。在招标工程量清单中，招标人已对项目特征进行了准确、详细的描述，投标人根据这一描述，再结合施工现场情况和拟定的施工方案确定完成各清单项目实际应发生的工程内容。必要时可参照《建设工程工程量清单计价规范》（GB 50500—2013）中提供的工程内容，有些特殊的工程也可能出现规范列表之外的工程内容。

3）计算工程内容的工程数量与清单单位的含量。每一项工程内容都应根据所选定额的工程量计算规则计算其工程数量，当定额的工程量计算规则与清单的工程量计算规则相一致时，可直接以工程量清单中的工程量作为工程内容的工程数量。

当采用清单单位含量计算人工费、材料费、施工机具使用费时，还需要计算每一计量单位的清单项目所分摊的工程内容的工程数量，即清单单位含量。

$$\text{清单单位含量}=\frac{\text{某工程内容的定额工程量}}{\text{清单工程量}} \tag{6.6.2}$$

4）计算分部分项工程人工、材料、施工机具使用费用。以完成每一计量单位的清单项目所需的人工、材料、机具用量为基础计算，即：

$$\begin{matrix}\text{每一计量单位清单项目}\\\text{某种资源的使用量}\end{matrix}=\text{该种资源的定额单位用量}\times\text{相应定额条目的清单单位含量} \tag{6.6.3}$$

再根据预先确定的各种生产要素的单位价格可计算出每一计量单位清单项目的分部分项工程的人工费、材料费与施工机具使用费。

$$\text{人工费}=\text{完成单位清单项目所需人工的工日数量}\times\text{人工工日单价} \tag{6.6.4}$$

$$\text{材料费}=\sum\text{完成单位清单项目所需各种材料、半成品的数量}\times\text{各种材料、半成品单价} \tag{6.6.5}$$

$$\text{机械使用费}=\sum\text{完成单位清单项目所需各种机械的台班数量}\times\text{各种机械的台班单价} \tag{6.6.6}$$

当招标人提供的其他项目清单中列示了材料暂估价时，应根据招标人提供的价格计算材料费，并在分部分项工程项目清单与计价表中表现出来。

5）计算综合单价。企业管理费和利润的计算可按照规定的取费基数以及一定的费率取费计算，若以人工费与施工机具使用费之和为取费基数，则：

$$\text{企业管理费}=（\text{人工费}+\text{施工机具使用费}）\times\text{企业管理费费率} \tag{6.6.7}$$

$$\text{利润}=（\text{人工费}+\text{施工机具使用费}）\times\text{利润率} \tag{6.6.8}$$

将上述五项费用汇总，并考虑合理的风险费用后，即可得到清单综合单价。根据计算出的综合单价，可编制分部分项工程和单价措施项目清单与计价表，如表 6.6.1 所示。

表 6.6.1　分部分项工程和单价措施项目清单与计价表（投标报价）

工程名称：××中学教学楼工程　　　　标段：　　　　第×页　共×页

序号	项目编码	项目名称	项目特征描述	计量单位	工程量	金额（元）		
						综合单价	合价	其中：暂估价
		…						
		0105 混凝土及钢筋混凝土工程						
6	010503001001	基础梁	C30 预拌混凝土	m^3	208	356.14	74077	
7	010515001001	现浇构件钢筋	螺纹钢 Q235，ϕ14	t	200	4787.16	957432	800000
		…						
		分部小计					2432419	80000
		…						
		0117 措施项目						

续表 6.6.1

序号	项目编码	项目名称	项目特征描述	计量单位	工程量	金额（元）		
						综合单价	合价	其中：暂估价
16	011701001001	综合脚手架	砖混、檐高 22m	m^2	10940	19.80	216612	
		…						
		分部小计					738257	
合计							6318410	800000

（3）工程量清单综合单价分析表的编制：为表明综合单价的合理性，投标人应对其进行单价分析，以作为评标时的判断依据。综合单价分析表的编制应反映上述综合单价的编制过程，并按照规定的格式进行，如表 6.6.2 所示。

表 6.6.2　工程量清单综合单价分析表

工程名称：××中学教学楼工程　　　　标段：　　　　第×页　共×页

项目编码	010515001001	项目名称	现浇构件钢筋	计量单位	t	工程量	200				
清单综合单价组成明细											
定额编号	定额名称	定额单位	数量	单价				合价			
				人工费	材料费	机具费	管理费和利润	人工费	材料费	机具费	管理费和利润
AD0899	现浇构件钢筋制安	t	1.07	275.47	4044.58	58.34	95.60	294.75	4327.70	62.42	102.29
人工单价				小计				294.75	4327.70	62.42	102.29
80 元 / 工日				未计价材料费							
清单项目综合单价								4787.16			
材料费明细	主要材料名称、规格、型号		单位		数量			单价（元）	合价（元）	暂估单价（元）	暂估合价（元）
	螺纹钢 Q235，$\phi 14$		t		1.07					4000.00	4280.00
	焊条		kg		8.64			4.00	34.56		
	其他材料费							—	13.14	—	
	材料费小计							—	47.70	—	4280.00

2. 总价措施项目清单与计价表的编制

对于不能精确计量的措施项目，应编制总价措施项目清单与计价表。投标人对措施项目中的总价项目投标报价应遵循以下原则：

（1）措施项目的内容应依据招标人提供的措施项目清单和投标人投标时拟定的施工组织设计或施工方案确定。

（2）措施项目费由投标人自主确定，但其中安全文明施工费必须按照国家或省级、行业建设主管部门的规定计价，不得作为竞争性费用。招标人不得要求投标人对该项费用进行优惠，投标人也不得将该项费用参与市场竞争。

投标报价时总价措施项目清单与计价表的编制如表 6.6.3 所示。

表 6.6.3　总价措施项目清单与计价表

工程名称：××中学教学楼工程　　　　标段：　　　　第×页　共×页

序号	项目编码	项目名称	计算基础	费率（%）	金额（元）	调整费率（%）	调整后金额（元）	备注
1	011707001001	安全文明施工费	定额人工费	25	209650			
2	011707002001	夜间施工增加费	定额人工费	1.5	12479			
3	011707004001	二次搬运费	定额人工费	1	8386			
4	011707005001	冬雨季施工增加费	定额人工费	0.6	5032			
5	011707007001	已完工程及设备保护费			6000			
		…						
合计					241547			

（二）其他项目清单与计价表的编制

其他项目费主要包括暂列金额、暂估价、计日工以及总承包服务费，如表 6.6.4 所示。

表 6.6.4　其他项目清单与计价汇总表

工程名称：××中学教学楼工程　　　　标段：　　　　第×页　共×页

序号	项目名称	金额（元）	结算金额（元）	备注
1	暂列金额	350000		明细详见表 6.6.5
2	暂估价	200000		
2.1	材料（工程设备）暂估价/结算价	—		明细详见表 6.6.6
2.2	专业工程暂估价/结算价	200000		明细详见表 6.6.7
3	计日工	26528		明细详见表 6.6.8
4	总承包服务费	20760		明细详见表表 6.6.9
5				
合计				—

投标人对其他项目费投标报价时应遵循以下原则：

（1）暂列金额应按照招标人提供的其他项目清单中列出的金额填写，不得变动，如表 6.6.5 所示。

表 6.6.5　暂列金额明细表

工程名称：××中学教学楼工程　　　　标段：　　　　第×页　共×页

序号	项目名称	计量单位	暂定金额（元）	备注
1	自行车棚工程	项	100000	正在设计图纸
2	工程量偏差和设计变更	项	100000	
3	政策性调整和材料价格波动	项	100000	

续表 6.6.5

序号	项目名称	计量单位	暂定金额（元）	备注
4	其他	项	50000	
5				
合计			350000	—

（2）暂估价不得变动和更改。暂估价中的材料、工程设备暂估价必须按照招标人提供的暂估单价计入清单项目的综合单价，如表 6.6.6 所示；专业工程暂估价必须按照招标人提供的其他项目清单中列出的金额填写，如表 6.6.7 所示。材料、工程设备暂估单价和专业工程暂估价均由招标人提供，为暂估价格，在工程实施过程中，对于不同类型的材料与专业工程采用不同的计价方法。

表 6.6.6　材料（工程设备）暂估单价表

工程名称：××中学教学楼工程　　　　标段：　　　　第×页　共×页

序号	材料（工程设备）名称、规格、型号	计量单位	数量		暂估（元）		确认（元）		差额±（元）		备注
			暂估	确认	单价	合价	单价	合价	单价	合价	
1	钢筋（规格见施工图）	t	200		4000	800000					用于现浇钢筋混凝土项目
2	低压开关柜（CGD190380/220V）	台	1		45000	45000					用于低压开关柜安装项目
合计						845000					

表 6.6.7　专业工程暂估价表

工程名称：××中学教学楼工程　　　　标段：　　　　第×页　共×页

序号	工程名称	工程内容	暂估金额（元）	结算金额（元）	差额±（元）	备注
1	消防工程	合同图纸中标明的以及消防工程规范和技术说明中规定的各系统中的设备、管道、阀门、线缆等的供应、安装和调试工作	200000			
合计			200000			

（3）计日工应按照招标人提供的其他项目清单列出的项目和估算的数量，自主确定各项综合单价并计算费用，如表 6.6.8 所示。

表 6.6.8　计日工表

工程名称：××中学教学楼工程　　　　标段：　　　　第×页　共×页

编号	项目名称	单位	暂定数量	实际数量	综合单价（元）	合价（元）	
						暂定	实际
一	人工						
1	普工	工日	100		80	8000	

续表 6.6.8

编号	项目名称	单位	暂定数量	实际数量	综合单价（元）	合价（元）	
						暂定	实际
2	技工	工日	60		110	6600	
3							
人工小计						14600	
二	材料						
1	钢筋（规格见施工图）	t	1		4000	4000	
2	水泥强度等级为 32.5 级	t	2		600	1200	
3	中砂	m^3	10		80	800	
4	砾石（5～40mm）	m^3	5		42	210	
5	页岩砖（240mm×115mm×53mm）	千匹	1		300	300	
材料小计						6510	
三	施工机具						
1	自升式塔吊起重机	台班	5		550	2750	
2	灰浆搅拌机（400L）	台班	2		20	40	
3							
施工机具小计						2790	
四、企业管理费和利润　按人工费 18%计						2628	
总计						26528	

（4）总承包服务费应根据招标人在招标文件中列出的分包专业工程内容和供应材料、设备情况，按照招标人提出的协调、配合与服务要求和施工现场管理需要自主确定，如表 6.6.9 所示。

表 6.6.9　总承包服务费计价表

工程名称：××中学教学楼工程　　　　标段：　　　　第×页　共×页

序号	项目名称	项目价值（元）	服务内容	计算基础	费率（%）	金额（元）
1	发包人发包专业工程	200000	1. 按专业工程承包人的要求提供施工工作面并对施工现场进行统一管理，对竣工资料进行统一整理汇总。 2. 为专业工程承包人提供垂直运输机械和焊接电源接入点，并承担垂直运输费和电费	项目价值	7	14000
2	发包人提供材料	845000	对发包人供应的材料进行验收及保管和使用发放	项目价值	0.8	6760
	合计	—	—		—	20760

（三）规费、税金项目计价表的编制

规费和税金应按国家或省级、行业建设主管部门的规定计算，不得作为竞争性费用。这是由于规费和税金的计取标准是依据有关法律、法规和政策规定制定的，具有强制性。因此，投标人在投标报价时必须按照国家或省级、行业建设主管部门的有关规定计算规费和税金。规费、税金项目计价表的编制如表 6.6.10 所示。

表 6.6.10　规费、税金项目计价表

工程名称：××中学教学楼工程　　　　标段：　　　　第×页　共×页

序号	项目名称	计算基础	计算基数	费率（%）	金额（元）
1	规费				239001
1.1	社会保险费				188685
(1)	养老保险费	定额人工费		14	117404
(2)	失业保险费	定额人工费		2	16772
(3)	医疗保险费	定额人工费		6	50316
(4)	工伤保险费	定额人工费		0.25	2096.5
(5)	生育保险费	定额人工费		0.25	2096.5
1.2	住房公积金	定额人工费		6	50316
1.3	工程排污费	按工程所在地环境保护部门收取标准、按实计入			
2	税金	人工费＋材料费＋施工机具使用费＋企业管理费＋利润＋规费		11	789295
合计					1028296

（四）投标报价的汇总

投标人的投标总价应当与组成工程量清单的分部分项工程费、措施项目费、其他项目费和规费、税金的合计金额相一致，即投标人在进行工程量清单招标的投标报价时，不能进行投标总价优惠（或降价、让利），投标人对投标报价的任何优惠（或降价、让利）均应反映在相应清单项目的综合单价中。

施工企业某单位工程投标报价汇总表如表 6.6.11 所示。

表 6.6.11　单位工程投标报价汇总表

工程名称：××保障房一期住宅工程　　　　标段：　　　　第×页　共×页

序号	汇总内容	金额（元）	其中：暂估价
1	分部分项工程	6318410	845000
…			
0105	混凝土及钢筋混凝土工程	2432419	800000
…			
2	措施项目	738257	
2.1	其中：安全文明施工费	209650	
3	其他项目	597288	

续表 6.6.11

序号	汇总内容	金额（元）	其中：暂估价
3.1	其中：暂列金额	350000	
3.2	其中：专业工程暂估价	200000	
3.3	其中：计日工	26528	
3.4	其中：总承包服务费	20760	
4	规费	239001	
5	税金	868225 789295	
投标报价合计=1+2+3+4+5		8682251	845000

第七章　工程施工和竣工阶段造价管理

第一节　工程施工成本管理

一、工程施工成本管理流程

工程施工成本是指围绕施工项目建设全过程而发生的资源消耗的货币体现。工程施工成本管理包括成本预测、成本计划、成本控制、成本核算、成本分析、成本考核等环节，每个环节之间存在相互联系和相互作用的关系。成本预测是成本计划的编制基础，成本计划是开展成本控制和核算的基础；成本控制能对成本计划的实施进行监督，保证成本计划的实现，而成本核算是成本计划是否实现的最后检查，它所提供的成本信息又是成本预测、成本计划、成本控制和成本考核等的依据；成本分析为成本考核提供依据，也为未来的成本预测与编制成本计划指明方向；成本考核是实现成本目标责任制的保证和手段。

工程施工成本管理流程如图 7.1.1 所示。

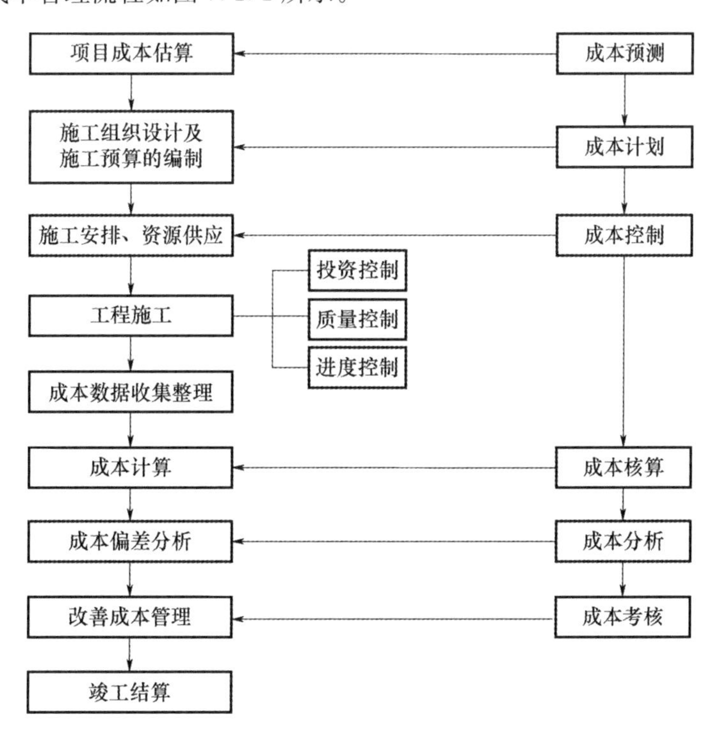

图 7.1.1　工程施工成本管理流程

二、工程施工成本管理的内容和方法

（一）成本预测

项目成本预测是指成本管理人员凭借历史数据和工程经验，运用一定方法对工程项目未来的成本水平及其可能的发展趋势做出科学估计。成本预测的目的，一是为挖掘降低成本的潜力指明方向，作为计划期降低成本决策的参考；二是为企业内部各责任单位降低成本指明途径，作为编制增产节约计划和制订成本降低措施的依据。

项目成本预测是项目成本计划的依据。预测时，通常是对项目计划工期内影响成本的因素进行分析，比照近期已完工程项目或将完工项目的成本（单位成本），预测这些因素对工程成本的影响程度，估算出工程的单位成本或总成本。

成本预测的方法可分为定性预测和定量预测两大类。

（1）定性预测：定性预测是指成本管理人员根据专业知识和实践经验，通过调查研究，利用已有资料，对成本费用的发展趋势及可能达到的水平所进行的分析和推断。由于定性预测主要依靠管理人员的素质和判断能力，因而这种方法必须建立在对项目成本费用的历史资料、现状及影响因素深刻了解的基础之上。这种方法简便易行，在资料不多、难以进行定量预测时最为适用。最常用的定性预测方法是调查研究判断法，具体方式有：座谈会法和函询调查法。

（2）定量预测：定量预测是利用历史成本费用统计资料以及成本费用与影响因素之间的数量关系，通过建立数学模型来推测、计算未来成本费用的可能结果。在成本费用预测中，常用的定量预测方法有加权平均法、回归分析法等。

（二）成本计划

成本计划是在成本预测的基础上编制的，是对计划期内项目的成本水平所做的筹划，是对项目制定的成本管理目标。项目成本计划是以货币形式编制的项目在计划期内的生产费用、成本水平及为降低成本采取的主要措施和规划的具体方案。成本计划是目标成本的一种表达形式，是建立项目成本管理责任制、开展成本控制和核算的基础，是进行成本费用控制的主要依据。

项目计划成本应作为项目管理的目标成本。目标成本是实施项目成本控制和工程价款结算的基本依据。项目经理在接受企业法定代表人委托之后，应通过主持编制项目管理实施规划寻求降低成本的途径，组织编制施工预算，确定项目的计划目标成本。

1. 项目成本计划的内容

项目成本计划一般由直接成本计划和间接成本计划组成。

（1）直接成本计划：主要反映项目直接成本的预算成本、计划降低额及计划降低率。主要包括项目的成本目标及核算原则、降低成本计划表或总控制方案、对成本计划估算过程的说明及对降低成本途径的分析等。

（2）间接成本计划：主要反映项目间接成本的计划数及降低额，在计划制订中，成本项目应与会计核算中间接成本项目的内容一致。

此外，项目成本计划还应包括项目经理对可控责任目标成本进行分解后形成的各个实施性计划成本，即各责任中心的责任成本计划。责任成本计划又包括年度、季度和月度责任成本计划。

2. 项目成本计划的编制方法

（1）目标利润法：是指根据项目的合同价格扣除目标利润后得到目标成本的方法。在采用正确的投标策略和方法以最理想的合同价中标后，项目经理部从标价中减去预期利润、税金、应上缴的管理费等，之后的余额即为项目实施中所能支出的最大限额。

（2）技术进步法：是以项目计划采取的技术组织措施和节约措施所能取得的经济效果为项目成本降低额，从而求得项目目标成本的方法。即：

项目目标成本＝项目成本估算值－技术节约措施计划节约额（降低成本额）(7.1.1)

（3）按实计算法：是以项目的实际资源消耗测算为基础，根据所需资源的实际价格，详细计算各项活动或各项成本组成的目标成本。

人工费＝∑各类人员计划用工量×实际工资标准　(7.1.2)

材料费＝∑各类材料的计划用量×实际材料基价　(7.1.3)

施工机械使用费＝∑各类机械的计划台班量×实际台班单价　(7.1.4)

在此基础上，由项目经理部生产和财务管理人员结合施工技术和管理方案等测算措施费、项目经理部的管理费等，最后构成项目的目标成本。

（4）定率估算法（历史资料法）：当项目非常庞大和复杂而需要分为几个部分时，可采用定率估算法。首先，将项目分为若干子项目，参照同类项目的历史数据，采用算术平均法计算子项目目标成本降低率和降低额，然后，再汇总整个项目的目标成本降低率、降低额。在确定子项目成本降低率时，可采用加权平均法或三点估算法。

（三）成本控制

成本控制是指在项目实施过程中，对影响项目成本的各项要素，即施工生产所耗费的人力、物力和各项费用开支，采取一定措施进行监督、调节和控制，及时预防、发现和纠正偏差，保证项目成本目标的实现。根据全过程成本管理的原则，成本控制应贯穿于项目建设的各个阶段，是项目成本管理的核心内容，也是项目成本管理中不确定因素最多、最复杂、最基础的管理内容。

1. 项目成本控制的主要环节

项目成本控制包括计划预控、过程控制和纠偏控制三个环节。

（1）项目成本的计划预控：是指应运用计划管理的手段事先做好各项建设活动的成本安排，使项目预期成本目标的实现建立在有充分技术和管理措施保障的基础上，为项目的技术与资源的合理配置和消耗控制提供依据。控制的重点是优化项目实施方案、合理配置资源和控制生产要素的采购价格。

（2）项目成本运行过程控制：是指控制实际成本的发生，包括实际采购费用发生过程的控制、劳动力和生产资料使用过程的消耗控制、质量成本及管理费用的支出控制。应充分发挥项目成本责任体系的约束和激励机制，提高项目成本运行过程的控制能力。

（3）项目成本的纠偏控制：是指在项目成本运行过程中，对各项成本进行动态跟踪核算，发现实际成本与目标成本产生偏差时，分析原因，采取有效措施予以纠偏。

2. 项目成本控制的方法

（1）项目成本分析表法：是指利用项目中的各种表格进行成本分析和控制的方法。应用成本分析表法可以清晰地进行成本比较研究。常见的成本分析表有月成本分析表、成本日报或周报表、月成本计算及最终预测报告表。

(2) 工期—成本同步分析法：成本控制与进度控制之间有着必然的同步关系。因为成本是伴随着工程进展而发生的。如果成本与进度不对应，说明项目进展中出现虚盈或虚亏的不正常现象。

施工成本的实际开支与计划不相符，往往是由两个因素引起的：一是在某道工序上的成本开支超出计划；二是某道工序的施工进度与计划不符。因此，要想找出成本变化的真正原因，实施良好有效的成本控制措施，必须与进度计划的适时更新相结合。

(3) 挣值分析法：挣值分析法是对工程项目成本/进度进行综合控制的一种分析方法。通过比较已完工程预算成本（BCWP，Budget Cost of the Work Performed）与已完工程实际成本（ACWP，Actual Cost of the Work Performed）之间的差值，可以分析由于实际价格的变化而引起的累计成本偏差；通过比较已完工程预算成本（BCWP）与拟完工程预算成本（BCWS，Budget Cost of the Work Scheduled）之间的差值，可以分析由于进度偏差而引起的累计成本偏差。并通过计算后续未完工程的计划成本余额，预测其尚需的成本数额，从而为后续工程施工的成本、进度控制及寻求降本挖潜途径指明方向。

(四) 成本核算

成本核算是指利用会计核算体系，对项目建设工程中所发生的各项费用进行归集，统计其实际发生额，并计算项目总成本和单位工程成本的管理工作。

1. 项目成本核算的对象和范围

项目成本核算应以项目经理责任成本目标为基本核算范围；以项目经理授权范围相对应的可控责任成本为核算对象，进行全过程分月跟踪核算。根据在建工程的当月形象进度，对已完实际成本按照分部分项工程进行归集，并与相应范围的计划成本进行比较，分析各在施分部分项工程成本偏差的原因，并在后续工程中采取有效控制措施并进一步寻找降本挖潜的途径。项目经理部应在每月成本核算的基础上编制当月成本报告，作为项目施工月报的组成内容，提交企业主管领导、生产管理和财务部门审核备案。

2. 项目成本核算的方法

(1) 表格核算法：是建立在内部各项成本核算基础上，由各要素部门和核算单位定期采集信息，按有关规定填制一系列的表格，完成数据比较、考核和简单的核算，形成项目施工成本核算体系，作为支撑项目施工成本核算的平台。表格核算法需要依靠众多部门和单位支持，专业性要求不高。其优点是比较简捷明了，直观易懂，易于操作，适时性较好。缺点是覆盖范围较窄，核算债权债务等比较困难；且较难实现科学严密的审核制度，有可能造成数据失实，精度较差。

(2) 会计核算法：是指建立在会计核算基础上，利用会计核算所独有的借贷记账法和收支全面核算的综合特点，按项目施工成本内容和收支范围，组织项目施工成本的核算。不仅核算项目施工的直接成本，而且还要核算项目在施工生产过程中出现的债权债务、项目为施工生产而自购的工具、器具摊销、向业主的报量和收款、分包完成和分包付款等。其优点是核算严密、逻辑性强，人为调节的可能因素较小，核算范围较大。但对核算人员的专业水平要求较高。

由于表格核算法具有便于操作和表格格式自由等特点，可以根据企业管理方式和要求设置各种表格，因而对项目内各岗位成本的责任核算比较实用。承包企业应在项目层面设置成本会计，进行项目施工成本核算，减少数据的传递，提高数据的及时性，便于与表格核算的数据接口，这将成为项目施工成本核算的发展趋势。

总的说来，用表格核算法进行项目施工各岗位成本的责任核算和控制，用会计核算法进行项目施工成本核算，两者互补，相得益彰，确保项目施工成本核算工作的开展。

（五）成本分析

成本分析是揭示项目成本变化情况及其变化原因的过程。在成本形成过程中，利用项目的成本核算资料，将项目的实际成本与目标成本（计划成本）进行比较，系统研究成本升降的各种因素及其产生的原因，总结经验教训，寻找降低项目施工成本的途径，以进一步改进成本管理工作。

1. 项目成本分析方法

项目成本分析的基本方法包括：比较法、因素分析法、差额计算法、比率法等。

（1）比较法：又称指标对比分析法，是通过技术经济指标的对比，检查目标的完成情况，分析产生差异的原因，进而挖掘内部潜力的方法。这种方法具有通俗易懂、简单易行、便于掌握的特点，因而得到了广泛的应用，但在应用时必须注意各技术经济指标的可比性。比较法的应用通常有下列形式：①将本期实际指标与目标指标对比；②本期实际指标与上期实际指标对比；③本期实际指标与本行业平均水平、先进水平对比。

（2）因素分析法：又称连环置换法。这种方法可用来分析各种因素对成本的影响程度。在进行分析时，首先要假定众多因素中的一个因素发生了变化，而其他因素则不变，在前一个因素变动的基础上分析第二个因素的变动，然后逐个替换，分别比较其计算结果，以确定各个因素的变化对成本的影响程度。

（3）差额计算法：差额计算法是因素分析法的一种简化形式，它利用各个因素的目标值与实际值的差额来计算其对成本的影响程度。

（4）比率法：比率法是指用两个以上的指标的比例进行分析的方法。其基本特点是：先将对比分析的数值变成相对数，再观察其相互之间的关系。常用的比率法有：

1）相关比率法：通过将两个性质不同而又相关的指标加以对比，求出比率，并以此来考察经营成果的好坏。

2）构成比率法：又称比重分析法或结构对比分析法。是通过计算某技术经济指标中各组成部分占总体的比重进行数量分析的方法。通过构成比率，可以考察项目成本的构成情况，将不同时期的成本构成比率相比较，可以观察成本构成的变动情况，同时也可看出量、本、利的比例关系。

3）动态比率法：是将同类指标不同时期的数值进行对比，求出比率，以分析该项指标的发展方向和发展速度的方法。动态比率的计算通常采用定基指数和环比指数两种方法。

2. 综合成本分析方法

综合成本，是指涉及多种生产要素，并受多种因素影响的成本费用，如分部分项工程成本、月（季）度成本、年度成本等。由于这些成本都是随着项目施工的进展而逐步形成的，与生产经营有着密切的关系。因此，做好上述成本的分析工作，无疑将促进项目的生产经营管理，提高项目的经济效益。

（1）分部分项工程成本分析：分部分项工程成本分析是施工项目成本分析的基础。分部分项工程成本分析的对象为主要的已完分部分项工程。分析的方法是：进行预算成本、目标成本和实际成本的“三算”对比，分别计算实际成本与预算成本、实际成本与目标成本的偏差，分析偏差产生的原因，为今后的分部分项工程成本寻求节约途径。

（2）月（季）度成本分析：月（季）度成本分析是项目定期的、经常性的中间成本分析。通过月（季）度成本分析，可以及时发现问题，以便按照成本目标指定的方向进行监督和控制，保证项目成本目标的实现。

月（季）度成本分析的依据是当月（季）的成本报表。分析的方法通常包括：

1）通过实际成本与预算成本的对比，分析当月（季）的成本降低水平；通过累计实际成本与累计预算成本的对比，分析累计的成本降低水平，预测实现项目成本目标的前景。

2）通过实际成本与目标成本的对比，分析目标成本的落实情况，以及目标管理中的问题和不足，进而采取措施，加强成本管理，保证成本目标的落实。

3）通过对各成本项目的成本分析，可以了解成本总量的构成比例和成本管理的薄弱环节。对超支幅度大的成本项目，应深入分析超支原因，并采取对应的增收节支措施，防止今后再超支。

4）通过主要技术经济指标的实际与目标对比，分析产量、工期、质量、“三材”节约率、机械利用率等对成本的影响。

5）通过对技术组织措施执行效果的分析，寻求更加有效的节约途径。

6）分析其他有利条件和不利条件对成本的影响。

（3）年度成本分析：企业成本要求按年结算，不得将本年成本转入下一年度。而项目成本则以项目的寿命周期为结算期，要求从开工、竣工到保修期结束连续计算，最后结算出成本总量及其盈亏。由于项目的施工周期一般较长，除进行月（季）度成本核算和分析外，还要进行年度成本的核算和分析。这不仅是为了满足企业汇编年度成本报表的需要，同时也是项目成本管理的需要。因为通过年度成本的综合分析，可以总结一年来成本管理的成绩和不足，为今后的成本管理提供经验和教训。

（4）竣工成本的综合分析：凡是有几个单位工程而且是单独进行成本核算的项目，其竣工成本分析应以各单位工程竣工成本分析资料为基础，再加上项目经理部的经营效益（如资金调度、对外分包等所产生的效益）进行综合分析。如果施工项目只有一个成本核算对象（单位工程），就以该成本核算对象的竣工成本资料作为成本分析的依据。单位工程竣工成本分析，应包括以下三方面内容：①竣工成本分析；②主要资源节超对比分析；③主要技术节约措施及经济效果分析。

（六）成本考核

成本考核是在工程项目建设的过程中或项目完成后，定期对项目形成过程中的各级单位成本管理的成绩或失误进行总结与评价。通过成本考核，给予责任者相应的奖励或惩罚。承包企业应建立和健全项目成本考核制度，作为项目成本管理责任体系的组成部分。应明确规定考核的目的、时间、范围、对象、方式、依据、指标、组织领导以及结论与奖惩原则等。

1. 项目成本考核的内容

项目成本的考核，包括企业对项目成本的考核和企业对项目经理部可控责任成本的考核。企业对项目成本的考核包括对项目设计成本和施工成本目标（降低额）完成情况的考核和成本管理工作业绩的考核。企业对项目经理部可控责任成本的考核包括：

（1）项目成本目标和阶段成本目标完成情况。

（2）建立以项目经理为核心的成本管理责任制的落实情况。

（3）成本计划的编制和落实情况。

（4）对各部门、各施工队和班组责任成本的检查和考核情况。

（5）在成本管理中贯彻责权利相结合原则的执行情况。

除此之外，为层层落实项目成本管理工作，项目经理对所属各部门、各施工队和班组也要进行成本考核，主要考核其责任成本的完成情况。

2. 项目成本考核指标

（1）企业的项目成本考核指标包括：①设计成本降低额和降低率；②施工成本降低额和降低率。

（2）项目经理部可控责任成本考核指标包括：①项目经理责任目标总成本降低额和降低率；②施工责任目标成本实际降低额和降低率；③施工计划成本实际降低额和降低率。

承包企业应充分利用项目成本核算资料和报表，由企业财务审计部门对项目经理部的成本和效益进行全面审核。在此基础上，做好项目成本效益的考核与评价，并按照项目经理部的绩效，落实成本管理责任制的激励措施。

第二节　工程变更管理

一、工程变更

工程变更可以理解为是合同工程实施过程中由发包人提出或由承包人提出，经发包人批准的对合同工程的工作内容、工程数量、质量要求、施工顺序与时间、施工条件、施工工艺或其他特征及合同条件等的改变。工程变更指令发出后，应当迅速落实指令，全面修改相关的各种文件。承包人也应当抓紧落实，如果承包人不能全面落实变更指令，则扩大的损失应当由承包人承担。

1. 工程变更的范围

工程变更的范围和内容包括：

（1）取消合同中任何一项工作，但被取消的工作不能转由发包人或其他人实施。

（2）改变合同中任何一项工作的质量或其他特性。

（3）改变合同工程的基线、标高、位置或尺寸。

（4）改变合同中任何一项工作的施工时间或改变已批准的施工工艺或顺序。

（5）为完成工程需要追加的额外工作。

2. 工程变更的价款调整方法

（1）分部分项工程费的调整：工程变更引起分部分项工程项目发生变化的，应按照计价规范相关规定进行调整：

1）已标价工程量清单中有适用于变更工程项目的，且工程变更导致的该清单项目的工程数量变化不足15%时，应采用该项目的单价。

2）已标价工程量清单中没有适用但有类似于变更工程项目的，可在合理范围内参照类似项目的单价。

3）已标价工程量清单中既没有适用也没有类似于变更工程项目的，由承包人根据变更工程资料、计量规则和计价办法、工程造价管理机构发布的信息（参考）价格和承包人报价浮动率，提出变更工程项目的单价或总价，并应报发包人确认后调整。

4）已标价工程量清单中既没有适用也没有类似于变更工程项目，且工程造价管理机构发布的信息（参考）价格缺价的，由承包人根据变更工程资料、计量规则、计价办法和通过市场调查等取得有合法依据的市场价格提出变更工程项目的单价，报发包人确认后调整。

（2）措施项目费的调整：工程变更导致施工方案改变并引起措施项目发生变化的，承包人提出调整措施项目费的，应事先将拟实施的方案提交发包人确认，并详细说明与原方案措施项目相比的变化情况。拟实施的方案经发、承包双方确认后执行。并应按照下列规定调整措施项目费：

1）安全文明施工费，按照实际发生变化的措施项目调整，不得浮动。

2）采用单价计算的措施项目费，按照实际发生变化的措施项目按分部分项工程费的调整方法确定单价。

3）按总价（或系数）计算的措施项目费，除安全文明施工费外，按照实际发生变化的措施项目调整，但应考虑承包人报价浮动因素，即调整金额按照实际调整金额乘以承包人报价浮动率（L）计算。

如果承包人未事先将拟实施的方案提交给发包人确认，则视为工程变更不引起措施项目费的调增或承包人放弃调增措施项目费的权利。

（3）删减工程或工作的补偿：如果发包人提出的工程变更，非因承包人原因删减了合同中的某项原定工作或工程，致使承包人发生的费用或（和）得到的收益不能被包括在其他已支付或应支付的项目中，也未被包含在任何替代的工作或工程中，则承包人有权提出并得到合理的费用及利润补偿。

二、现场签证

现场签证是指发包人现场代表（或其授权的工程监理人、工程造价咨询人）与承包人现场代表就施工过程中涉及的责任事件所做的签认证明。施工合同履行期间出现现场签证事件的，发、承包双方应根据合同约定调整合同价款。

1. 现场签证的提出

承包人应发包人要求完成合同以外的零星项目、非承包人责任事件等工作的，发包人应及时以书面形式向承包人发出指令，提供所需的相关资料；承包人在收到指令后，应及时向发包人提出现场签证要求。

在施工过程中，若发现合同工程内容因场地条件、地质水文、发包人要求等不一致时，承包人应提供所需的相关资料，提交发包人签证认可，作为合同价款调整的依据。

2. 现场签证报告的确认

承包人应在收到发包人指令后的 7 天内向发包人提交现场签证报告，发包人应在收到现场签证报告后的 48h 内对报告内容进行核实，予以确认或提出修改意见。发包人在收到承包人现场签证报告后的 48h 内未确认也未提出修改意见的，视为承包人提交的现场签证报告已被发包人认可。

3. 现场签证报告的要求

（1）现场签证的工作如果已有相应的计日工单价，现场签证报告中应列明完成该签证工作所需的人工、材料、工程设备和施工机械台班的数量。

（2）如果现场签证的工作没有相应的计日工单价，应当在现场签证报告中列明完成该签证工作所需的人工、材料、工程设备和施工机械台班的数量及其单价。

现场签证工作完成后的7天内，承包人应按照现场签证内容计算价款，报送发包人确认后，作为增加合同价款，与进度款同期支付。

4. 现场签证的限制

合同工程发生现场签证事项，未经发包人签证确认，承包人便擅自施工的，除非征得发包人书面同意，否则发生的费用由承包人承担。

第三节　工程索赔管理

一、工程索赔的概念

工程索赔是指在工程承包合同履行中，当事人一方因非己方的原因而遭受经济损失或工期延误，按照合同约定或法律规定，应由对方承担责任，而向对方提出工期和（或）费用补偿要求的行为。

索赔是工程承包中经常发生的正常现象。由于施工现场条件、气候条件的变化，施工进度、物价的变化，以及合同条款、规范、标准文件和施工图纸的变更、差异、延误等因素的影响，使得工程承包中不可避免地出现索赔。

对于施工合同的双方来说，索赔是维护自身合法利益的权利。它同合同条件中双方的合同责任一样，构成严密的合同制约关系。承包商可以向业主提出索赔，业主也可以向承包商提出索赔。本节主要结合合同和价款结算办法讨论承包商向业主的索赔。

索赔的性质属于经济补偿行为，而不是惩罚。称为“索补”可能更容易被人们所接受，工程实际中一般多称为“签证申请”。只有先提出了“索”才有可能“赔”，如果不提出“索”就不可能有“赔”。

二、索赔的分类和条件

（一）工程索赔的分类

1. 按索赔的当事人分类

根据索赔的合同当事人不同，可以将工程索赔分为：

（1）承包人与发包人之间的索赔：该类索赔发生在建设工程施工合同的双方当事人之间，既包括承包人向发包人的索赔，也包括发包人向承包人的索赔。但是在工程实践中，经常发生的索赔事件，大多是承包人向发包人提出的，教材中所提及的索赔，如果未做特别说明，即是指此类情形。

（2）总承包人和分包人之间的索赔：在建设工程分包合同履行过程中，索赔事件发生后，无论是发包人的原因还是总承包人的原因所致，分包人都只能向总承包人提出索赔要求，而不能直接向发包人提出。

2. 按索赔目的和要求分类

根据索赔的目的和要求不同，可以将工程索赔分为工期索赔和费用索赔。

（1）工期索赔：工期索赔是指工程承包合同履行中，由于非承包人原因造成工期延误，按照合同约定或法律规定，承包人向发包人提出合同工期补偿要求的行为。

（2）费用索赔：费用索赔是指工程承包合同履行中，当事人一方因非己方的原因而遭受费用损失，按照合同约定或法律规定应由对方承担责任，而向对方提出增加费用要求的行为。

3. 按索赔事件的性质分类

根据索赔事件的性质不同，可以将工程索赔分为：

（1）工程延误索赔：因发包人未按合同要求提供施工条件，或因发包人指令工程暂停等原因造成工期拖延的，承包人可以向发包人提出索赔；如果由于承包人原因导致工期拖延，发包人可以向承包人提出索赔。

（2）加速施工索赔：由于发包人指令承包人加快施工速度，缩短工期，引起承包人的人力、物力、财力的额外开支，承包人提出的索赔。

（3）工程变更索赔：由于发包人指令增加或减少工程量或增加附加工程、修改设计、变更工程顺序等，造成工期延长和（或）费用增加，承包人就此提出索赔。

（4）合同终止的索赔：由于发包人违约及非承包人原因造成合同非正常终止，承包人因其遭受经济损失而提出索赔。如果由于承包人的原因导致合同非正常终止，或者合同无法继续履行，发包人可以就此提出索赔。

（5）不可预见的不利条件索赔：承包人在工程施工期间，施工现场遇到一个有经验的承包人通常不能合理预见的不利施工条件或外界障碍，例如地质条件与发包人提供的资料不符，出现不可预见的地下水、地质断层、溶洞、地下障碍物等，承包人可以就因此遭受的损失提出索赔。

（6）不可抗力事件的索赔：工程施工期间，因不可抗力事件的发生而遭受损失的一方，可以根据合同中对不可抗力风险分担的约定，向对方当事人提出索赔。

（7）其他索赔：如因货币贬值、汇率变化、物价上涨、政策法令变化等原因引起的索赔。

引起索赔事件的原因不同，对一方当事人提出的索赔可能给予合理补偿工期、费用和（或）利润的情况也有所不同。其中，引起承包人索赔的事件以及可能得到的合理补偿内容如表 7.3.1 所示。

表 7.3.1　承包人的索赔事件及可补偿内容

序号	条款号	索赔事件	可补偿内容		
			工期	费用	利润
1	1.6.1	迟延提供图纸	√	√	√
2	1.10.1	施工中发现文物、古迹	√	√	
3	2.3	迟延提供施工场地	√	√	√
4	3.4.5	监理人指令迟延或错误	√	√	
5	4.11	施工中遇到不利物质条件	√	√	
6	5.2.4	提前向承包人提供材料、工程设备		√	
7	5.2.6	发包人提供材料、工程设备不合格或迟延提供或变更交货地点	√	√	√

续表 7.3.1

序号	条款号	索赔事件	可补偿内容		
			工期	费用	利润
8	5.4.3	发包人更换其提供的不合格材料、工程设备	√	√	
9	8.3	承包人依据发包人提供的错误资料导致测量放线错误	√	√	√
10	9.2.6	因发包人原因造成承包人人员工伤事故		√	
11	11.3	因发包人原因造成工期延误	√	√	√
12	11.4	异常恶劣的气候条件导致工期延误	√		
13	11.6	承包人提前竣工		√	
14	12.2	发包人暂停施工造成工期延误	√	√	√
15	12.4.2	工程暂停后因发包人原因无法按时复工	√	√	√
16	13.1.3	因发包人原因导致承包人工程返工	√	√	√
17	13.5.3	监理人对已经覆盖的隐蔽工程要求重新检查且检查结果合格	√	√	√
18	13.6.2	因发包人提供的材料、工程设备造成工程不合格	√	√	√
19	14.1.3	承包人应监理人要求对材料、工程设备和工程重新检验且检验结果合格	√	√	√
20	16.2	基准日后法律的变化		√	
21	18.4.2	发包人在工程竣工前提前占用工程	√	√	√
22	18.6.2	因发包人的原因导致工程试运行失败		√	√
23	19.2.3	工程移交后因发包人原因出现新的缺陷或损坏的修复		√	√
24	19.4	工程移交后因发包人原因出现的缺陷修复后的试验和试运行		√	
25	21.3.1（4）	因不可抗力停工期间应监理人要求照管、清理、修复工程		√	
26	21.3.1（4）	因不可抗力造成工期延误	√		
27	22.2.2	因发包人违约导致承包人暂停施工	√	√	√

（二）索赔的依据和前提条件

1. 索赔的依据

提出索赔和处理索赔都要依据下列文件或凭证：

（1）工程施工合同文件：工程施工合同是工程索赔中最关键和最主要的依据，工程施工期间，发、承包双方关于工程的洽商、变更等书面协议或文件，也是索赔的重要依据。

（2）国家法律、法规：国家制定的相关法律、行政法规，是工程索赔的法律依据。工程项目所在地的地方性法规或地方政府规章，也可以作为工程索赔的依据，但应当在施工合同专用条款中约定为工程合同的适用法律。

（3）国家、部门和地方有关的标准、规范和定额：对于工程建设的强制性标准，是合同双方必须严格执行的；对于非强制性标准，必须在合同中有明确规定的情况下，才能作为索赔的依据。

（4）工程施工合同履行过程中与索赔事件有关的各种凭证：这是承包人因索赔事件所遭

受费用或工期损失的事实依据，它反映了工程的计划情况和实际情况。

2. 索赔成立的条件

承包人工程索赔成立的基本条件包括：

（1）索赔事件已造成了承包人直接经济损失或工期延误。

（2）造成费用增加或工期延误的索赔事件是非因承包人的原因发生的。

（3）承包人已经按照工程施工合同规定的期限和程序提交了索赔意向通知、索赔报告及相关证明材料。

（三）费用索赔的组成

对于不同原因引起的索赔，承包人可索赔的具体费用内容是不完全一样的。但归纳起来，索赔费用的要素与工程造价的构成基本类似，一般可归结为人工费、材料费、施工机械使用费、分包费、施工管理费、利息、利润、保险费等。

（1）人工费：人工费的索赔包括由于完成合同之外的额外工作所花费的人工费用；超过法定工作时间加班劳动；法定人工费增长；非因承包商原因导致工效降低所增加的人工费用；非因承包商原因导致工程停工的人员窝工费和工资上涨费等。

（2）材料费：材料费的索赔包括由于索赔事件的发生造成材料实际用量超过计划用量而增加的材料费；由于发包人原因导致工程延期期间的材料价格上涨和超期储存费用。材料费中应包括运输费、仓储费以及合理的损耗费用。如果由于承包商管理不善，造成材料损坏、失效，则不能列入索赔款项内。

（3）施工机械使用费：施工机械使用费的索赔包括由于完成合同之外的额外工作所增加的机械使用费；非因承包人原因导致工效降低所增加的机械使用费；由于发包人或工程师指令错误或迟延导致机械停工的台班停滞费。

（4）现场管理费：现场管理费的索赔包括承包人完成合同之外的额外工作以及由于发包人原因导致工期延期期间的现场管理费，包括管理人员工资、办公费、通信费、交通费等。

（5）总部（企业）管理费：总部管理费的索赔主要指的是由于发包人原因导致工程延期期间所增加的承包人向公司总部提交的管理费，包括总部职工工资、办公大楼折旧、办公用品、财务管理、通信设施以及总部领导人员赴工地检查指导工作等开支。

（6）保险费：因发包人原因导致工程延期时，承包人必须办理工程保险、施工人员意外伤害保险等各项保险的延期手续，对于由此而增加的费用，承包人可以提出索赔。

（7）保函手续费：因发包人原因导致工程延期时，承包人必须办理相关履约保函的延期手续，对于由此而增加的手续费，承包人可以提出索赔。

（8）利息：利息的索赔包括发包人拖延支付工程款利息；发包人迟延退还工程质量保证金的利息；承包人垫资施工的垫资利息；发包人错误扣款的利息等。

（9）利润：一般来说，由于工程范围的变更、发包人提供的文件有缺陷或错误、发包人未能提供施工场地以及因发包人违约导致的合同终止等事件引起的索赔，承包人都可以列入利润。另外，对于因发包人原因暂停施工导致的工期延误，承包人也有权要求发包人支付合理的利润。

（10）分包费用：由于发包人的原因导致分包工程费用增加时，分包人只能向总承包人提出索赔，但分包人的索赔款项应当列入总承包人对发包人的索赔款项中。分包费用索赔指的是分包人的索赔费用，一般也包括与上述费用类似的内容索赔。

（四）工期索赔的依据及处理

1. 工期索赔的具体依据

承包人向发包人提出工期索赔的具体依据主要包括：

（1）合同约定或双方认可的施工总进度规划。

（2）合同双方认可的详细进度计划。

（3）合同双方认可的对工期的修改文件。

（4）施工日志、气象资料。

（5）业主或工程师的变更指令。

（6）影响工期的干扰事件。

（7）受干扰后的实际工程进度等。

2. 共同延误的处理

在实际施工过程中，工期拖期很少是只由一方造成的，往往是两三种原因同时发生（或相互作用）而形成的，故称为“共同延误”。在这种情况下，要具体分析哪一种情况延误是有效的，应依据以下原则：

（1）首先判断造成拖期的哪一种原因是最先发生的，即确定“初始延误”者，它应对工程拖期负责。在初始延误发生作用期间，其他并发的延误者不承担拖期责任。

（2）如果初始延误者是发包人原因，则在发包人原因造成的延误期内，承包人既可得到工期延长，又可得到经济补偿。

（3）如果初始延误者是客观原因，则在客观因素发生影响的延误期内，承包人可以得到工期延长，但很难得到费用补偿。

（4）如果初始延误者是承包人原因，则在承包人原因造成的延误期内，承包人既不能得到工期补偿，也不能得到费用补偿。

3. 工期索赔中应当注意的问题

在工期索赔中特别应当注意以下问题：

（1）划清施工进度拖延的责任。因承包人的原因造成施工进度滞后，属于不可原谅的延期；只有承包人不应承担任何责任的延误，才是可原谅的延期。有时工程延期的原因中可能包含有双方责任，此时监理人应进行详细分析，分清责任比例，只有可原谅延期部分才能批准顺延合同工期。可原谅延期，又可细分为可原谅并给予补偿费用的延期和可原谅但不给予补偿费用的延期；后者是指非承包人责任的影响并未导致施工成本的额外支出，大多属于发包人应承担风险责任事件的影响，如异常恶劣的气候条件影响的停工等。

（2）被延误的工作应是处于施工进度计划关键线路上的施工内容。只有位于关键线路上工作内容的滞后，才会影响到竣工日期。但有时也应注意，既要看被延误的工作是否在批准进度计划的关键路线上，又要详细分析这一延误对后续工作的可能影响。因为若对非关键路线工作的影响时间较长，超过了该工作可用于自由支配的时间，也会导致进度计划中非关键路线转化为关键路线，其滞后将影响总工期的拖延。此时，应充分考虑该工作的自由时间，给予相应的工期顺延，并要求承包人修改施工进度计划。

第四节　工程计量和支付

一、工程计量

（一）工程计量的程序

1. 计量原则

工程量必须以承包人完成合同工程应予计量的工程量确定。工程量计量按照合同约定的工程量计算规则、图纸及变更指示等进行计量。工程量计算规则应以相关的国家标准、行业标准等为依据，由合同当事人在专用合同条款中约定。

2. 计量周期

工程计量可选择按月或按工程形象进度分段计量，具体计量周期应在合同中约定。

3. 单价合同的计量

《建设工程工程量清单计价规范》（GB 50500—2013）中单价合同的计量规定和程序如下：

（1）施工中进行工程计量，当发现招标工程量清单中出现缺项、工程量偏差，或因工程变更引起工程量增减时，应按承包人在履行合同义务中完成的工程量计算。

（2）承包人应当按照合同约定的计量周期和时间向发包人提交当期已完工程量报告。发包人应在收到报告后 7 天内核实，并将核实计量结果通知承包人。发包人未在约定时间内进行核实的，承包人提交的计量报告中所列的工程量应视为承包人实际完成的工程量。

（3）发包人认为需要进行现场计量核实时，应在计量前 24h 通知承包人，承包人应为计量提供便利条件并派人参加。当双方均同意核实结果时，双方应在上述记录上签字确认。承包人收到通知后不派人参加计量，视为认可发包人的计量核实结果。发包人不按照约定时间通知承包人，致使承包人未能派人参加计量，计量核实结果无效。

（4）当承包人认为发包人核实后的计量结果有误时，应在收到计量结果通知后的 7 天内向发包人提出书面意见，并应附上其认为正确的计量结果和详细的计算资料。发包人收到书面意见后，应在 7 天内对承包人的计量结果进行复核后通知承包人。承包人对复核计量结果仍有异议的，按照合同约定的争议解决办法处理。

（5）承包人完成已标价工程量清单中每个项目的工程量并经发包人核实无误后，发承包双方应对每个项目的历次计量报表进行汇总，以核实最终结算工程量。并应在汇总表上签字确认。

4. 总价合同的计量

《建设工程工程量清单计价规范》（GB 50500—2013）中总价合同的计量规定和程序如下：

（1）采用工程量清单方式招标形成的总价合同，其工程量按照单价合同的程序和规定计算。

（2）采用经审定批准的施工图纸及其预算方式发包形成的总价合同，除按照工程变更规定的工程量增减外，总价合同各项目的工程量应为承包人用于结算的最终工程量。

（3）总价合同约定的项目计量应以合同工程经审定批准的施工图纸为依据，发承包双方应在合同中约定工程计量的形象目标或时间节点进行计量。

（4）承包人应在合同约定的每个计量周期内对已完成的工程进行计量，并向发包人提交达到工程形象目标完成的工程量和有关计量资料的报告。

（5）发包人应在收到报告后7天内对承包人提交的上述资料进行复核，以确定实际完成的工程量和工程形象目标。对其有异议的，应通知承包人进行共同复核。

（二）工程计量的依据

计量依据一般有质量合格证书、工程量清单计价规范、技术规范中的“计量支付”条款和设计图纸。也就是说，计量时必须以这些资料为依据。

1．质量合格证书

工程计量必须与质量管理紧密配合，对于承包商已完成的工程，经过专业工程师检验，工程质量达到合同规定的标准后，由专业工程师签署报验申请表（质量合格证书），才予以计量，并不是全部进行计量。所以说质量管理是计量管理的基础，计量又是质量管理的保障，通过计量支付，强化承包商的质量意识。

2．工程量清单计价规范和技术规范

工程量清单计价规范和技术规范是确定计量方法的依据，因为工程量清单计价规范和技术规范的“计量支付”条款规定了清单中每一项工程的计量方法，同时还规定了按规定的计量方法确定的单价所包括的工作内容和范围。

例如，某高速公路技术规范计量支付条款规定：所有道路工程、隧道工程和桥梁工程中的路面工程按各种结构类型及各层不同厚度分别汇总，并且以图纸所示或工程师指示为依据，根据工程师验收的实际完成数量，以 m^2 为单位分别计量。计量方法是根据路面中心线的长度乘以图纸所表明的平均宽度，再加上单独测量的岔道、加宽路面、喇叭口和道路交叉处的面积，以 m^2 为单位计量。除工程师书面批准外，凡超过图纸所规定的任何宽度、长度、面积或体积均不予计量。

3．设计图纸

单价合同以实际完成的工程量进行结算，凡是被工程师计量的工程数量，并不一定是承包商实际施工的数量。计量的几何尺寸要以设计图纸为依据，工程师对承包商超出设计图纸要求增加的工程量和自身原因造成返工的工程量，不予计量。例如：在某高速公路施工管理中，灌注桩的计量支付条款中规定按照设计图纸以m计量，其单价包括所有材料及施工的各项费用，根据这个规定，如果承包商做了35m的灌注桩，而桩的设计长度为30m，则只计量30m，业主按30m付款，承包商多做了5m灌注桩所消耗的钢筋及混凝土材料，业主不予补偿。

（三）工程计量的方法

1．实地测量计量法

实地测量计量法就是发包人按照合同约定的程序，对承包商计量周期内所完成的工程量进行确认的一种计量方法。主要适用于某些清单子项分散在几个计量周期内完成的情况。

2．图纸计算法

在工程量清单中，许多项目采取按照设计图纸所示的尺寸进行计量。例如混凝土构筑物的体积、钻孔桩的桩长等。主要适用于某些清单子项分散在一个计量周期内完成的情况。

3. 分解计量法

分解计量法就是将一个项目，根据工序或部位分解为若干子项。对完成的各子项进行计量支付。这种计量方法主要是为了解决一些包干项目或较大的工程项目的支付时间过长，影响承包商的资金流动等问题。

4. 凭据法

凭据法就是按照承包商提供的凭据进行计量支付。例如建筑工程保险费、第三方责任保险费、履约保证金等项目，一般按凭据进行计量支付。

5. 均摊法

均摊法就是对清单中某些项目的合同价款，按合同工期平均计量。例如：为造价管理者提供宿舍，保养测量设备，保养气象记录设备，维护工地清洁和整洁等项目。这些项目都有一个共同的特点，即每月均有发生，所以可以采用均摊法进行计量支付。例如：保养气象记录设备，每月发生的费用是相同的，如果本项合同款额为2000元，合同工期为20个月，则每月计量、支付的款额为2000元/20月＝100元/月。

6. 断面法

断面法主要用于取土坑或填筑路堤土方的计量。对于填筑土方工程，一般规定计量的体积为原地面线与设计断面所构成的体积。采用这种方法计量，在开工前承包商需测绘出原地形的断面，并需经工程师检验，作为计量的依据。

二、工程价款支付

依据《建设工程工程量清单计价规范》（GB 50500—2013）规定，合同价款中期支付包括：工程预付款、安全文明施工费、工程进度款。

（一）工程预付款支付

工程预付款是指由发布人按照合同约定，在正式开工前由发包人预先支付给承包人，用于购买工程施工所需的材料和组织施工机械和人员进场的价款。

工程预付款又称材料备料款或材料预付款，是建设工程施工合同订立后由发包人按照合同约定，在正式开工前预先支付给承包人的用于购买工程所需的材料和设备以及组织施工机械和人员进场所需款项。

1. 预付款的支付

（1）工程预付款额度：各地区、各部门的规定不完全相同，主要是保证施工所需材料和构件的正常储备。工程预付款额度一般是根据施工工期、建安工作量、主要材料和构件费用占建安工程费的比例以及材料储备周期等因素经测算来确定。

1）百分比法：发包人根据工程的特点、工期长短、市场行情、供求规律等因素，招标时在合同条件中约定工程预付款的百分比。根据《建设工程价款结算暂行办法》的规定，预付款的比例原则上不低于合同金额的10%，不高于合同金额的30%。

2）公式计算法：公式计算法是根据主要材料（含结构件等）占年度承包工程总价的比重、材料储备定额天数和年度施工天数等因素，通过公式计算预付款额度的一种方法。

其计算公式为：

$$\text{工程预付款数额}=\frac{\text{工程总价}\times\text{材料比例}(\%)}{\text{年度施工天数}}\times\text{材料储备定额天数} \qquad (7.4.1)$$

式中，年度施工天数按365天日历天计算；材料储备定额天数由当地材料供应的在途天数、加工天数、整理天数、供应间隔天数、保险天数等因素决定。

（2）预付款的支付时间：根据《建设工程价款结算暂行办法》的规定，在具备施工条件的前提下，发包人应在双方签订合同后的一个月内或不迟于约定的开工日期前的7天内预付工程款，发包人不按约定预付，承包人应在预付时间到期后10天内向发包人发出要求预付的通知，发包人收到通知后仍不按要求预付，承包人可在发出通知14天后停止施工，发包人应从约定应付之日起向承包人支付应付款的利息（利率按同期银行贷款利率计），并承担违约责任。

1）承包人应在签订合同或向发包人提供与预付款等额的预付款保函（如有）后向发包人提交预付款支付申请。

2）发包人应在收到支付申请的7天内进行核实后向承包人发出预付款支付证书，并在签发支付证书后的7天内向承包人支付预付款。

3）发包人没有按合同约定按时支付预付款的，承包人可催告发包人支付；发包人在预付款期满后的7天内仍未支付的，承包人可在付款期满后的第8天起暂停施工。发包人应承担由此增加的费用和（或）延误的工期，并向承包人支付合理利润。

2. 预付款的扣回

发包人支付给承包人的工程预付款属于预支性质，随着工程的逐步实施后，原已支付的预付款应以充抵工程价款的方式陆续扣回，抵扣方式应当由双方当事人在合同中明确约定。扣款的方法主要有以下两种：

（1）按合同约定扣款：预付款的扣款方法由发包人和承包人通过洽商后在合同中予以确定，一般是在承包人完成金额累计达到合同总价的一定比例后，由承包人开始向发包人还款，发包方从每次应付给承包人的金额中扣回工程预付款，发包人至少在合同规定的完工期前将工程预付款的总金额逐次扣回。国际工程中的扣款方法一般为：当工程进度款累计金额超过合同价格的10％～20％时开始起扣，每月从进度款中按一定比例扣回。

（2）起扣点计算法：从未施工工程尚需的主要材料及构件的价值相当于工程预付款数额时起扣，此后每次结算工程价款时，按材料所占比重扣减工程价款，至工程竣工前全部扣清。起扣点的计算公式如下：

$$T=P-\frac{M}{N} \tag{7.4.2}$$

式中　T——起扣点（即工程预付款开始扣回时）的累计完成工程金额；

M——工程预付款总额；

N——主要材料及构件所占比重；

P——承包工程合同总额。

该方法对承包人比较有利，最大限度地占用了发包人的流动资金，但是，显然不利于发包人资金使用。

3. 预付款担保

（1）预付款担保的概念及作用：预付款担保是指承包人与发包人签订合同后领取预付款前，承包人正确、合理使用发包人支付的预付款而提供的担保。其主要作用是保证承包人能够按合同规定的目的使用并及时偿还发包人已支付的全部预付金额。如果承包人中途毁约，中止工程，使发包人不能在规定期限内从应付工程款中扣除全部预付款，则发包人有权从该项担保金额中获得补偿。

（2）预付款担保的形式：预付款担保的主要形式为银行保函。预付款担保的担保金额通常与发包人的预付款是等值的。预付款一般逐月从工程预付款中扣除，预付款担保的担保金额也相应逐月减少。承包人在施工期间，应当定期从发包人处取得同意此保函减值的文件，并送交银行确认。承包人还清全部预付款后，发包人应退还预付款担保，承包人将其退回银行注销，解除担保责任。

预付款担保也可以采用发、承包双方约定的其他形式，如由担保公司提供担保，或采取抵押等担保形式。承包人的预付款保函的担保金额根据预付款扣回的数额相应递减，但在预付款全部扣回之前一直保持有效。发包人应在预付款扣完后的 14 天内将预付款保函退还给承包人。

（二）安全文明措施费支付

安全文明施工费包括的内容和范围，应以国家现行计量规范以及工程所在地省级建设行政主管部门的规定为准。

依据《建设工程工程量清单计价规范》（GB 50500—2013）规定，安全文明施工费的支付应遵守以下规定：

（1）支付时间和比例：发包人应在工程开工后的 28 天内预付不低于当年施工进度计划的安全文明施工费总额的 60%，其余部分按照提前的原则进行分解，与进度款同期支付。

（2）发包人未支付的责任：发包人没有按时支付安全文明施工费的，承包人可催告发包人支付；发包人在付款期满后的 7 天内仍未支付的，若发生安全事故的，发包人应承担连带责任。

（3）承包人义务：承包人应对安全文明施工费专款专用，在财务账目中单独列项备查，不得挪作他用，否则发包人有权要求其限期改正；逾期未改正的，造成的损失和（或）延误的工期由承包人承担。

（三）工程进度款支付

工程进度款支付是指发包人在合同工程施工过程中，按照合同约定对付款周期内承包人完成的合同价款给予支付的过程。发、承包双方应按照合同约定的时间、程序和方法，根据工程计量结果，办理工程进度款支付。进度款支付周期，应与合同约定的工程计量周期一致。

1. 工程进度款支付计算

（1）已完工程价款：已标价工程量清单中的单价项目，承包人应按工程计量确认的工程量与综合单价计算。如综合单价发生调整的，以发、承包双方确认调整的综合单价计算进度款。

已标价工程量清单中的总价项目，承包人应按合同中约定的进度款支付分解表，分别列入进度款支付申请中的安全文明施工费和本周期应支付的总价项目的金额中。

（2）支付款的调整：承包人现场签证和得到发包人确认的索赔金额列入本周期应增加的金额中。由发包人提供的材料、工程设备金额，应按照发包人签约提供的单价和数量从进度款支付中扣出，列入本周期应扣减的金额中。

（3）进度款的支付比例：进度款的支付比例按照合同约定，按期中结算价款总额计，不低于 60%，不高于 90%。

2. 承包人提交进度款支付申请

承包人应在每个计量周期到期后的 7 天内向发包人提交已完工程进度款支付申请一式四份，详细说明此周期自己认为有权得到的款额，包括分包人已完工程的价款。支付申请的内容包括：

（1）累计已完成的工程价款。

（2）累计已实际支付的工程价款。

（3）本周期已完成的合同价款。

1）本周起已完成单价项目的金额。

2）本周期应支付的总价项目的金额。

3）本周期已完成的计日工价款。

4）本周期应支付的安全文明施工费。

5）本周期应增加的金额。

（4）本周期合计应扣减的金额。

1）本周期应扣回的预付款。

2）本周期应扣减的款项。

（5）本周期实际应支付的合同价款。

3. 发包人工程进度款支付程序

依据《建设工程工程量清单计价规范》（GB 50500—2013）规定，工程进度款支付程序如下：

（1）发包人应在收到承包人进度款支付申请后的 14 天内根据计量结果和合同约定对申请内容予以核实，确认后向承包人出具进度款支付证书。若发承包双方对有的清单项目的计量结果出现争议，发包人应对无争议部分的工程计量结果向承包人出具进度款支付证书。

（2）发包人应在签发进度款支付证书后的 14 天内，按照支付证书列明的金额向承包人支付进度款。

（3）若发包人逾期未签发进度款支付证书，则视为承包人提交的进度款支付申请已被发包人认可，承包人可向发包人发出催告付款的通知。发包人应在收到通知后的 14 天内，按照承包人支付申请的金额向承包人支付进度款。

（4）发包人未按合同约定支付进度款的，承包人可催告发包人支付，并有权获得延迟支付的利息；发包人在付款期满后的 7 天内仍未支付的，承包人可在付款期满后的第 8 天起暂停施工。发包人应承担由此增加的费用和（或）延误的工期，向承包人支付合理利润，并承担违约责任。

（5）发现已签发的任何支付证书有错、漏或重复的数额，发包人有权予以修正，承包人也有权提出修正申请。经发承包双方复核同意修正的，应在本次到期的进度款中支付或扣除。

第五节　工程结算

工程结算，是指发承包双方根据国家有关法律、法规规定和合同约定，对合同工程实施中、终止时、已完工后的工程项目进行的合同价款计算、调整和确认的过程。工程实施中的阶段性结算就是上节讲的工程计量和支付中的过程结算，本节主要讲解竣工结算。

竣工结算是指发承包双方根据国家有关法律、法规规定和合同约定，在承包人完成合同约定的全部工作后，对最终工程价款的调整和确定。

竣工结算包括建设项目竣工结算、单项工程竣工结算和单位工程竣工结算。单项工程竣工结算由单位工程竣工结算组成，建设项目竣工结算由单项工程竣工结算组成。

一、工程竣工结算的编制和审核

单位工程竣工结算由承包人编制，发包人审查；实行总承包的工程，由具体承包人编制，在总包人审查的基础上，发包人审查。单项工程竣工结算或建设项目竣工总结算由总（承）包人编制，发包人可直接进行审查，也可以委托具有相应资质的工程造价咨询机构进行审查。政府投资项目，由同级财政部门审查。单项工程竣工结算或建设项目竣工总结算经发、承包人签字盖章后有效。承包人应在合同约定期限内完成项目竣工结算编制工作，未在规定期限内完成的并且提不出正当理由延期的，责任自负。

（一）工程竣工结算的编制依据

工程竣工结算由承包人或受其委托具有相应资质的工程造价咨询人编制，由发包人或受其委托具有相应资质的工程造价咨询人核对。工程竣工结算编制的主要依据有：

（1）建设工程工程量清单计价规范以及各专业工程工程量清单计算规范。

（2）工程合同。

（3）发承包双方实施过程中已确认的工程量及其结算的合同价款。

（4）发承包双方实施过程中已确认调整后追加（减）的合同价款。

（5）建设工程设计文件及相关资料。

（6）投标文件。

（7）其他依据。

（二）工程竣工结算的计价原则

在采用工程量清单计价的方式下，工程竣工结算的编制应当规定的计价原则如下：

（1）分部分项工程和措施项目中的单价项目应依据双方确认的工程量与已标价工程量清单的综合单价计算；如发生调整的，以发、承包双方确认调整的综合单价计算。

（2）措施项目中的总价项目应依据合同约定的项目和金额计算；如发生调整的，以发承包双方确认调整的金额计算，其中安全文明施工费必须按照国家或省级、行业建设主管部门的规定计算。

（3）其他项目应按下列规定计价：

1）计日工应按发包人实际签证确认的事项计算。

2）暂估价应按发、承包双方按照《建设工程工程量清单计价规范》（GB 50500—2013）的相关规定计算。

3）总承包服务费应依据合同约定金额计算，如发生调整的，以发、承包双方确认调整的金额计算。

4）施工索赔费用应依据发、承包双方确认的索赔事项和金额计算。

5）现场签证费用应依据发、承包双方签证资料确认的金额计算。

6）暂列金额应减去工程价款调整（包括索赔、现场签证）金额计算，如有余额归发包人。

（4）规费和税金应按照国家或省级、行业建设主管部门的规定计算。规费中的工程排污费应按工程所在地环境保护部门规定标准缴纳后按实列入。

此外，发、承包双方在合同工程实施过程中已经确认的工程计量结果和合同价款，在竣工结算办理中应直接进入结算。

（三）竣工结算的审核

（1）国有资金投资建设工程的发包人，应当委托具有相应资质的工程造价咨询机构对竣工结算文件进行审核，并在收到竣工结算文件后的约定期限内向承包人提出由工程造价咨询机构出具的竣工结算文件审核意见；逾期未答复的，按照合同约定处理，合同没有约定的，竣工结算文件视为已被认可。

（2）非国有资金投资的建筑工程发包人，应当在收到竣工结算文件后的约定期限内予以答复，逾期未答复的，按照合同约定处理，合同没有约定的，竣工结算文件视为已被认可；发包人对竣工结算文件有异议的，应当在答复期内向承包人提出，并可以在提出异议之日起的约定期限内与承包人协商；发包人在协商期内未与承包人协商或者经协商未能与承包人达成协议的，应当委托工程造价咨询机构进行竣工结算审核，并在协商期满后的约定期限内向承包人提出由工程造价咨询机构出具的竣工结算文件审核意见。

（3）发包人委托工程造价咨询机构核对竣工结算的，工程造价咨询机构应在规定期限内核对完毕，核对结论与承包人竣工结算文件不一致的，应提交给承包人复核，承包人应在规定期限内将同意核对结论或不同意见的说明提交工程造价咨询机构。工程造价咨询机构收到承包人提出的异议后，应再次复核，复核无异议的，发、承包双方应在规定期限内在竣工结算文件上签字确认，竣工结算办理完毕；复核后仍有异议的，对于无异议部分办理不完全竣工结算；有异议部分由发承包双方协商解决，协商不成的，按照合同约定的争议解决方式处理。

承包人逾期未提出书面异议的，视为工程造价咨询机构核对的竣工结算文件已经承包人认可。

（4）承包人对发包人提出的工程造价咨询机构竣工结算审核意见有异议的，在接到该审核意见后一个月内，可以向有关工程造价管理机构或者有关行业组织申请调解，调解不成的，可以依法申请仲裁或者向人民法院提起诉讼。

（四）质量争议工程的竣工结算

发包人对工程质量有异议拒绝办理工程竣工结算时，应按以下规定执行：

（1）已经竣工验收或已竣工未验收但实际投入使用的工程，其质量争议按该工程保修合同执行，竣工结算按合同约定办理。

（2）已竣工未验收且未实际投入使用的工程以及停工、停建工程的质量争议，双方应就有争议的部分委托有资质的检测鉴定机构进行检测，根据检测结果确定解决方案，或按工程质量监督机构的处理决定执行后办理竣工结算，无争议部分的竣工结算按合同约定办理。

二、竣工结算款的支付

工程竣工结算文件经发承包双方签字确认的，应当作为工程结算的依据，未经对方同意，另一方不得就已生效的竣工结算文件委托工程造价咨询机构重复审核。发包方应当按照竣工结算文件及时支付竣工结算款。

1. 承包人提交竣工结算款支付申请

承包人应根据办理的竣工结算文件，向发包人提交竣工结算款支付申请。该申请应包括下列内容：

（1）竣工结算合同价款总额。

（2）累计已实际支付的合同价款。

（3）应扣留的质量保证金。

（4）实际应支付的竣工结算款金额。

2. 发包人签发竣工结算支付证书

发包人应在收到承包人提交竣工结算款支付申请后 7 天内予以核实，向承包人签发竣工结算支付证书。

3. 支付竣工结算款

发包人签发竣工结算支付证书后的 14 天内，按照竣工结算支付证书列明的金额向承包人支付结算款。

发包人在收到承包人提交的竣工结算款支付申请后 7 天内不予核实，不向承包人签发竣工结算支付证书的，视为承包人的竣工结算款支付申请已被发包人认可；发包人应在收到承包人提交的竣工结算款支付申请 7 天后的 14 天内，按照承包人提交的竣工结算款支付申请列明的金额向承包人支付结算款。

发包人未按照规定的程序支付竣工结算款的，承包人可催告发包人支付，并有权获得延迟支付的利息。发包人在竣工结算支付证书签发后或者在收到承包人提交的竣工结算款支付申请 7 天后的 56 天内仍未支付的，除法律另有规定外，承包人可与发包人协商将该工程折价，也可直接向人民法院申请将该工程依法拍卖。承包人就该工程折价或拍卖的价款优先受偿。

三、合同解除的价款结算和支付

发承包双方协商一致解除合同的，按照达成的协议办理结算和支付合同价款。

1. 不可抗力解除合同

由于不可抗力解除合同的，发包人除应向承包人支付合同解除之日前已完成工程但尚未支付的合同价款，还应支付下列金额：

（1）合同中约定应由发包人承担的费用。

（2）已实施或部分实施的措施项目应付价款。

（3）承包人为合同工程合理订购且已交付的材料和工程设备货款。发包人一经支付此项货款，该材料和工程设备即成为发包人的财产。

（4）承包人撤离现场所需的合理费用，包括员工遣送费和临时工程拆除、施工设备运离现场的费用。

（5）承包人为完成合同工程而预期开支的任何合理费用，且该项费用未包括在本款其他各项支付之内。

发承包双方办理结算合同价款时，应扣除合同解除之日前发包人应向承包人收回的价款。当发包人应扣除的金额超过了应支付的金额，则承包人应在合同解除后的56天内将其差额退还给发包人。

2. 违约解除合同

（1）承包人违约。因承包人违约解除合同的，发包人应暂停向承包人支付任何价款。发包人应在合同解除后28天内核实合同解除时承包人已完成的全部合同价款以及按施工进度计划已运至现场的材料和工程设备货款，按合同约定核算承包人应支付的违约金以及造成损失的索赔金额，并将结果通知承包人。发承包双方应在28天内予以确认或提出意见，并办理结算合同价款。如果发包人应扣除的金额超过了应支付的金额，则承包人应在合同解除后的56天内将其差额退还给发包人。发承包双方不能就解除合同后的结算达成一致的，按照合同约定的争议解决方式处理。

（2）因发包人违约解除合同的，发包人除应按照有关不可抗力解除合同的规定向承包人支付各项价款外，还需按合同约定核算发包人应支付的违约金以及给承包人造成损失或损害的索赔金额费用。该笔费用由承包人提出，发包人核实后与承包人协商确定后的7天内向承包人签发支付证书。协商不能达成一致的，按照合同约定的争议解决方式处理。

四、最终结清结算

最终结清结算，是指合同约定的缺陷责任期终止后，承包人已按合同规定完成全部剩余工作且质量合格的，发包人与承包人结清全部剩余款项的活动。

1. 最终结清申请单

缺陷责任期终止后，承包人已按合同规定完成全部剩余工作且质量合格的，发包人签发缺陷责任期终止证书，承包人可按合同约定的份数和期限向发包人提交最终结清申请单，并提供相关证明材料，详细说明承包人根据合同规定已经完成的全部工程价款金额以及承包人认为根据合同规定应进一步支付给他的其他款项。发包人对最终结清申请单内容有异议的，有权要求承包人进行修正和提供补充资料，由承包人向发包人提交修正后的最终结清申请单。

2. 最终支付证书

发包人收到承包人提交的最终结清申请单后的14天内予以核实，向承包人签发最终支付证书。发包人未在约定时间内核实，又未提出具体意见的，视为承包人提交的最终结清申请单已被发包人认可。

发包人应在收到最终结清支付申请后的14天内予以核实，向承包人签发最终结清支付证书。若发包人未在约定的时间内核实，又未提出具体意见的，视为承包人提交的最终结清支付申请已被发包人认可。

3. 最终结清付款

发包人应在签发最终结清支付证书后的14天内，按照最终结清支付证书列明的金额向承包人支付最终结清款。最终结清付款后，承包人在合同内享有的索赔权利也自行终止。发包人未按期支付的，承包人可催告发包人在合理的期限内支付，并有权获得延迟支付的利息。

最终结清时，如果承包人被扣留的质量保证金不足以抵减发包人工程缺陷修复费用的，承包人应承担不足部分的补偿责任。

最终结清付款涉及政府投资资金的，按照国库集中支付等国家相关规定和专用合同条款的约定办理。

承包人对发包人支付的最终结清款有异议的，按照合同约定的争议解决方式处理。

第六节　竣工决算

一、竣工决算的基本概念

（一）竣工决算的含义

竣工决算是以实物数量和货币形式，对工程建设项目建设期的总投资、投资效果、新增资产价值及财务状况进行的综合测算和分析。竣工决算的成果文件称作竣工决算书。竣工决算书是正确核定新增固定资产价值，考核分析投资效果，建立健全经济责任制的依据，是反映建设项目实际造价和投资效果的文件。通过竣工决算，既能够正确反映建设工程的实际造价和投资结果；又可以通过竣工决算与概算、预算的对比分析，考核投资控制的工作成效，为工程建设提供重要的技术经济方面的基础资料，提高未来工程建设的投资效益。

（二）竣工决算书的作用

（1）建设项目竣工决算书是综合全面地反映竣工项目建设成果及财务情况的总结性文件，它采用货币指标、实物数量、建设工期和各种技术经济指标综合、全面地反映建设项目自开始建设到竣工为止全部建设成果和财务状况。

（2）建设项目竣工决算书是办理交付使用资产的依据，也是竣工验收报告的重要组成部分。建设单位与使用单位在办理交付资产的验收交接手续时，通过竣工决算反映了交付使用资产的全部价值，包括固定资产、流动资产、无形资产和其他资产的价值。及时编制竣工决算可以正确核定固定资产价值并及时办理交付使用，可准确考核和分析投资效果。

（3）建设项目竣工决算书是分析和检查设计概算的执行情况，考核建设项目管理水平和投资效果的依据。竣工决算反映了竣工项目计划、实际的建设规模、建设工期以及设计和实际的生产能力，反映了概算总投资和实际的建设成本，同时还反映了所达到的主要技术经济指标。通过对这些指标计划数、概算数与实际数进行对比分析，不仅可以全面掌握建设项目计划和概算执行情况，而且可以考核建设项目投资效果，为今后制订建设项目计划，降低建设成本，提高投资效果提供必要的参考资料。

二、竣工决算书的内容

建设项目竣工决算应包括从筹集到竣工投产全过程的全部实际费用，即包括建筑工程费、安装工程费、设备工器具购置费用及预备费等费用。按照财政部、国家发展和改革委员会、住房和城乡建设部的有关文件规定，竣工决算书是由竣工财务决算说明书、竣工财务决算报表、工程竣工图和工程竣工造价对比分析四部分组成。其中竣工财务决算说明书和竣工财务决算报表两部分又称建设项目竣工财务决算，是竣工决算的核心内容。

财政部2008年9月公布的《关于进一步加强中央基本建设项目竣工财务决算工作的通知》指出，财政部将按规定对中央级大中型项目、国家确定的重点小型项目竣工财务决算的审批实行“先审核、后审批”的办法，即对需先审核后审批的项目，先委托财政投资评审机构或经财政部认可的有资质的中介机构对项目单位编制的竣工财务决算进行审核，再按规定批复项目竣工财务决算。通知指出，项目建设单位应在项目竣工后三个月内完成竣工财务决算的编制工作，并报主管部门审核。主管部门收到竣工财务决算报告后，对于按规定由主管部门审批的项目，应及时审核批复，并报财政部备案；对于按规定报财政部审批的项目，一般应在收到决算报告后一个月内完成审核工作，并将经其审核后的决算报告报财政部审批。以前年度已竣工尚未编报竣工财务决算的基建项目，主管部门应督促项目建设单位抓紧编报。另外，主管部门应对项目建设单位报送的项目竣工财务决算认真审核，严格把关。审核的重点内容：项目是否按规定程序和权限进行立项、可研和初步设计报批工作；项目建设超标准、超规模、超概算投资等问题审核；项目竣工财务决算金额的正确性审核；项目竣工财务决算资料的完整性审核；项目建设过程中存在主要问题的整改情况审核等。

（一）竣工财务决算说明书

竣工财务决算说明书主要反映竣工工程建设成果和经验，是对竣工决算报表进行分析和补充说明的文件，是全面考核分析工程投资与造价的书面总结，是竣工决算报告的重要组成部分，其内容主要包括：

（1）建设项目概况，对工程总的评价：一般从进度、质量、安全和造价方面进行分析说明。进度方面主要说明开工和竣工时间，对照合理工期和要求工期分析是提前还是延期；质量方面主要根据竣工验收委员会或相当一级质量监督部门的验收评定等级、合格率和优良品率；安全方面主要根据劳动工资和施工部门的记录，对有无设备和人身事故进行说明；造价方面主要对照概算造价，说明节约或超支的情况，用金额和百分率进行分析说明。

（2）资金来源及运用等财务分析：主要包括工程价款结算、会计账务的处理、财产物资情况及债权债务的清偿情况。

（3）基本建设收入、投资包干结余、竣工结余资金的上交分配情况：通过对基本建设投资包干情况的分析，说明投资包干数、实际支用数和节约额、投资包干结余的有机构成和包干结余的分配情况。

（4）各项经济技术指标的分析：概算执行情况分析，根据实际投资完成额与概算进行对比分析；新增生产能力的效益分析等。

（5）工程建设的经验及项目管理和财务管理工作以及竣工财务决算中有待解决的问题。

（6）决算与概算的差异和原因分析。

（7）需要说明的其他事项。

（二）竣工财务决算报表

建设项目竣工财务决算报表根据大、中型建设项目和小型建设项目分别制定。根据财政部《基本建设财务管理规定》（财建〔2002〕394号），基本建设项目竣工决算报表包括：基本建设项目概况表、基本建设项目竣工财务决算表、基本建设项目交付使用资产总表、基本建设项目交付使用资产明细表。管理规定中对基本建设项目竣工财务决算大中小型划分标准为：经营性项目投资额在5000万元（含5000万元）以上、非经营性项目投资额在3000万元（含3000万元）以上的为大中型项目，在上述标准之下的为小型项目。

（1）基本建设项目概况表：以大、中型基本建设项目示例，如表7.6.1所示。该表综合反映大、中型基本建设项目的基本概况，内容包括该项目总投资、建设起止时间、新增生产能力、主要材料消耗、建设成本、完成主要工程量和主要技术经济指标，为全面考核和分析投资效果提供依据。

表7.6.1　大、中型基本建设项目概况表

<table>
<tr><td>建设项目（单项工程）名称</td><td colspan="2"></td><td>建设地址</td><td colspan="2"></td><td rowspan="9">基本建设支出</td><td>项目</td><td>概算（元）</td><td>实际（元）</td><td>备注</td></tr>
<tr><td rowspan="2">主要设计单位</td><td colspan="2" rowspan="2"></td><td rowspan="2">主要施工企业</td><td colspan="2" rowspan="2"></td><td>建筑安装工程投资</td><td></td><td></td><td></td></tr>
<tr><td>设备、工具、器具</td><td></td><td></td><td></td></tr>
<tr><td rowspan="2">占地面积</td><td>设计</td><td>实际</td><td rowspan="2">总投资（万元）</td><td>设计</td><td>实际</td><td>待摊投资</td><td></td><td></td><td></td></tr>
<tr><td></td><td></td><td></td><td></td><td>其中：建设单位管理费</td><td></td><td></td><td></td></tr>
<tr><td rowspan="2">新增生产能力</td><td colspan="3">能力（效益）名称</td><td>设计</td><td>实际</td><td>其他投资</td><td></td><td></td><td></td></tr>
<tr><td colspan="3"></td><td></td><td></td><td>非经营项目转出投资</td><td></td><td></td><td></td></tr>
<tr><td rowspan="2">建设起止时间</td><td>设计</td><td colspan="4">从　年　月开工至　年　月竣工</td><td rowspan="2">合计</td><td rowspan="2"></td><td rowspan="2"></td><td rowspan="2"></td></tr>
<tr><td>实际</td><td colspan="4">从　年　月开工至　年　月竣工</td></tr>
<tr><td>设计概算批准文号</td><td colspan="10"></td></tr>
<tr><td rowspan="3">完成主要工程量</td><td colspan="6">建设规模</td><td colspan="4">设备（台、套、t）</td></tr>
<tr><td colspan="3">设计</td><td colspan="3">实际</td><td colspan="2">设计</td><td colspan="2">实际</td></tr>
<tr><td colspan="3"></td><td colspan="3"></td><td colspan="2"></td><td colspan="2"></td></tr>
<tr><td rowspan="2">收尾工程</td><td colspan="3">工程项目、内容</td><td colspan="3">已完成投资额</td><td colspan="2">尚需投资额</td><td colspan="2">完成时间</td></tr>
<tr><td colspan="3"></td><td colspan="3"></td><td colspan="2"></td><td colspan="2"></td></tr>
</table>

（2）基本建设项目竣工财务决算表：以大、中型基本建设项目示例，如表7.6.2所示。竣工财务决算表是竣工财务决算报表中的一项，此表用来反映建设项目的全部资金来源和资金占用情况，是考核和分析投资效果的依据。该表反映竣工的大、中型基本建设项目从开工到竣工为止全部资金来源和资金运用的情况。它是考核和分析投资效果，落实节余资金，并作为报告上级核销基本建设支出和基本建设拨款的依据。在编制该表前，应先编制出项目竣工年度财务决算，根据编制出的竣工年度财务决算和历年财务决算编制项目的竣工财务决算。此表采用平衡表形式，即资金来源合计等于资金支出合计。

表 7.6.2　大、中型基本建设项目竣工财务决算表　（元）

资金来源	金额	资金占用	金额	补充资料
一、基建拨款		一、基本建设支出		1. 基建投资借款期末余额
1. 预算拨款		1. 交付使用资产		
2. 基建基金拨款		2. 在建工程		
其中：国债专项资金拨款		3. 待核销基建支出		
3. 专项建设基金拨款		4. 非经营性项目转出投资		
4. 进口设备转账拨款		二、应收生产单位投资借款		2. 应收生产单位投资借款期末数
5. 器材转账拨款		三、拨付所属投资借款		
6. 煤代油专用基金拨款		四、器材		
7. 自筹资金拨款		其中：待处理器材损失		
8. 其他拨款		五、货币资金		
二、项目资本金		六、预付及应收款		3. 基建结余资金
1. 国家资本		七、有价证券		
2. 法人资本		八、固定资产		
3. 个人资本		固定资产原价		
三、项目资本公积		减：累计折旧		
四、基建借款		固定资产净值		
其中：国债转贷		固定资产清理		
五、上级拨入投资借款		待处理固定资产损失		
六、企业债券资金				
七、待冲基建支出				
八、应付款				
九、未交款				
1. 未交税金				
2. 其他未交款				
十、上级拨入资金				
十一、留成收入				
合计		合计		

（3）基本建设项目交付使用资产总表：以大、中型基本建设项目示例，如表 7.6.3 所示。该表反映建设项目建成后新增固定资产、流动资产、无形资产和其他资产价值的情况和价值，作为财产交接、检查投资计划完成情况和分析投资效果的依据。小型项目不编制“交付使用资产总表”。直接编制“交付使用资产明细表”，大中型项目在编制“交付使用资产总表”的同时，还需编制“交付使用资产明细表”。

表 7.6.3　大、中型基本建设项目交付使用资产总表　　（元）

序号	单项工程项目名称	总计	固定资产				流动资产	无形资产	其他资产
			合计	建安工程	设备	其他			

交付单位：　　　　负责人：　　　　接受单位：　　　　负责人：

盖　章　　　　年　月　日　　　　盖　章　　　　年　月　日

(4) 基本建设项目交付使用资产明细表：如表 7.6.4 所示，该表反映交付使用的固定资产、流动资产、无形资产和其他资产及其价值的明细情况，是办理资产交接和接收单位登记资产账目的依据，是使用单位建立资产明细账和登记新增资产价值的依据。大、中型和小型建设项目均需编制此表。编制时要做到齐全完整，数字准确，各栏目价值应与会计账目中相应科目的数据保持一致。

表 7.6.4　基本建设项目交付使用资产明细表

单项工程名称	建筑工程			设备、工具、器具、家具						流动资产		无形资产		其他资产	
	结构	面积（m^2）	价值（元）	名称	规格型号	单位	数量	价值（元）	设备安装费（元）	名称	价值（元）	名称	价值（元）	名称	价值（元）

(三) 建设工程竣工图

建设工程竣工图是真实地记录各种地上、地下建筑物、构筑物等情况的技术文件，是工程进行交工验收、维护、改建和扩建的依据，是国家的重要技术档案。全国各建设、设计、施工单位和各主管部门都要认真做好竣工图的编制工作。各项新建、扩建、改建的基本建设工程，特别是基础、地下建筑、管线、结构、井巷、桥梁、隧道、港口、水坝以及设备安装等隐蔽部位，都要编制竣工图。为确保竣工图质量，必须在施工过程中（不能在竣工后）及时做好隐蔽工程检查记录，整理好设计变更文件。编制竣工图的形式和深度，应根据不同情况区别对待，其具体要求包括：

(1) 凡按图竣工没有变动的，由承包人（包括总包和分包承包人，下同）在原施工图上加盖“竣工图”标志后，即作为竣工图。

（2）凡在施工过程中，虽有一般性设计变更，但能将原施工图加以修改补充作为竣工图的，可不重新绘制，由承包人负责在原施工图（必须是新蓝图）上注明修改的部分，并附以设计变更通知单和施工说明，加盖“竣工图”标志后，作为竣工图。

（3）凡结构形式改变、施工工艺改变、平面布置改变、项目改变以及有其他重大改变，不宜再在原施工图上修改、补充时，应重新绘制改变后的竣工图。由原设计原因造成的，由设计单位负责重新绘制；由施工原因造成的，由承包人负责重新绘图；由其他原因造成的，由建设单位自行绘制或委托设计单位绘制。承包人负责在新图上加盖“竣工图”标志，并附以有关记录和说明，作为竣工图。

（4）为了满足竣工验收和竣工决算需要，还应绘制反映竣工工程全部内容的工程设计平面示意图。

（5）重大的改建、扩建工程项目涉及原有的工程项目变更时，应将相关项目的竣工图资料统一整理归档，并在原图案卷内增补必要的说明。

（四）工程造价对比分析

对控制工程造价所采取的措施、效果及其动态的变化需要进行认真的比较对比，总结经验教训。批准的概算是考核建设工程造价的依据。在分析时，可先对比整个项目的总概算，然后将建筑安装工程费、设备工器具费和其他工程费用逐一与竣工决算表中所提供的实际数据和相关资料及批准的概算、预算指标、实际的工程造价进行对比分析，以确定竣工项目总造价是节约还是超支，并在对比的基础上，总结先进经验，找出节约和超支的内容和原因，提出改进措施。在实际工作中，应主要分析以下内容：

（1）主要实物工程量：对于实物工程量出入比较大的情况，必须查明原因。

（2）主要材料消耗量：考核主要材料消耗量，要按照竣工决算表中所列明的主要材料实际超概算的消耗量，查明是在工程的哪个环节超出量最大，再进一步查明超耗的原因。

（3）考核建设单位管理费、措施费和间接费的取费标准：建设单位管理费、措施费和间接费的取费标准要按照国家和各地的有关规定，根据竣工决算报表中所列的建设单位管理费与概预算所列的建设单位管理费数额进行比较，依据规定查明是否多列或少列的费用项目，确定其节约超支的数额，并查明原因。

三、竣工决算的编制

（一）竣工决算的编制依据

（1）经批准的可行性研究报告、投资估算书，初步设计或扩大初步设计，修正总概算及其批复文件。

（2）经批准的施工图设计及其施工图预算书。

（3）设计交底或图纸会审会议纪要。

（4）设计变更记录、施工记录或施工签证单及其他施工发生的费用记录。

（5）招标控制价，承包合同、工程结算等有关资料。

（6）竣工图及各种竣工验收资料。

（7）历年基建计划、历年财务决算及批复文件。

（8）设备、材料调价文件和调价记录。

（9）有关财务核算制度、办法和其他有关资料。

（二）竣工决算的编制步骤

（1）收集、整理和分析有关依据资料。在编制竣工决算文件之前，应系统地整理所有的技术资料、工料结算的经济文件、施工图纸和各种变更与签证资料，并分析它们的准确性。完整、齐全的资料，是准确而迅速编制竣工决算的必要条件。

（2）清理各项债权、债务和结余物资。在收集、整理和分析有关资料中，要特别注意建设工程从筹建到竣工投产或使用的全部费用的各项账务、债权和债务的清理，做到工程完毕账目清晰，既要核对账目，又要查点库存实物的数量，做到账与物相等，账与账相符，对结余的各种材料、工器具和设备，要逐项清点核实，妥善管理，并按规定及时处理，收回资金。对各种往来款项要及时进行全面清理，为编制竣工决算提供准确的数据和结果。

（3）核实工程变动情况。重新核实各单位工程、单项工程造价，将竣工资料与原设计图纸进行查对、核实，必要时可实地测量，确认实际变更情况；根据经审定的承包人竣工结算等原始资料，按照有关规定对原概、预算进行增减调整，重新核定工程造价。

（4）编制建设工程竣工决算说明。按照建设工程竣工决算说明的内容要求，根据编制依据材料填写在报表中的结果，编写文字说明。

（5）填写竣工决算报表。按照建设工程决算表格中的内容，根据编制依据中的有关资料进行统计或计算各个项目和数量，并将其结果填到相应表格的栏目内，完成所有报表的填写。

（6）做好工程造价对比分析。

（7）清理、装订好竣工图。

（8）上报主管部门审查存档。

将上述编写的文字说明和填写的表格经核对无误，装订成册，即为建设工程竣工决算文件。将其上报主管部门审查，并把其中财务成本部分送交开户银行签证。竣工决算在上报主管部门的同时，抄送有关设计单位。大中型建设项目的竣工决算还应抄送财政部、建设银行总行和省、市、自治区的财政局和建设银行分行各一份。

四、新增资产价值的确定

（一）新增资产价值的分类

建设项目竣工投入运营后，所花费的总投资形成相应的资产。按照新的财务制度和企业会计准则，新增资产按资产性质可分为固定资产、流动资产、无形资产和其他资产等四大类。

（二）新增资产价值的确定方法

1. 新增固定资产价值的确定

新增固定资产价值是建设项目竣工投产后所增加的固定资产的价值，它是以价值形态表示的固定资产投资最终成果的综合性指标。新增固定资产价值的计算是以独立发挥生产能力的单项工程为对象的。单项工程建成经有关部门验收鉴定合格，正式移交生产或使用，即应计算新增固定资产价值。一次交付生产或使用的工程一次计算新增固定资产价值，分期分批交付生产或使用的工程，应分期分批计算新增固定资产价值。新增固定资产价值的内容包括：已投入生产或交付使用的建筑、安装工程造价；达到固定资产标准的设备、工器具的购置费用；增加固定资产价值的其他费用。

在计算时应注意以下几种情况：

（1）对于为了提高产品质量、改善劳动条件、节约材料消耗、保护环境而建设的附属辅助工程，只要全部建成，正式验收交付使用后就要计入新增固定资产价值。

（2）对于单项工程中不构成生产系统，但能独立发挥效益的非生产性项目，如住宅、食堂、医务所、托儿所、生活服务网点等，在建成并交付使用后，也要计算新增固定资产价值。

（3）凡购置达到固定资产标准不需安装的设备、工器具，应在交付使用后计入新增固定资产价值。

（4）属于新增固定资产价值的其他投资，应随同受益工程交付使用的同时一并计入。

（5）交付使用资产的成本，应按下列内容计算：

1）房屋、建筑物、管道、线路等固定资产的成本包括：建筑工程成果和待分摊的待摊投资。

2）动力设备和生产设备等固定资产的成本包括：需要安装设备的采购成本、安装工程成本、设备基础支柱等建筑工程成本或砌筑锅炉及各种特殊炉的建筑工程成本，应分摊的待摊投资。

3）运输设备及其他不需要安装的设备、工具、器具、家具等固定资产一般仅计算采购成本，不计分摊的“待摊投资”。

（6）共同费用的分摊方法：新增固定资产的其他费用，如果是属于整个建设项目或两个以上单项工程的，在计算新增固定资产价值时，应在各单项工程中按比例分摊。一般情况下，建设单位管理费按建筑工程、安装工程、需安装设备价值总额做比例分摊，而土地征用费、地质勘察和建筑工程设计费等费用则按建筑工程造价比例分摊，生产工艺流程系统设计费按安装工程造价比例分摊。

【例 7.6.1】　某工业建设项目及其总装车间的建筑工程费、安装工程费、需安装设备费以及应摊入费用如表 7.6.5 所示，计算总装车间新增固定资产价值。

表 7.6.5　分摊费用计算表　（万元）

项目名称	建筑工程	安装工程	需安装设备	建设单位管理费	土地征用费	建筑设计费	工艺设计费
建设单位竣工决算	3000	600	900	70	80	40	20
总装车间竣工决算	600	300	450				

解： 计算如下：

$$应分摊的建设单位管理费=\frac{600+300+450}{3000+600+900}\times70=21（万元）$$

$$应分摊的土地征用费=\frac{600}{3000}\times80=16（万元）$$

$$应分摊的建筑设计费=\frac{600}{3000}\times40=8（万元）$$

$$应分摊的工艺设计费=\frac{300}{600}\times20=10（万元）$$

总装车间新增固定资产价值=(600+300+450)+(21+16+8+10)
=1350+55=1405(万元)

2. 新增流动资产价值的确定

流动资产是指可以在一年内或者超过一年的一个营业周期内变现或者运用的资产，包括现金及各种存款以及其他货币资金、短期投资、存货、应收及预付款项以及其他流动资产等。

(1) 货币性资金：货币性资金是指现金、各种银行存款及其他货币资金，其中现金是指企业的库存现金，包括企业内部各部门用于周转使用的备用金；各种存款是指企业的各种不同类型的银行存款；其他货币资金是指除现金和银行存款以外的其他货币资金，根据实际入账价值核定。

(2) 应收及预付款项：应收账款是指企业因销售商品、提供劳务等应向购货单位或受益单位收取的款项；预付款项是指企业按照购货合同预付给供货单位的购货定金或部分货款。应收及预付款项包括应收票据、应收款项、其他应收款、预付货款和待摊费用。一般情况下，应收及预付款项按企业销售商品、产品或提供劳务时的实际成交金额入账核算。

(3) 短期投资：包括股票、债券、基金。股票和债券根据是否可以上市流通分别采用市场法和收益法确定其价值。

(4) 存货：存货是指企业的库存材料、在产品、产成品等。各种存货应当按照取得时的实际成本计价。存货的形成，主要有外购和自制两个途径。外购的存货，按照买价加运输费、装卸费、保险费、途中合理损耗、入库前加工、整理及挑选费用以及缴纳的税金等计价；自制的存货，按照制造过程中的各项实际支出计价。

3. 新增无形资产价值的确定

根据《财政部关于印发〈资产评估准则——无形资产〉的通知》(财会〔2001〕1051号)规定，无形资产，是指特定主体所控制的，不具有实物形态，对生产经营长期发挥作用且能带来经济利益的资源。无形资产分为可辨认无形资产和不可辨认无形资产。可辨认无形资产包括专利权、专有技术、商标权、著作权、土地使用权、特许权等；不可辨认无形资产是指商誉。

(1) 无形资产的计价原则：

1) 投资者按无形资产作为资本金或者合作条件投入时，按评估确认或合同协议约定的金额计价。

2) 购入的无形资产，按照实际支付的价款计价。

3) 企业自创并依法申请取得的，按开发过程中的实际支出计价。

4) 企业接受捐赠的无形资产，按照发票账单所载金额或者同类无形资产市场价作价。

5) 无形资产计价入账后，应在其有效使用期内分期摊销，即企业为无形资产支出的费用应在无形资产的有效期内得到及时补偿。

(2) 无形资产的计价方法：

1) 专利权的计价：专利权分为自创和外购两类。自创专利权的价值为开发过程中的实际支出，主要包括专利的研制成本和交易成本。研制成本包括直接成本和间接成本：直接成本是指研制过程中直接投入发生的费用(主要包括材料费用、工资费用、专用设备费、资料费、咨询鉴定费、协作费、培训费和差旅费等)；间接成本是指与研制开发有关的费用(主要包括管理费、非专用设备折旧费、应分摊的公共费用及能源费用)。交易成本是指在交易过程中的费用支出（主要包括技术服务费、交易过程中的差旅费及管理费、手续费、税金）。由于专利权是具有独占性并能带来超额利润的生产要素，因此，专利权转让价格不按成本估价，而是按照其所能带来的超额收益计价。

2）专有技术的计价：专有技术具有使用价值和价值，使用价值是专有技术本身应具有的，专有技术的价值在于专有技术的使用所能产生的超额获利能力，应在研究分析其直接和间接的获利能力的基础上，准确计算出其价值。如果专有技术是自创的，一般不作为无形资产入账，自创过程中发生的费用，按当期费用处理。对于外购专有技术，应由法定评估机构确认后再进行估价，其方法往往通过能产生的收益采用收益法进行估价。

3）商标权的计价：如果商标权是自创的，一般不作为无形资产入账，而将商标设计、制作、注册、广告宣传等发生的费用直接作为销售费用计入当期损益。只有当企业购入或转让商标时，才需要对商标权计价。商标权的计价一般根据被许可方新增的收益确定。

4）土地使用权的计价：根据取得土地使用权的方式不同，土地使用权可有以下几种计价方式：当建设单位向土地管理部门申请土地使用权并为之支付一笔出让金时，土地使用权作为无形资产核算；当建设单位获得土地使用权是通过行政划拨的，这时土地使用权就不能作为无形资产核算；在将土地使用权有偿转让、出租、抵押、作价入股和投资，按规定补交土地出让价款时，才作为无形资产核算。

五、保修费用的处理

（一）工程质量保证（保修）金的含义

建设工程质量保证（保修）金是指合同约定的从承包人的工程款中预留，用以保证在缺陷责任期内履行缺陷修复义务的资金。缺陷是指建设工程质量不符合工程建设强制标准、设计文件，以及承包合同的约定。缺陷责任期是承包人对已交付使用的合同工程承担合同约定的缺陷修复责任的期限。一般为六个月、十二个月或二十四个月，具体可由发、承包双方在合同中约定。

在《建设工程质量保证金管理暂行办法》中规定：缺陷责任期从工程通过竣（交）工验收之日起计算。由于承包人原因导致工程无法按规定期限进行竣工验收的，缺陷责任期从实际通过竣（交）工验收之日起计算。由于发包人原因导致工程无法按规定期限竣（交）工验收的，在承包人提交竣（交）工验收报告 90 天后，工程自动进入缺陷责任期。

（二）工程质量保修范围和内容

发、承包双方在工程质量保修书中约定的建设工程的保修范围包括：地基基础工程、主体结构工程，屋面防水工程，有防水要求的卫生间、房间和外墙面的防渗漏，供热与供冷系统、电气管线、给排水管道、设备安装和装修工程，以及双方约定的其他项目。

具体保修的内容，双方在工程质量保修书中约定。

由于用户使用不当或自行修饰装修、改动结构、擅自添置设施或设备而造成建筑功能不良或损坏者，以及对因自然灾害等不可抗力造成的质量损害，不属于保修范围。

（三）工程质量保证（保修）金的预留、使用及管理

1. 保证（保修）金的预留

在《建设工程质量保证金管理暂行办法》中规定：建设工程竣工结算后，发包人应按照合同约定及时向承包人支付工程结算价款并预留保证金。全部或者部分使用政府投资的建设

项目，按工程价款结算总额5%左右的比例预留保证金。社会投资项目采用预留保证金方式的，预留保证金的比例可以参照执行。

《标准施工招标文件》合同条件中通用条款规定：监理人应从第一个付款周期开始，在发包人的进度付款中，按专用合同条款的约定扣留质量保证金，直至扣留的质量保证金总额达到专用合同条款约定的金额或比例为止。质量保证金的计算额度不包括预付款的支付、扣回以及价格调整的金额。

2. 保证（保修）金的使用及返还

缺陷责任期内，承包人应对已交付使用的工程承担缺陷责任。发包人对已接收使用的工程负责日常维护工作。发包人在使用过程中，发现已接收的工程存在新的缺陷或已修复的缺陷部位或部件又遭损坏的，监理人和承包人应共同查清缺陷和（或）损坏的原因。经查明属承包人原因造成的，应由承包人负责维修，并承担修复和查验的费用。如果承包人既不维修也不承担费用，或承包人不能在合理时间内修复缺陷的，发包人可自行修复或委托其他人修复，所需费用可按合同约定在保证金中扣除，并由承包人承担违约责任。承包人维修并承担相应费用后，不免除对工程的一般损失赔偿责任。经查明属发包人原因造成的，发包人应承担修复和查验的费用，并支付承包人合理利润。经查明属他人原因造成的缺陷，发包人负责组织维修，承包人不承担费用，且发包人不得从保证金中扣除费用。

由于承包人原因造成某项缺陷或损坏使某项工程或工程设备不能按原定目标使用而需要再次检查、检验和修复的，发包人有权要求承包人相应延长缺陷责任期，但缺陷责任期最长不超过2年。此延长的期限终止后14天内，由监理人向承包人出具经发包人签认的缺陷责任期终止证书，并退还剩余的质量保证金。

缺陷责任期内，承包人认真履行合同约定的责任，到期后，承包人向发包人申请返还保证金。发包人在接到承包人返还保证金申请后，应于14日内会同承包人按照会同约定的内容进行核实。如无异议，发包人应当在核实后14日内将保证金返还承包人，逾期支付的，从逾期之日起，按照同期银行贷款利率计付利息，并承担违约责任。发包人在接到承包人返还保证金申请后14日内不予答复，经催告后14日内仍不予答复，视同认可承包商的返还保证金申请。如果承包人没有认真履行合同约定的保修责任，则发包人可以按照合同约定扣除保证金，并要求承包人赔偿相应的损失。

发包人和承包人对保证金预留、返还以及工程维修质量、费用有争议，按照合同约定的争议和纠纷解决程序处理。

涉外工程的保修问题，除参照上述办法进行处理外，还应依照原合同条款的有关规定执行。

3. 保证（保修）金的管理

缺陷责任期内，实行国库集中支付的政府投资项目，保证金的管理应按国库集中支付的有关规定执行。其他政府投资项目，保证金可以预留在财政部门或发包方。缺陷责任期内，如发包方被撤销，保证金随交付使用资产一并移交使用单位，由使用单位代行发包人职责。

社会投资项目采用预留保证金方式的，发、承包双方可以约定将保证金交由金融机构托管；采用工程质量保证担保、工程质量保险等其他方式的，发包人不得再预留保证金，并按照有关规定执行。

附录　全国二级造价工程师职业资格考试大纲（节选）

前　言

根据人力资源社会保障部《关于公布国家职业资格目录的通知》（人社部发〔2017〕68号），住房城乡建设部、交通运输部、水利部、人力资源社会保障部联合印发的《造价工程师职业资格制度规定》和《造价工程师职业资格考试实施办法》（建人〔2018〕67号），住房和城乡建设部、交通运输部、水利部组织有关专家制定了2019年版《全国二级造价工程师职业资格考试大纲》，并经人力资源和社会保障部审定。

本考试大纲是2019年及以后一段时期全国二级造价工程师考试命题和应考人员备考的依据。

2018年12月

考试说明

一、全国二级造价工程师职业资格考试分为两个科目："建设工程造价管理基础知识"和"建设工程计量与计价实务"。

以上两个科目分别单独考试、单独计分。参加全部2个科目考试的人员，必须在连续的2个考试年度内通过全部科目，方可取得二级造价工程师职业资格证书。

二、第二科目《建设工程计量与计价实务》分为土木建筑工程、交通运输工程、水利工程和安装工程4个专业类别，考生在报名时可根据实际工作需要选择其中一个专业。

三、各科目考试试题类型及时间。

各科目考试试题类型、时间安排

科目名称 项目名称	建设工程造价管理基础知识	建设工程计量与计价实务
考试时间（小时）	2.5	3.0
满分记分	100	100
试题类型	客观题	客观和主观题

说明：客观题指单项选择题、多项选择题等题型，主观题指问答题及计算题等题型。

《建设工程造价管理基础知识》

【考试目的】

通过本科目考试，主要检验应考人员对工程造价管理相关法律法规与制度、工程项目管理、工程造价构成、工程计价方法及依据的掌握情况，在工程决策和设计、施工招投标、施工和竣工阶段进行造价管理的能力。

【考试内容】

一、工程造价管理相关法律法规与制度

（一）工程造价管理相关法律法规；

（二）工程造价管理制度。

二、工程项目管理

（一）工程项目组成和分类；

（二）工程建设程序；

（三）工程项目管理目标和内容；

（四）工程项目实施模式。

三、工程造价构成

（一）建设项目总投资与工程造价；

（二）建筑安装工程费；

（三）设备及工器具购置费用；

（四）工程建设其他费用；

（五）预备费；

（六）建设期利息。

四、工程计价方法及依据

（一）工程计价方法；

（二）工程计价依据及作用；

（三）工程造价信息及应用。

五、工程决策和设计阶段造价管理

（一）决策和设计阶段造价管理工作程序和内容；

（二）投资估算编制；

（三）设计概算编制；

（四）施工图预算编制。

六、工程施工招投标阶段造价管理

（一）施工招标方式和程序；

（二）施工招投标文件组成；

（三）施工合同示范文本；

（四）工程量清单编制；

（五）最高投标限价编制；

（六）投标报价编制。

七、工程施工和竣工阶段造价管理

（一）工程施工成本管理；

（二）工程变更管理；

（三）工程索赔管理；

（四）工程计量和支付；

（五）工程结算；

（六）竣工决算。

参考文献

[1] 中华人民共和国住房和城乡建设部．工程造价术语标准：GB/T 50875—2013[S]．北京：中国计划出版社，2013.

[2] 中华人民共和国住房和城乡建设部．建设工程工程量清单计价规范：GB 50500—2013[S]．北京：中国计划出版社，2013.

[3] 中华人民共和国住房和城乡建设部．建设工程造价咨询规范：GB/T 51095－2015[S]．北京：中国计划出版社，2015.

[4] 全国造价工程师执业资格考试培训教材编审委员会．建设工程计价[M]．北京：中国计划出版社，2017.

[5] 全国造价工程师执业资格考试培训教材编审委员会．建设工程造价管理[M]．北京：中国计划出版社，2017.

[6] 中国建设工程造价管理协会．建设项目全过程造价咨询规程[M]．北京：中国计划出版社，2009.

[7] 中国建设工程造价管理协会．建设项目施工图预算编审规程[M]．北京：中国计划出版社，2010.

[8] 中国建设工程造价管理协会．建设项目投资估算编审规程[M]．北京：中国计划出版社，2007.

[9] 中国建设工程造价管理协会．建设项目设计概算编审规程[M]．北京：中国计划出版社，2007.

[10] 中国建设工程造价管理协会．建设工程造价管理基础知识[M]．北京：中国计划出版社，2014.

[11] 国家发展改革委、建设部．建设项目经济评价方法与参数[M]．3 版．北京：中国计划出版社，2006.

[12] 马楠，张丽华．建筑工程预算与报价[M]．北京：科学出版社，2010.

[13] 马楠，周和生，李宏欣．建设工程造价管理[M]．2 版．北京：清华大学出版社，2012.

[14] 马楠．建设工程造价管理理论与实务[M]．北京：中国计划出版社，2008.

[15] 郭倩娟．工程造价管理[M]．北京：清华大学出版社，2015.